U0229392

中国门类美学史丛书

朱志荣 主编

「十二五」国家重点图书出版规划项目

ZHONGGUO JIANZHU MEIXUESHI

中国建筑美学史

王耘 著

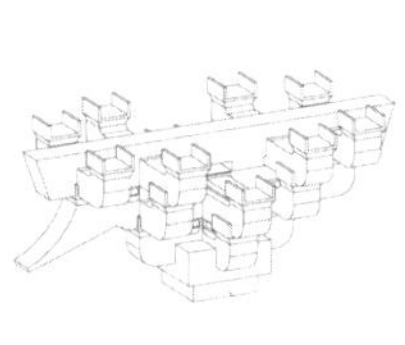

山西出版传媒集团 山西教育出版社

图书在版编目（C I P）数据

中国建筑美学史 / 王耘著. — 太原：山西教育出版社，2018.10
（中国门类美学史丛书 / 朱志荣主编）
ISBN 978-7-5703-0067-9

Ⅰ. ①中… Ⅱ. ①王… Ⅲ. ①建筑美学－美学史－中国 Ⅳ. ①TU-80

中国版本图书馆CIP数据核字（2018）第221237号

中国建筑美学史

ZHONGGUO JIANZHU MEIXUESHI

出 版 人 雷俊林
出版策划 梁宝印 薛海斌
责任编辑 赵迎春
复　　审 刘晓露
终　　审 郭志强
装帧设计 陶雅娜
印装监制 蔡　洁

出版发行 山西出版传媒集团·山西教育出版社
（太原市水西门街馒头巷7号 电话：0351-4729801 邮编：030002）
印　　装 山西臣功印业有限公司
开　　本 787×1092 1/16
印　　张 15.5
字　　数 257千字
版　　次 2019年6月第1版 2019年6月山西第1次印刷
书　　号 ISBN 978-7-5703-0067-9
定　　价 49.00元

《中国门类美学史》总序

⊙朱志荣

中国古代有着丰富的美学思想资源，自从百余年前美学作为现代学科引进中国以来，美学工作者们在研究、评介西方美学的基础上，逐步深入地整理和研究中国古代美学思想，从朱光潜先生的“移花接木”到宗白华、邓以蛰先生等人的援西入中等，开拓了中国美学史的现代研究。而后继的研究，又继承和发展了前贤的相关探索。其中包括北京大学哲学系美学教研室编的《中国美学史资料选编》和叶朗总主编的《中国历代美学文库》以及一些书论、画论、文论等方面的文献资料整理，也包括李泽厚、刘纲纪的《中国美学史》和叶朗的《中国美学史大纲》等一系列美学史著作，都做出了积极的贡献。而近些年来中国美学史的研究也在不断深化。

中国美学思想研究主要集中在两个领域：一是儒、道、释等哲学论著中的美学思想，二是文学、书法、绘画、音乐、园林等门类艺术中的美学思想。其中，中国各门类美学有着丰富的思想资源，相关论著堪称彬彬之盛，尤以文学、书法、绘画、音乐理论最称繁兴，以诗文、书、画、乐等方面的论、评、品、话等形式存在的专门性的理论著作尤其丰富。而在正史、方志、诗文、笔记、序跋甚或小说、戏曲等史料中，同样能够爬梳出大量关于舞蹈、建筑、园林、工艺等门类艺术的理论思考。

中国门类美学史方面的研究和专题探索，在过去的几十年中也有了较为丰富的成果，有了一定的基础。在此基础上全面系统地研究中国门类美学史，目前已经水到渠成，而且显得非常重要。这既是中国美学史研究进一步深化的需要，也是中国当代美学理论建设的需要。

中国门类美学史是根据艺术对象的不同而进行的专题美学研究，其涵盖面广泛，涉及多方面的专业知识，难以做到以一人之力完成诸多门类的美学史研究，需要国内相关专家齐心协力，共同完成。目前门类美学研究主要还是各攻其专，没有统一的规划，未能形成一个整体系统。因此，我们在前贤研究的基础上，针对不同门类艺术的特点，集中各相关领域的同仁，采取多人合作的方式，进一步深入研究，撰写一套《中国门类美学史》丛书，包括文学、戏曲、音乐、书法、舞蹈、建筑、园林、工艺、绘画等，从艺术的角度对中国美学史进行系统的研究和阐述。

本丛书力图以统贯全书的中国美学基本思想、基本范畴和基本命题为基础，将文献记载与艺术作品分析有机地结合起来，将艺术美学的发展历程与整个文化发展有机结合起来，揭示出中国艺术审美规律的发展历程，对我国各种类型的艺术美学的历史、流变、成就等作系统概括和总结，对各门类美学思想的总体框架、基本思路、研究方法和主要论题作深入探讨，并将这些美学思想与具体艺术研究相结合，使美学理论有具体的实践基础，从而有利于指导艺术实践。

本丛书还深入探讨各门类美学的历史脉络，对中国从古到今的美学现象、范畴、命题、特性等进行系统研究，使美学学科更为成熟，理论更为严密，以促进中国门类美学史的进一步发展，使中国美学史研究更为具体和深入，并有助于建设中国特色的美学体系，为和而不同的全球化美学做出独特的贡献。这也是中国美学史研究中的现实需要。

本丛书突出时代最有代表性的门类美学思想，有理有据地阐发出具有独创性的美学见解，为今后的进一步研究积累经验和教训。丛书对各门类美学进行系统研究，从艺术美学的各个门类入手，广泛而又典型地包罗了最具代表性的中国美学史研究，进一步开拓了中国美学史的研究视野，更细致地分析中国传统审美意识与美学思想中的理论与实证资源。

在对各门类美学的系统归类上，本丛书以单册专著的形式观照门类美学的历史流变和本质特征，又以合辑丛书的形式统摄超越门类畛域的美学总体演化，在共性与特性的对照映衬中阐述了不同形式的艺术和各门类美学所共同遵循的审美规律，深入探讨各门类美学的历史脉络、结构组成、思想渊源，使中国美学的研究落到实处。本丛书的撰写还反映了“纵横交错”的特点。从纵的方面看，本丛书以时间顺序为纲，撰写了各个艺术门类在不同时期的美学特质和风貌，以及该门类美学的发展轨迹，展现了在此艺术门类中体现的当时人们的审美理想和审美趣味。从横的方面看，本丛书的各门类艺术美学史交相辉映，同一时代的各门类艺术美学思想相得益彰，共同构成了较为完整的中国艺术美学史。读者可以根据自身的需要、兴趣选择本丛书中某一或几个艺术门类美学史阅读，从中看出某艺术门类美学史的嬗变轨迹。

现在，在山西教育出版社的支持下，这九本门类美学史著作即将陆续面世，接受读者的检验和批评。我们相信，中国门类美学史的研究将会推动美学史研究在结合中国实际、借鉴西方当代美学成果以及继承中国传统思想的基础上取得新的进展，从而对推动新世纪中国美学理论的建设和发展起到积极的作用。当然，限于水平，我们的上述努力目标未必都能达到，书中一定还存在这样或那样的不足，我们恳切地期待同仁和广大读者的批评指教，使我们能在今后的研究中不断改进。

目　录

导　论

中国古代美学如果是有“形”的，可以用一种“形状”来模拟，这种形状，笔者以为，是“涟漪”。“涟漪”有多重属性，一如，它能够把无形寓于有形之中，从而，它的有形可以虚化、无化、幻化、弥漫、衍生、播撒；二如，它接纳万物，又吞没万物，所以，它既被万物扰动，有物累，有情患，又融合了万物，与万物接洽，成就了它自己的深度；三如，它在肌理上似乎是中心主义的，在表象上，却又是非中心主义的，因此，它可以交叠，可以隐匿，可以变化，可以虚构。这些属性，若条分缕析、分门别类，足以写成一本厚厚的书；在这里，却要收敛视角，把话题限定在建筑文化这一题域内。中国古代建筑美学，作为“涟漪”，最起码，可以用三种维度来“模拟”其三重“圈层”，从中心到边缘，这三重“圈层”分别是：“空间”、“结构”、“场域”。

何谓“空间”？此空间特指建筑的内部空间。建筑之所以存在，最根本的理由是它能够“人为”地、“后天”地、“蓄意”地用空间分隔建筑体内、外的形式体验。一个人席地而卧，躺在无边的旷野上，天当被，地作床，天地算不算是他的建筑？飞禽走兽，它们栖身在自然的树梢上、洞穴里，树梢、洞穴算不算是它们的建筑？建筑的“本义”在于塑造，塑造的目的在于“区分”，在于“笼络”，在于“隔离”——塑造的过程以及结果，缺一不可——动物的建筑可以是雀巢，是蚁穴；人幕天席地，却无所谓建筑之有无可言。亭子呢？亭子是空的，无墙之界限、围合作用，哪里是内？哪里是外？如何可能经验到建筑的内外之别？——不知道是我在亭子里等雪？还是雪在亭子里等我？——一想起亭子，浓浓的诗意俨然早已把“割裂”内外空间的墙壁“湮没”、“消化”、“拆卸”和“分解”了。换一种思路，如果是这样，无论是我，是雪，何必非要在亭子里等呢？为什么不去厕所、猪圈、马厩、牛栏里等？或者在完全没有屋顶、梁柱、框

架的地方，直愣愣地站在那里等雪？反正是“空”的，红尘必“破”——这叫“桶底脱”！物的存在蕴含着解构的力量，解构的力量也要留给物以存在的张力。没有生老病死、怨憎会、爱别离、五阴炽、求不得，释迦牟尼看破个什么？拿什么来渡厄？——再诗情再画意，亭子必须是要有的。虽然它没有墙，但它有柱子，有由柱子支撑的顶部，合理地推断，它的脚下还应该有夯土层，或浮木，或砖石，有“基础”保障，更有可能的，是柱间还有栏杆、靠背、扶手，有供人休憩的条石——关于雪，不仅可以站着等，还可以坐着等、躺着等。说到底，建筑是开放的，建筑的内部空间不是僵死的、封闭的、孤立的“套子”、“罩子”、“盒子”，否则，门窗何为？坟墓也是有门窗的，空间内外间的交流是必然的——无中生有，有中亦可生无；然而，即便如此，问题的关键在于，内外也仍然是要有区隔的，这种具体的区隔在人类的世界里又是“人为”的——只有通过人为的力量自觉区隔了空间的内外，建筑才终于诞生了，针对建筑的审美活动，才有了最为核心的基础。

何谓“结构”？结构是由建筑的内部空间开出的，推衍生成的理论术语。内部空间将通过结构来筑造。结构千变万化、纷繁复杂，中国建筑有中国建筑的结构，西方建筑有西方建筑的结构，结构体现的是建筑的文化类型，任何建筑都必须具有结构。从外部形式上看，中国建筑的结构特性在于它上有屋顶，中有列柱，下有基台，它是砖瓦土木合成的——非单体构造；更进一步而言，它由梁柱构形，擅用斗拱，而斗拱的基础又是木作的前提——榫卯。从内在形式上看，中国建筑的结构特性又在于它分出了前后，分出了左右，分出了上下，分出了主次，分出了凹凸，分出了阴阳，分出了亲疏——“空间”一词的理解，不仅在于一个“空”字，更在于一个“间”字！一方面，中国建筑的空间是可以被时间化的——“宇宙”一词本身即建筑时间与空间的重叠、交织，本然地带有历史感。另一方面，无论时间还是空间，它们又都是一种“间”性存在。这正如太极必生出阴阳，阴阳必生出四时，四时必生出八卦，阴阳四时八卦如五行般相生相克，交互运作才足以构成宇宙。笔者以为，所谓天人合一之重，重固在于天，在于人，在于一，但更在于合。怎么“合”？“合”的样式是什么？恰恰需要通过“结构”这一建筑“文本”来加以定型、定性。

何谓“场域”？场域是建筑的整体观念。建筑在哪里存在？建筑在场域中存在。场域恰恰是建筑的内部空间与外部空间交流、对话、互文的“地图”、结果、答案。中国建筑自古以来就不是以单一形式存在着的；建筑的组合，在中国建筑文化的观念中，既不称为群落，也不称为族群，而被称为院落。院落是一种组合，这种组合不是大大小小的房子按12345的顺序排列、码放在一起，而固有其道理——地域不同，道理有所不同；时代不同，道理有所不同；权力不同，道理有所不同；心性不同，道理有所不同。种种道理，没有一条放之四海而皆准的绝对法则、至上真理——即便中国文化普遍带有“万物有灵论”的泛神化色彩，也绝不至于走向拜物教、拜建筑教。与之相反，建筑一定是一种经验性的存在。事实上，它是各种欲望，包含着求生之本能、存在感、权力欲、审美直觉、自由意志等等，纠缠、咬合在一起的复杂体，它甚至有其不为人知的自我“繁殖”力。在某种程度上，作为“涟漪”最边缘的圈层，它不只是弥漫的、漫延的、延宕的“边际”，远去的“背影”，同时，它又像是一个吸盘，有朝向中心由吐纳而收摄的能量。显然，它收摄了山水，收摄了山水中的动物、植物、云霓；它收摄了田园，收摄了田园里的渔樵、农夫、四季；它收摄了边塞，收摄了边塞上的烟尘、大漠、马匹；它甚至收摄了死亡，收摄了颓废，收摄了虚无，收摄了禅意，收摄了荒墟——它把万千的包括人类在内而又不只是人类的生命汇聚在自己体内，它看着这些生命生下来，死掉，这些生命同时也在打量它。这便是建筑的场域。

无论如何，笔者以为，空间、结构、场域是中国古代建筑美学的三大母题。这三大母题，在中国古代建筑美学史上是并行的、共生的，而又有着逐步“内化”与“扩散”的命运，有着极为纷繁复杂的协同与背离。本书意在以此为内贯的逻辑线索，来勾勒中国古代建筑数千年来绵延不绝的历史篇章。

第一章
宇宙：先秦时期建筑美学的原型

先秦时期是中国文化尚未构造出帝国及皇权以前，原初而漫长的历史时期。这一时期，中国古代建筑美学的基本“框架”业已奠定。一方面，建筑作为一种丰富而多元的观念逐步萌发出来；另一方面，建筑作为一种经验物、经验性实存的行为过程，构成了先民日常生活的主要内容。

第一节　建筑观念的萌发

一、建筑的职能

所谓观念，或许可以分为两种：知识的观念与价值的观念。这两种观念不是平行的，先秦的建筑文化观念，首先表现为一种价值观念。建筑是什么暂且不论，重点是建筑的职能：建筑有什么用？

人为什么需要建筑？一般的思路会从先民的生存困境展开。先民的生存困境是什么？食物，食不果腹；衣物，衣不蔽体。但后世有位擅长体会人生困境的诗人杜甫，其《茅屋为秋风所破歌》却写道：“安得广厦千万间，大庇天下寒士俱欢颜！风雨不动安如山。”在这首诗里，杜甫尤为突出地把居无可居、居无定所、居不足以安顿自我的困境及其痛楚描述得淋漓尽致。在一个以耕、织为主导形式的农业社会里，对大多数人来说，最基本的生存焦虑正围绕建筑而展开。

如果仅仅是为求一个落脚之处，如果仅仅是为了停留，何处不可落脚？哪里不能停留？一棵树有一棵树的落脚之处；一阵风、片片雪花，大地苍茫，漫山遍

野——而这一切，却没有建筑的“身影”。《周易·系辞下》曰：“上古穴居而野处，后世圣人易之以宫室，上栋下宇，以待风雨，盖取诸大壮。”① “大壮”，实为“壮大”。这在此后的文献中经常可以看到，如《广成集》里的《谢恩宣示修丈人观殿功毕表》曰：“俄成大壮之功，克致齐天之固。”② 李百药《赞道赋》云：“因取象于大壮，乃峻宇而雕墙。”③ 刘允济《万象明堂赋》言及：“雷承乾以震耀，灵大壮乎其中。”④ 穴居野处与居于宫室究竟有何区别？人为什么不满足于穴居野处，而要居于宫室？其必要性何存？王弼有过一个解释：“宫室壮大于穴居，故制为宫室，取诸大壮也。”⑤ 重点在于“制”。“制为宫室”之“制”，有“法度”的含义在里面。值得注意的是，跟在“穴居”后面的“野处”一词——上古先民“穴居”，为什么就是“野处”？何“野”之有？因为“穴居”无法制造法度，被法度纳入，故而“野”——“宫室”，则意味着一种有所“制约”的人类文明的诞生。

在人类文明的世界里，起码就中国古代建筑文化的源头而言，建筑的核心词，是“宅”。何谓“宅”？宅，从宀乇声，似乎并无歧义。问题是，它在甲骨文里，与后代所指的“住宅”含义并不相同。就卜辞而言，赵诚指出：“这种宅绝不是一般的住宅。结合宅所从的乇为祭名来看，则宅应为祭祀场所。”⑥ 这意味着，宅非民宅，宅有祭神之用——“宅”起码就其原型来看，提供给人以居住之所不是“宅”的主要职能。不仅是“乇”的问题，“宀”作为一种宫室建筑外部的轮廓，象两坡顶之简易棚舍，其作寄居之所，释名为“庐”；而这个字形，据徐中舒的解释有两个意思，其一为庐舍，其二即借作数字“六”。⑦ “六”

① 王弼、韩康伯、陆德明、孔颖达：《周易注疏》（卷十二），中央编译出版社 2016 年 1 月版，第 384 页。

② 杜光庭、董恩林：《广成集》（卷之二），中华书局 2011 年 5 月版，第 27 页。

③ 李百药：《赞道赋》，董浩等：《全唐文》（卷一百四十二），中华书局 1983 年 11 月版，第 1438 页。

④ 刘允济：《万象明堂赋》，董浩等：《全唐文》（卷一百六十四），中华书局 1983 年 11 月版，第 1679 页。

⑤ 王弼、韩康伯、陆德明、孔颖达：《周易注疏》（卷十二），中央编译出版社 2016 年 1 月版，第 384 页。

⑥ 赵诚：《甲骨文简明词典：卜辞分类读本》，中华书局 1988 年 1 月版，第 215～216 页。

⑦ 参见徐中舒：《甲骨文字典》，四川辞书出版社 1998 年 10 月版，第 798 页。

为阳数。这意味着，庐舍、建筑，在甲骨文那里，就已经与巫术、与《易》系统有了不解之缘。

既然不只是人的居所，又怎么“安宅”呢？《易》之剥卦坤下艮上，其《象》曰“上以厚下安宅”，王弼对此加以解释，其中有一句话非常重要，他说：“‘安宅’者，物不失处也。”① 怎么才算“物不失处”？结合剥卦的整体来看，此处的“不失”，主要指的是不剥落。物不剥落，如其所应是的样子，便是“安宅”。宅的安与不安，取决于物的失与不失，剥与不剥——跟人的精神，人的灵魂、人性无关，跟人的身体无关，跟业主的社会身份、情绪意态亦无关联。宅就是宅，人不必自恋——住一头猪也是住，猪也要住在“安宅”里。

在这一意义上，“宗”的含义最为凸显。在甲骨文里，“宗”为安放神主之房屋，后又分为“大宗”、“小宗”，以及“新宗”、“旧宗”。② 在徐中舒看来，“宗”即“祖庙”。他认为，从宀从示的“示”，即为神主，所以，“宗”乃“象祖庙中有神主之形”③。更进一步而言，“享堂”这一形制，又被称为“宗”。宗庙宗庙，“宗”的起源比“庙”要早得多——“宗”屡见于殷商卜辞，殷商卜辞中却未见“庙”字。而“宗庙”一词，多见于先秦文献——“庙”用于祭祀祖先，“宗”则用于祭祀祖先的遗体，它就建立在埋葬祖先遗体的墓圹之上。杨鸿勋指出，安阳小屯殷墟妇好墓的殷王室墓葬中，“一号房基”即“母辛宗”：“房基恰恰压在墓圹口上，而且略大于墓圹口，这已难说是巧合。再看方位，据遗迹实测图，房基与墓圹壁不是严格平直的，并且墓圹口残缺，然而两者方位基本一致。可知发掘报告记述的房基方向‘东边线北偏东 5°’以及墓圹‘方向 10°’，只是约略数值；确切地讲，两者方位可以说都是北偏东 5°～10°。营造方位的一致，更表明房基与墓葬是一体工程。”④ 如是“宗”的建制，基本上等同于享堂，也即四面开敞，无墙或隔扇的围护，或许在柱间挂有帷幕，像一个重在遮阳避雨的盖顶祭台。其最终的形式是，“檐柱上承直径 25 厘米的檐檩一周，上部架设大

---

① 王弼、韩康伯、陆德明、孔颖达：《周易注疏》（卷五），中央编译出版社 2016 年 1 月版，第 149 页。

② 参见赵诚：《甲骨文简明词典：卜辞分类读本》，中华书局 1988 年 1 月版，第 211 页。

③ 徐中舒：《甲骨文字典》，四川辞书出版社 1998 年 10 月版，第 811 页。

④ 杨鸿勋：《妇好墓上“母辛宗”建筑复原》，《文物》1988 年第 6 期，第 62 页。

叉手（人字木屋架）以承脊檩。以脊檩及檐檩为上、下支点，四面架设斜梁。陕西、甘肃一带民间至今仍保留这种古老做法，当地称斜梁为‘顺水’或‘Qian’——疑即汉代文献所记的‘欃’字。斜梁间距150厘米，略如晚期的檩距；上横架屋椽。椽上铺箔，加泥草、絮草。偶方彝屋形器盖下反映的正是这种檐下不见椽而只见粗大的斜梁头的形象。重檐部分，则是顺坡架椽”①。这显然是一座单体建筑，而不是二里头由廊庑环绕合成的庭院——殿堂前又有前庭和门塾。无论怎样，“宗”都是与墓圹“叠合”在一起，位于墓圹之上，供人祭祀的场所；后世的“宗亲”、“宗族”、“宗法”、“宗派”，莫不当由此一建筑形制而得到的文化引申。另，张十庆《麟德殿“三面”说试析》一文中提到，日本奈良时代对建筑的构成区分了主次，“‘宗屋’表示的是建筑构成的主体与核心，‘庇’则表示的是由庇檐所产生的主体的扩展”②。这是一条关于“宗”之形式有益的思路，可供参考。因“宗”而“门”。“门”这个字的本义，是象两扉开合之形——“户”为单扉，“门”为双扉，而在卜辞里，就已经有了“以门代庙”的引申用法。③ 除此之外，“宫”者，从宀吕声，吕指后代之雝——“卜辞用来安放先公之神主并作为祭祀的地方”④。如果此说成立的话，那么“宫”字之“吕”，也便不再是地穴式建筑中的台阶，或房屋的前后组合，⑤ 而类似于龛，

① 杨鸿勋：《妇好墓上“母辛宗”建筑复原》，《文物》1988年第6期，第66页。

② 张十庆：《麟德殿“三面”说试析》，《考古》1992年第5期，第451页。

③ 参见赵诚：《甲骨文简明词典：卜辞分类读本》，中华书局1988年1月版，第211页。

④ 赵诚：《甲骨文简明词典：卜辞分类读本》，中华书局1988年1月版，第213页。

⑤ 原始的地穴式建筑，与“宫”互契，是明确的。1955年10月至12月，针对西安半坡遗址的第二次发掘曾提供过一个典型案例：就具有代表性的3号方屋而言，“门开在南边，门道是长1.7米的一道狭槽，门道作阶梯形，共4级，宽仅0.4米，仅能容一人出入”。（考古研究所西安半坡工作队：《西安半坡遗址第二次发掘的主要收获》，《考古通讯》1956年第2期，第24页。）这座面南背北而朝阳的方屋，不仅体现了“门面”一词的含义，且与“宫”这个字的字形，完全吻合。我们甚至能够从“宫”字的“吕”形上，发现地穴式建筑之于“门道”的强调。

恰恰是对“宫”之职能的说明。①

建筑往大了说，既然祭祀为其主要职能，则建筑本身也便被视为“宇宙”。“宅”、“宗”、“宫”一定不是西方意义上的神庙、教堂，却是另一景象。由于缺乏一神论的宗教基础，中国远古建筑并非为了维护单一的信仰、理性而存在，拜祖先、拜万物，反而“实用”，有“庙堂”。《考工记》、《周书明堂解》、《大戴礼》、《白虎通》都对周人的明堂构造有过详尽的描述，亦可见于《历代宅京记·关中一》：“明堂上圆下方，八窗四闼。布政之宫，在国之阳。上圆法天，下方法地，八窗象八风，四闼法四时，九室法九州，十二坐法十二月，三十六户法三十六雨，七十二牖法七十二风。”② 如是明堂，俨然是一幅流动的游走的宇宙样图，它囊括了时空、天地、日月、风雨，乾坤的光影辗转变幻由此呈显，阴阳的气息此起彼伏在这里聚散，种种天地轮转的完美布景，塑造的是一个宇宙万物生生不息周行不殆的世界。③

宇宙那么庞大，建筑如何模仿？用庞大来模仿庞大。西周建筑规模的庞大，陕西扶风召陈西周建筑群遗址上层建筑之柱础可见一斑，其 F3 除了两个附加柱的柱础埋深 50 厘米外，其他柱础埋深为 2.4 米！不只是埋深，其柱径亦巨大，一般柱径 1～1.2 米，中柱础直径则达到 1.9 米！这究竟是一座什么样的建筑，无论如何，它都可以用恢宏、壮阔、雄伟来描述！④ 建筑再庞大，也是有限的，

---

① 在这一点上，徐中舒有不同解释。徐中舒指出：“吕象屋顶斜面所开之通气窗孔。据半坡圆形房屋遗址复原，其房屋乃在圆形基础上建立围墙，墙之上部覆以圆锥形屋顶，又于围墙中部开门，门与屋顶斜面之通气窗孔呈吕形。此种形制房屋，屋顶似穹窿，墙壁又似环形围绕，故名为宫。”（徐中舒：《甲骨文字典》，四川辞书出版社 1998 年 10 月版，第 833 页。）所以，“吕”到底意味着什么，并不一定。

② 顾炎武：《历代宅京记》（卷之三），中华书局 1984 年 2 月版，第 37 页。

③ 后世唐人杨炯《盂兰盆赋》也提到：“考辰耀，制明堂，广四修一，上圆下方，布时令，合烝尝，配天而祀文考，配地而祀高皇，孝之中也。”［杨炯：《盂兰盆赋》，董浩等：《全唐文》（卷一百九十），中华书局 1983 年 11 月版，第 1920 页。］杨炯于此处“顾左右而言他”，他真正的目的是为了弘法、传教。他把“孝”分成三个阶段——始、中、终：始于建皇都、立宗庙、觐严祖、扬先皇；终为宣大乘、昭群圣、登灵庆、加百姓；制明堂，属于中间阶段，显然是要以孝来辅教。重点是，我们发现，在他的表述中，上圆下方，之于明堂的形制而言，理所当然。

④ 参见陕西周原考古队：《扶风召陈西周建筑群基址发掘简报》，《文物》1981 年第 3 期，第 15～16 页。

有限的庞大如何模仿无限的庞大？序列。人在建筑之初，必然对建筑未来可能给人带来的空间感有所设计——设计空间的序列。扶风召陈建筑群中F3、F5、F8的柱网布置可以为例，如F8，“面阔七间、进深三间，但中部有特殊的处理：缺少当心间左右四内柱，而在南北中轴上布置二柱，于是在中部形成了东、西对称的两处集中的使用面积。对照古籍，这可与宾主西东相对就席的实用要求相适应，也便于‘东序西向’、‘西序东向’设馔之类的安排”①。自两边向内第二间增设一柱本身，正在其平面位置四角分角线的交点，所以，此柱既是四阿屋盖檩两端的支点，亦是四角斜梁的顶部支点。它极大地增强了房屋在整体组织上的稳定性。“减柱”的目的往往与空间的塑造、意义的生成有关——设馔之序，固然是人的实用需要，却更反映出“序”、“向”内涵的社会价值。②

在这样一种宇宙中，天人合一的逻辑于《周礼》的时代，已属共识。《春官宗伯下》有言，“以星土辨九州之地，所封封域，皆有分星，以观妖祥”③。这句话看上去是说，九州的封域是根据天上的星象得来的，实际的情形却没有那么简单。且不说天上的星象也是人命名的结果，单看末尾四个字，“以观妖祥”——天人合一的目的，是要把“一”落实下来，对应于人，趋吉避凶，化解不祥；所谓吉凶，究竟是人有吉凶，天象不过是这吉祥与不祥的征兆罢了。据后文可知，不只是天象，“十有二岁之相”、“五云之物”、“十有二风”，诸如此类都有一个共同目标：“以诏救政，访序事。”④ 此处“访”，不是问，是谋，是刻意为之、谋求的意思，天人合一一定是服从于人的目的的，人才是天的目的论结果。所以，从实用主义的角度来看，建筑所塑造的宇宙必然是一个为“我”所用，

① 杨鸿勋：《西周岐邑建筑遗址初步考察》，《文物》1981年第3期，第32页。

② 建筑的“减柱”是冒有结构性风险的，并不是所有的建筑都“敢于”“减柱”。西藏阿里地区的古格王国遗址里，有两座至今保存较好的大型建筑：白庙和红庙。白庙庙墙涂为白色，红庙庙墙涂为红色，面积均为300平方米，乃土筑。值得注意的是它们的立柱。这两座庙宇内均有36根方形的立柱，无一减造。它们每根直径22厘米，柱间宽2.55至2.7米，柱身以及天花板上有各种彩绘花纹。如何解决朝拜问题？在北墙上凿出壁龛，上供佛像；但不减柱——即便在300平方米的空间里使用36根立柱，是如此的密集。（参见西藏自治区文物管理委员会：《阿里地区古格王国遗址调查记》，《文物》1981年第11期，第30页。）

③ 郑玄、贾公彦、彭林：《周礼注疏》（卷第三十一），上海古籍出版社2010年10月版，第1020页。

④ 郑玄、贾公彦、彭林：《周礼注疏》（卷第三十一），上海古籍出版社2010年10月版，第1024页。

环绕着“我”的宇宙。

建筑往小了说，其本身不是个人私产，而是血缘、家族、宗法的依托。“家”从宀从豕，本义为门内的居室，卜辞引申为先王庙中的内室，并不含有家庭财产、私产的含义，只是一种建筑形制。① 依徐中舒的解释来看，“家”的含义有四种，一为人之所居，二为先王之宗庙，三为地名，四为人名。② 这与赵诚的定义是相通的。《尔雅·释宫第五》：“牖户之间谓之扆，其内谓之家。”③ 此处的牖户，实为牖东户西。牖户之间，实为“间”的总体概念，“家”正是由此空间构成的。换个角度来说，何谓“家”？《易》有“家人”卦，离下巽上，乃巽宫二世卦。陆德明即案，“《说文》：家，居也。案人所居称家。《尔雅》‘室内谓之家’是也”④。建筑从来都是家的必需品。房子里有没有猪、有没有财产是另一回事，首先得有房子。家所适应的是“居”的概念，居家居家，所居即其家，室内即是家。没有屋室，没有居所，无家可言。只有在这一前提下，才有家人卦所言的血缘制度、上下秩序、内外观念、家庭系统。

这其中，关键词是“居”。居家居家，“居”带有“坐”的含义。《周礼·春官宗伯下》中有一句话：“凡以神仕者，掌三辰之法，以犹鬼神示之居，辨其名物。”⑤ 其中有一个细节特别需要注意，郑玄是把此“居”释为“坐”的——“天神人鬼地祇之坐者，谓布祭众寡与其居句”⑥。无论是天神还是人鬼，居于何处，是站于何处？还是卧于何处？是玉树临风地伫立在那里还是四仰八叉地躺倒在那里？是坐，是正襟危坐还是游戏屈膝盘腿坐，待定，但却是坐在那里的。这也就解释了为什么居处总是跟“位”有关。坐不一定是坐在椅子上，亦可席地而坐，跪坐踞坐，但坐一定要有座，这个座必须有方位，有空间，用一个不恰当

① 参见赵诚：《甲骨文简明词典：卜辞分类读本》，中华书局 1988 年 1 月版，第 213 页。

② 参见徐中舒：《甲骨文字典》，四川辞书出版社 1998 年 10 月版，第 799 页。

③ 胡奇光、方环海：《尔雅译注》，上海古籍出版社 2004 年 7 月版，第 204 页。

④ 王弼、韩康伯、陆德明、孔颖达：《周易注疏》（卷六），中央编译出版社 2016 年 1 月版，第 211 页。

⑤ 郑玄、贾公彦、彭林：《周礼注疏》（卷第三十二），上海古籍出版社 2010 年 10 月版，第 1063 页。

⑥ 郑玄、贾公彦、彭林：《周礼注疏》（卷第三十二），上海古籍出版社 2010 年 10 月版，第 1063 页。

的词来说，居即“占座”。

居始终不脱离于建筑。《周易·系辞上》云：“子曰：‘君子居其室，出其言善，则千里之外应之，况其迩者乎？居其室，出其言不善，则千里之外违之，况其迩者乎？言出乎身，加乎民；行发乎迩，见乎远。言行，君子之枢机。’”① 历来释读此文，莫不重其远迩之比，言行之机；笔者却以为，这段话中，真正的关键词恰恰被“遗忘”了。这段话的关键词，乃“居其室”！首先，何谓远迩？室是基点，没有室，何来远迩?! 其次，此室实乃君子的居所，君子身在羁旅途中吗？非也。“君子居其室”，其言、其行是在“家”这一建筑中完成的。再次，“君子居其室”，可以有两种全然相反的作为，或“出其言善”，或“出其言不善”，君子行善、行不善的时间、空间，均在室内呈显。最终，无论君子行善、行不善，其影响的传播路径、幅度、模型是一致的，构拟出的是一张网罗，一种室内与室外，由建筑分出内与外的场域。君子始终是要以建筑，以“居其室”为其生命的依托和背景的。

令人疑惑的是，既然君子之居为“占座”，哪里不能“占座”，为什么一定要在建筑中“占座”？因为“位”之观念本身是一种建筑的空间序列。建筑由“物”组合而成，中国古人之于“物”的设定是有层次的。王弼在注《易》之乾卦《彖》辞时，曾提到过形名问题，便涉及了如是分类，孔颖达继续解释说：“夫形也者，物之累也。凡有形之物，以形为累，是含生之属，各忧性命。而天地虽复有形，常能永保无亏，为物之首，岂非统用之者至极健哉！”② 在中国古代思想史上，并未出现过一个绝对的造物主或一神论，只是在块然自生的万物自然之道中印证着如斯世界生生不已的运演、造化而已，那么，天究竟是不是物？在天人合一之余，天性与人情何以两立？——如果天是物，也有其形、也有其名、也有其累的话，又何以与人两立？此处提供了一个关键词：“首”。“物之首”。首、身不可离析，但首毕竟是首。首“乘变化而御大器”！“乘”和“御”，不是“创造”，不是从无到有凭空而来，而固有其“统用”的至健之功。所以，“物”必然是有序列的，人应当认识到这一序列。屋顶即建筑之“首”！

必须强调的是，“物”有层次，就意味着“物”有可能构成人之存在的“反

① 王弼、韩康伯、陆德明、孔颖达：《周易注疏》（卷十一），中央编译出版社2016年1月版，第356页。

② 王弼、韩康伯、陆德明、孔颖达：《周易注疏》（卷一），中央编译出版社2016年1月版，第22页。

面”。“物”是一个内涵极为复杂的概念，它是一个不能简单地被“对象化”、被“统摄”的概念。《易》之大有卦“六五”有句：“厥孚交如，威如，吉。”王弼于此处有言：“夫不私于物，物亦公焉；不疑于物，物亦诚焉。既公且信，何难何备？不言而教行，何为而不威如?”① 这句话里充斥、弥漫着玄学，尤其是王弼自己“无为”论的调子，但却是中国古人之于物的一种极为流行的态度。“不言而教行”——教化并不需要言，并不需要符号的引导。物是什么，暂且不表；人如何对待物，才是重点。如何对待？不私、不疑。人不能私自独享占有物，人不能怀疑揣测臆断物。物是自成的，不劳人扰。那么，如果物是独立现成的，怎么保证它于人有益?！物什么时候“说”过一定要让自己于人有益?！一个卦象就能说明问题：“噬嗑”。王弼解释得很清楚。何谓“噬嗑”？“颐中有物，啮而合之。”②“噬”是“啮”的意思，“嗑”是“合”的意思。由于物在口中，造成了上下隔阂，所以要“啮”去其物，使上下重新回到“合”的状态。这样一种“啮”去，是很严厉的，其所喻示的乃“刑法”——“利用狱”者，将以刑法去除间隔之物。如斯之物，何益之有?！

以此为背景，笔者以为，先秦建筑文化中，建筑之职能的本义即结合了时间的，由土木构造的人为空间的。首先，建筑的空间与时间不可分割。《尔雅·释宫第五》有句话说：“室中谓之时，堂上谓之行，堂下谓之步，门外谓之趋，中庭谓之走，大路谓之奔。”③ 这里的“时”通“峙”，是踟蹰不前的意思。这是一个非常显著的“涟漪”，围绕着“室”的，是堂上、堂下、门外、中庭、大路五个圈层，每个圈层表面上是对人的步态提出了要求，实则以建筑的空间为介质，蕴含着人之于时间向外扩散、波及、蔓延的理解——建筑是有层次的，这种层次既是一种空间层次，亦是一种时间层次。不过，建筑中的时间是人的时间。中国古人讲时间，固然离不开春夏秋冬，然而我们同时也应当注意到，其所谓时间，不一定指的是自然时间，而指的是“人文”时间、“社会”时间，指的是“时运”。《易》之豫卦蕴含着时间哲学，孔颖达便于此处说过：“时运虽多，大

① 王弼、韩康伯、陆德明、孔颖达：《周易注疏》（卷三），中央编译出版社 2016 年 1 月版，第 110 页。

② 王弼、韩康伯、陆德明、孔颖达：《周易注疏》（卷四），中央编译出版社 2016 年 1 月版，第 138 页。

③ 胡奇光、方环海：《尔雅译注》，上海古籍出版社 2004 年 7 月版，第 213 页。

体不出四种者：一者治时，'颐养'之世是也；二者乱时，'大过'之世是也；三者离散之时，'解缓'之世是也；四者改易之时，'革变'之世是也。"① 世有治乱，有离散有改易，固不同于春夏秋冬，亦有别于生老病死——它所强调的是一种人所处之社会背景的模式，并非个人存在的生命体验，而是一种在人之群体、族群意义上的社会范式、样式。所以，中国古代建筑中空间所蕴含的时间，既潜藏着人们之于自然时间的理解，亦涉及人们之于时运之势的关怀与期待。

其次，建筑必然是人为的世界。举一个或许有些极端的例子：植物。苑囿之"囿"，在甲骨文中就已出现，有草木之形。赵诚指出："严格讲来，苑囿与一般的建筑物不同。但既然成了苑囿就绝不会是纯自然的状态，所以仍列入建筑物一类。"② 在赵诚看来，苑囿虽非一般意义上的建筑物，它本于草木，但这些草木已并非自然生长之草木，而加入了人工的作为，所以，苑囿理当被列为建筑物之种类。土木建筑中的木之所以"存在"，其哲学解释是，木是有机体，是生命，是活的，但有条件——如果脱离了人为加工的过程，如果未经木构，"原始形态"的树木即便植根于庭院内，并非出自荒野，亦有可能"溢出"建筑体之"附属物"这一身份，而"成精"，对居住者造成伤害。仅以后世《宣室志》为例：大和中，江夏从事的官舍"每夕见一巨人，身尽黑，甚光，见之即悸而病死"③。后经许元长确认，是堂之东北隅的枯树。大和八年秋，扶风窦宽罢职退归梁山而治园，命家童伐树，见血成沼，"遂诛死于左禁军中"④。醴泉县民吴偃的女儿突然失踪，后发现东北隅有盘根甚大的古槐木，"木有神，引某自树空腹入地下穴内"⑤。大和七年夏，董观与其表弟王生南将入长安，道至商於，夕舍

① 王弼、韩康伯、陆德明、孔颖达：《周易注疏》（卷四），中央编译出版社 2016 年 1 月版，第 117 页。

② 赵诚：《甲骨文简明词典：卜辞分类读本》，中华书局 1988 年 1 月版，第 217 页。

③ 张读、萧逸：《宣室志》（卷五），《宣室志　裴铏传奇》，上海古籍出版社 2012 年 8 月版，第 36 页。

④ 张读、萧逸：《宣室志》（卷五），《宣室志　裴铏传奇》，上海古籍出版社 2012 年 8 月版，第 36 页。

⑤ 张读、萧逸：《宣室志》（卷五），《宣室志　裴铏传奇》，上海古籍出版社 2012 年 8 月版，第 36 页。

山馆，忽见一物出烛下，掩其烛，状类人手，后知西数里有古杉为魅。[①] 贞元中，邓珪寓居晋阳西郊牧外童子寺，"与客数辈会宿，既阖扉后，忽见一手自牖间入"[②]，后知乃葡萄怪所为。《宣室志》之外，类似的民间传说更是数不胜数。这些成精之树俨然成为一种神灵，一种自然的"符号"，能够对人世间产生切实的影响，透显着万物有灵论的基本逻辑预设。值得注意的是，一方面，一旦属人的符号违背了自然规律，必为凶兆。《宣室志》："唐兴平之西有梁生别墅，其后园有梨木十余株。大和四年冬十一月，新雨霁后，其梨忽有花发，芳而且茂。梁生甚奇之，以为吉兆。有韦氏谓梁生曰：'夫木以春而荣，冬而悴，固其常矣。今反是，可谓之吉兆乎？'生闻之不怿。月余，梁生父卒。"[③] 韦氏的逻辑并不高明，不过是春华秋实的道理，自然之理，却不可"忤逆"——表象再繁华，如"忽有花发，芳而且茂"者，亦不可有悖此理。换句话说，自然之理"大于"人之喜好。另一方面，树木本身不可过于丰茂。《宣室志》曾记录过一句桑生之言，桑生说："夫人之所居，古木蕃茂者，皆宜去之；且木盛则土衰，由是居人有病者，乃土衰之验也。"[④] 木盛，是有条件的，即与人相衬，人不需要树木的野性超过，抑或覆盖人所能掌控的"范围"，否则，树则妖矣。综合来看，建筑体中的植物无疑是建筑作为总体而言的陪衬甚至点睛之笔，它让人赏心悦目，陶冶性情，但它一定不是建筑的主体、主题，它并不比那些已然成为木作的木材、选料、构件"高贵"、"特异"，而必须与建筑物本身有必然的适应性。

再次，建筑筑造在大地之上，此大地，实为田园。《易》之乾卦"九二"有"见龙在田，利见大人"，为什么是"在田"？王弼说得很清楚，"处于地上，故曰'在田'。德施周普，居中不偏，虽非君位，君之德也"[⑤]。"处于地上"，并不难理

---

① 参见张读、萧逸：《宣室志》（卷五），《宣室志 裴铏传奇》，上海古籍出版社 2012 年 8 月版，第 36～37 页。

② 张读、萧逸：《宣室志》（卷五），《宣室志 裴铏传奇》，上海古籍出版社 2012 年 8 月版，第 37 页。

③ 张读、萧逸：《宣室志》（卷五），《宣室志 裴铏传奇》，上海古籍出版社 2012 年 8 月版，第 37 页。

④ 张读、萧逸：《宣室志》（卷一），《宣室志 裴铏传奇》，上海古籍出版社 2012 年 8 月版，第 10 页。

⑤ 王弼、韩康伯、陆德明、孔颖达：《周易注疏》（卷一），中央编译出版社 2016 年 1 月版，第 15 页。

解，“九二”之“二”位，原本就是“地”之“上”位——龙是可以“见”于地上的，它周游于六虚。值得注意的是“故曰”二字——王弼所使用的顺承逻辑——在他的观念里，田与地是紧密联系在一起的。所以，后来孔颖达解释此处时便指出，田是地上可以经营的有益处所。若不可经营，若无益，那便未可称之为“田”。换句话说，并不是所有的“地”皆可谓之“田”。正因为如此，王弼才能够继而把“田”与“德”、与“中”、与“君位”联系在一起。而“九三：君子终日乾乾，夕惕若厉”里，王弼有句话说，“下不在田，未可以宁其居也”①。“九二”说“在田”，并没有明确说“居田”。“见龙在田”是不是就是“见龙居田”？可能是，但不确定，而“九三”的解释就很确定。所以，孔颖达说：“田是所居之处，又是中和之所，既不在田，故不得安其居。”② 由此可见“居所”一词的来历——“居”于何所？住在哪里？“田”！无论如何，古人对于居所的定位——“择址”，一定是经过慎重筛选的，固有其内在的理性，并非盲目冲动所为。剩下的问题只有一个，即“龙”居于田，是不是就等于“人”居于田？“九四”乃“革”时，“上不在天，下不在田，中不在人，履重刚之险，而无定位所处，斯诚进退无常之时也”③。如果把“龙”替换为人，也就会导致“中”而“人不在人”的逻辑悖论？这本不是问题，因为与“龙”替换的“人”实则为“大人”、“圣人”。

二、子学中的建筑观

中国思想、中国美学的萌发，与关于建筑的观念有关。《周易·系辞上》曰：“阖户谓之坤，辟户谓之乾，一阖一辟谓之变，往来不穷谓之通。见乃谓之象，形乃谓之器，制而用之谓之法，利用出入，民咸用之谓之神。”④ 如果说中国思想、中国美学是有一个独一无二的母体、母本的话，那么这个母体、母本应

① 王弼、韩康伯、陆德明、孔颖达：《周易注疏》（卷一），中央编译出版社2016年1月版，第17页。

② 王弼、韩康伯、陆德明、孔颖达：《周易注疏》（卷一），中央编译出版社2016年1月版，第18页。

③ 王弼、韩康伯、陆德明、孔颖达：《周易注疏》（卷一），中央编译出版社2016年1月版，第18页。

④ 王弼、韩康伯、陆德明、孔颖达：《周易注疏》（卷十一），中央编译出版社2016年1月版，第367页。

该是《周易》；如果说《周易》是有一种自圆其说的原型的话，那么这种原型应该是乾坤；如果说乾坤是可以找到一种形式来形象表达的话，那么这种形象的形式，是门户，是门户的辟与阖。何谓乾？开门，因为乾道施生，生命是被开出来的。何谓坤？关门，因为坤道包容，生命是被承载着的。无论乾坤，无论开门还是关门，都离不开建筑，离不开门户。几千年后，熊十力的《乾坤衍》，正是以这一譬喻完成了他新儒家思想的构建。中国思想、中国美学岂能与建筑有半点离分?！——这一阖一辟，往来无穷，道器象一分为三的世界由此宏构，又更开出了法，道出了神。

建筑之为美的观念，并不是简单、单一的，而趋向于复杂、多元。从表象上来看，人们如何以审美的方式对待他们所崇敬、爱护的对象？建筑乃其一个不可或缺的选项。人们不仅可以用文字、用音乐、用绘画来描绘对象，还可以用建筑来维护对象。《太平寰宇记·陇右道三·凉州》之“昌松县”有“鸾鸟城”：“前凉张轨时有五色鸟集于此，遂筑城以美之。”① 既有“五色鸟集”，是不是应该种树？是不是应该画图？是不是应该歌咏？答案是“筑城”。与此同时，我们看到的关键词是“筑城以美之”的“美”字。建筑与审美一定存在内在的对应与联系。

但事实上，“美”在逻辑上并不是对应于居所的词语；对应于居所的，是“安”。《墨子间诂·非乐上第三十二》：“是故子墨子之所以非乐者，非以大钟鸣鼓、琴瑟竽笙之声以为不乐也，非以刻镂华文章之色以为不美也，非以犓豢煎炙之味以为不甘也，非以高台厚榭邃野之居以为不安也。”② 声有乐与不乐，色有美与不美，味有甘与不甘，居有安与不安。安居不是美居。③ 美是与善联系在一起的，这句话，落实下来，乃美是与道德联系在一起的。联系之一，在乎“堪受”。“尽善尽美”，把“善”置于“美”前，视“尽善”为“尽美”之前提之条件，这个前提这个条件还包含“堪受”的含义在里面。据《太平寰宇记·关西道八·泾州》之“灵台县”之“阴密城”所辑录，《史记》：“周共王游于泾上，密康公从，有三女奔之。其母曰：‘必致之王。夫兽三为群，人三为众，女三为粲。王田不取群，公行不下众，王御不参一族。夫粲，美之物也。众以美物

① 乐史、王文楚：《太平寰宇记》（卷之一百五十二），中华书局2007年11月版，第2939页。

② 孙诒让、孙启治：《墨子间诂》（卷八），中华书局2001年4月版，第251页。

③ 参见孙诒让、孙启治：《墨子间诂》（卷十），中华书局2001年4月版，第313页。

归汝，而何德以堪之？王犹不堪，况尔小丑乎！小丑备物，终必亡。’康公不献，一年，共王灭密。”① 这看上去是一则有关“因果报应”的故事，密康公之母所言，与其说是一番劝导，不如说是一种警告，她义正词严地指出，美是有所托付的。在这里，一个醒目的美学范畴映入我们的眼帘，即“粲”。“夫粲，美之物也。”如是之“粲”，如是“美之物”，似乎专属于女性——抽象意义上的三人成众，三女成粲。重点是，在把女性之美“物”化的同时，密康公之母对密康公是否具备拥有此“美”此“粲”的合法性提出质疑乃至批判，在她看来，“王犹不堪，况尔小丑乎”！而堪受“美”、堪受“粲”的基础，正是德性，是道德操守。所以“美”，以至“审美”，事实上都更近乎一种意义世界的范畴，它是可以被抽象被编织，被精神化被加入某种系统，而成为纯粹的单维的存在的——用这一范畴来规约建筑，显得不够厚重、浑朴，因为建筑的本义，在于复杂。② 嵇康《琴赋》首句曰：“余少好音声，长而玩之，以为物有盛衰，而此无变。”③ 这句话中有一个关键词，“无变”。艺术世界，乃至我们所赖以存在的这个世界似乎被划定为两种类别：变与无变。物有盛衰，一如枯荣，带有不可信靠的“本能”；音声超越了时间的流转，其介质亘古不变，是可以信靠的。以西方美学习惯的术语来表达，音乐是一种更为抽象而纯粹的艺术。然而，从某种程度上来说，建筑恰恰是音声的“反面”、对立的“极点”——它一定是具象而复杂的；尤其是中国古代建筑，其所实现的正是一种“瞬息万变”而“反”永恒的，以

① 乐史、王文楚：《太平寰宇记》（卷之三十二），中华书局2007年11月版，第693～694页。

② 建筑空间的“性格”可以全然相反而相成，如堂与斋，堂者当也，当正向阳而高显，“斋较堂，惟气藏而致敛，有使人肃然斋敬之义。盖藏修密处之地，故式不宜敞显”。[计成、陈植、杨伯超、陈从周：《园冶注释》（卷一），中国建筑工业出版社1988年5月版，第83页。] 一敞一收，两相对反。

③ 嵇康、戴明扬：《嵇康集校注》（卷第二），中华书局2015年1月版，第126页。

塑造“流动”的“行走”的空间为“本能”的艺术。①

春秋战国的建筑主要是以台榭为主的。傅熹年即指出，“春秋、战国正是台榭建筑盛行的时代。它产生和盛行的原因是多方面的，仅就建筑技术来说，那时木构架技术还不那么发达，未成熟到能建造像唐、宋以后那种巨大体量的木框架殿阁的水平。即使偶然能建造个别的木框架独立建筑，在技术上也还有困难，还不那么牢靠。绝大部分建筑的木构架需要依傍土墙或夯土墩台，靠它来帮助保持构架的稳定，或者就是土木混合结构”②。台榭的绝对高度，必然高于殿阁，但却不是单纯的木构，而借助了夯土垒砌的基础，也必然会借助阶梯，层层架设，造设属于其自身的巨大体量。台榭在形制上最显著的特征是平直，这一点可从享堂的形式中去领会，尤其是和如何登上享堂的步踏形式有关。如何登上？直上，而无曲折环绕与盘旋。诚如傅熹年所言，“踏步都是直的，未见有转折盘旋的迹象。我国古代建筑都是下面有一层台基，基上即房屋的地面，在上立柱建屋。登上这台基的踏步叫‘阶’。重要的殿堂往往建在较高大的台子上。台子或一层，或数层，殿堂本身的台基是建在这台顶上面的。登上这下层高台的踏步叫‘陛’”③。“阶级”、“陛下”，概出于此。上下等级、阶级，没有可以“绕行”、

① 中国远古的建筑“幻境”为什么终究走向“破灭”？中国古代原始的宇宙格局为什么终究走向“破灭”？这不是逻辑所能分析的，而只能由历史来描述。顾祖禹《读史方舆纪要·历代州域形势一》引吕氏所言曰：“秦变于戎者也，楚变于蛮者也，燕变于翟者也，赵、魏、韩、齐以篡乱得国者也，周以空名匏系其间，危矣哉！”［顾祖禹、贺次君、施和金：《读史方舆纪要》（卷一），中华书局2005年3月版，第25页。］可知，戎、蛮、翟、篡乱得国者，不能一言以蔽之，仅以“欲望”、人的“本能”来搪塞来总结。一个道德“理想国”一定不是某种单一的逻辑、一根“稻草”、一块“石头”就可以摧毁的——更何况这样一个“理想国”是否只是后世追认的“经典”亦未可知。中国古代原始宇宙格局的“破灭”更像是一种文化分治的结果，在某种程度上，它同样是一种多元的格局。不幸的是，这样一种多元的格局并没有维持太长时间，一个大一统的帝国已经走在了来临的路上。

② 傅熹年：《战国中山王𰯼墓出土的〈兆域图〉及其陵园规制的研究》，《考古学报》1980年第1期，第102页。

③ 傅熹年：《战国中山王𰯼墓出土的〈兆域图〉及其陵园规制的研究》，《考古学报》1980年第1期，第105页。

“回转”的余地和空间，就是直上直下，准确、分明。[①] 如此“平铺直叙”的形制，实与中国古代都城布局的中轴折半有密切关联。逐级而上的“阶”、“陛”，如同划定中轴的依据和基准。在敦煌296窟南顶上绘有《善事太子入海品》，其中便有一座深灰色的高台，“下大上小有收分，台上设平坐栏杆，正面有台阶直达地面，台上殿堂单层，面阔三间，上覆二段式歇山顶。按台榭建筑，在战国以至秦汉魏晋宫殿内，十分盛行，有的基址很大，有的非常高，有的连列并峙。莫高窟所示，是这种制度的一个具体而微的反映”[②]。在这座被宫墙曲折围绕的都城里，该高台处于极为中心的位置，而其台阶就更为醒目。它平直、开敞、上下悬殊，给人一种崇高、凌空而威严的印象。顺便提及，如是台阶还可建造成木构架空的梯道，名为“飞陛”，可从地面直接登上台顶，是为“乘虚”，与向内凹进的“纳陛”刚好相反。所以，中国古代“虚”这一概念或可以飞陛架空的部分来理解。[③] 作为台榭最根本的“本质”，形制比基质重要得多。作为台的基质，夯土不重要吗？然而有些台基，并不使用夯土。例如1984年12月发掘的福建崇安县兴田乡城村西南部的崇安城村汉代城址北岗一号，其地基便不使用夯土。“台基仅置于殿堂的中间部分，非人工夯土筑成，而是利用山顶的原生土做台。方法是，先设计好台基的形状和范围，然后将其周围的部分挖低，便形成一座原生土的高台（建筑中的回廊、天井也是逐次挖低形成的）。接着将台面和周边修

① 先秦建筑的符号意义与“阶”、“间”，从来都有着密不可分的关联。《白虎通》：“夏后氏殡于阼阶，殷人殡于两楹之间，周人殡于西阶之上何？夏后氏教以忠，忠者，厚也。曰生吾亲也，死亦吾亲也，主人宜在阼阶。殷人教以敬，曰死者将去，又不敢客也，故置之两楹之间，宾主共夹而敬之。周人教以文，曰死者将去，不可又得，故宾客之也。”［陈立、吴则虞：《白虎通疏证》（卷十一），中华书局1994年8月版，第550页。］三代各有其教，有忠，有敬，有文，之于死亡，之于尸体，之于如何对待逝去的亡魂，各有不同的理解。不过，送殡的队伍总会簇拥和排列在阼阶上、两楹间，反映出建筑的结构被意义化的同时，空间场域的实现过程。

② 敦煌文物研究所考古组：《敦煌莫高窟北朝壁画中的建筑》，《考古》1976年第2期，第112页。

③ 建筑一定是“空”的，是建立在“空”的概念上的吗？不一定。李邕《国清寺碑》：“构室者不立于空，托迹者必兴于物。”［李邕：《国清寺碑》，董浩等：《全唐文》（卷二百六十二），中华书局1983年11月版，第2661页。］即便是佛教建筑，亦不存构“空”之想，而着眼于“物”——把视角集中在构造“空”的“物”上。所以，空与不空，要视具体语境而定。

平整，再用火均匀烧烤台面和周边，以使整个原生土台能够平整、干燥、结实。”① 烧结面同样能够塑造夯土的效果。至于稳定性，此类台上的柱洞深度必然有所要求。无论使不使用夯土，台榭终究是要建筑在凸显的高于地表的基础上的，有上下，有升降，有层次，有阶级；而阶级的平直，尤为重要。土木结合，确系技术手段所决定，却也恰好符合时人之于宇宙的哲学表述。无论如何，台本身固非民居，它服从于帝王将相祭祀天地、仰观俯察的需要，是一种典型的贵族建筑。换句话说，先秦士子在批判建筑体的审美功能时所践履的，实际上是一种阶级批判、道德批判，而并不一定是针对建筑本身的批判。

儒家的“乌托邦”里，对建筑充满了期待。《大学》：“富润屋，德润身，心广体胖，故君子必诚其意。”② 历来先贤总把“诚意”当作解释此句的基点，笔者却更重视其中的一个字，“屋”。财富为什么一定要用来润饰房屋？一个人活在这世上，吃穿用度，可以有各种支出，“富润屋”却似乎是财富理所当然的出路。那么穷困潦倒呢？穷困潦倒的时候还需不需要居处？如果纠缠于富与不富，这句话就岔开去了，变成了一个社会学命题。事实上，这句话必须从身与屋的关系去理解。屋是身的居所，是身存在的场域，从居所、场域入手，继而谈到身本身，是这句话的基本逻辑。所以，建筑在儒家的诚意系统中是有非常重要的意义的，君子需要诚意，但君子首先不能漂泊。

孟子宣扬“民本”，通常带有“民愤”的气质。孟子和梁惠王站在沼上，看着眼前的鸿雁麋鹿。梁惠王问他，贤者也喜欢这一切吗？孟子说，有了贤能，才会喜欢这一切，没有贤能，有了这一切，也不会欢喜。“《汤誓》曰：‘时日害丧，予与女偕亡！’民欲与之偕亡，虽有台池鸟兽，岂能独乐哉？”③ 这多多少少都算是一种威胁了吧！“与民同乐”在孟子那里，不是一种向往，而是一条不可逾越的底线、红线；逾越了，便是鱼死网破、玉石俱焚。问题是台池苑囿，俨然被当作了“君本”的标志、“民愤”的出口——在整个先秦时代，凡敢言及台池者，莫不被“当头棒喝”、“棒杀之”。事实上，恐怕也只有台池独享此厄运。齐宣王在谈起明堂的毁灭与否时，孟子便说：“夫明堂者，王者之堂也。王欲行王

① 福建省博物馆、厦门大学人类学系考古专业：《崇安汉城北岗一号建筑遗址》，《考古学报》1990 年第 3 期，第 348 页。

② 朱熹：《大学章句》，《四书章句集注》，齐鲁书社 1992 年 4 月版，第 6 ~ 7 页。

③ 朱熹：《孟子集注》，《四书章句集注》，齐鲁书社 1992 年 4 月版，第 2 ~ 3 页。

政，则勿毁之矣。”① 不行王政呢，还毁吗？不知道，但起码在行王政的条件下，明堂依旧有它存在的意义。可见孟子不是一概地反对建筑，他之于建筑的判断，常常是一种价值判断。可是为什么台池苑囿就那么遭人“嫉恨”？《孟子·滕文公章句下》提到，“尧舜既没，圣人之道衰，暴君代作。坏宫室以为污池，民无所安息。弃田以为园囿，使民不得衣食。邪说暴行又作，园囿、污池、沛泽多而禽兽至。及纣之身，天下又大乱”②。原来，问题就出在，当圣人道衰、暴君代作之时，其所作即园囿污池——建筑形制的更替参与了暴君的发家史、成长史、败坏史，这个世界愈来愈“坏”，也就与后起之园囿污池有脱不开之干系。但这不是真正的建筑观念，这只是建筑的价值判断。

老子有句名言：“不出户，知天下；不窥牖，见天道。”③ 王弼说，为什么不出户、不窥牖却能知见天下之大道？因为殊途同归，有大常之道，有大致之理，所以知见天下之道并非难事。笔者不以为然。笔者以为，这句话不简单，它隐含着老子极为深刻的“建筑”观念。“推论”的前提是对比：对比一，建筑的内外；对比二，道理的大小。户牖之内，建筑之内，与天下之大道，建筑之外联，可能形成对比吗？何况，道理难道有大小吗？举一反三就是普世、普泛、普遍真理吗？在笔者看来，庄子喜欢对比，通过对比推出齐物，使道及于物；老子并不喜欢对比，他的思想是浑朴的、厚重的、原发的，他只是在描述道本身。回到这句话上来，我们发现，出户、窥牖是两个带有发散、外拓、放射性的动作——一律从里向外，出去了，不是从外向里，是从里向外——如果这两个动作成立的话，那么，建筑就成为人发散、外拓、放射，也即出发的“起点”。人从建筑出发，意欲何为？在这一语境下，固然是知见天下大道去了。可以吗？不可以。不出户，不窥牖，不代表人要把自己关在房间里——老子只是反对出户，反对窥牖，他只是反对把建筑作为出发的起点。老子的基本逻辑是复归，是退回，是收敛，而不是好奇，不是进步，不是征服。换句话说，他在这里真正讲的不是人要不要待在房子里，出不出门，是不是可能具备“超能力”，推衍天下；他在这里真正讲的是道路，我们应当如何理解生命的道路：不是出，而是入；不是窥，而

① 朱熹：《孟子集注》，《四书章句集注》，齐鲁书社 1992 年 4 月版，第 21 页。

② 朱熹：《孟子集注》，《四书章句集注》，齐鲁书社 1992 年 4 月版，第 87 页。

③ 王弼：《老子道德经》（下篇），《百子全书》（下卷），浙江古籍出版社 1998 年 8 月版，第 1347 页。

是归。他在讲这样一条生命道路的时候，所借助的载体，恰恰是建筑。这意味着，建筑不只是空间，不只是结构，更是场域，它是生命的“子宫”，包裹着生命，孕育着生命，维持着生命。老子希望人们能够明白，回到建筑中来，回到“子宫”中来，这就是天下大道的实际内容。《老子·六十四章》有句曰：“合抱之木，生于毫末；九层之台，起于累土；千里之行，始于足下。为者败之，执者失之。”① 这句话里涉及木的成长，涉及台的累积，也涉及建筑的材料来源与筑造准备。不过，这句话并不是专门针对建筑说的，否则后半句也不会提到“千里之行”的问题。老子这句并不专门针对建筑而言的建筑观念，被时间化了，乃过程哲学。“毫末”是巨木的胚芽，“累土”是台基的雏形，从胚芽到巨木，从雏形到成形，意味着时间的流变。见微知著，实际上表明的是对于发生在时间长河中的因与果的关注。在老子的思想中，空间的构造与时间的运动须臾不可分离。②

庄子之于建筑的理解，一个最为重要的关键词，是“心斋”。“斋”即他所谓的建筑。什么是“斋”？郭象解释得很清楚，“斋”就是“齐”，心迹不染尘境，斋也。这个“齐”，不是在行为上数月以来不饮酒不茹荤腥，不是祭祀的礼仪、操守，而是“心斋”。此“心斋”，类同于《庄子·内篇·德充符第五》里面的概念“灵府”，也即精神之宅。③ 另外，《庄子·内篇·大宗师第六》还有一个相似的概念，“旦宅”。成玄英解释说：“旦，日新也。宅者，神之舍也。以形之改变为宅舍之日新耳，其性灵凝淡，终无死生之累者也。”④ 苟日新而日日新，则无生死之累，又寄舍于宅。只不过，“心斋”一词，更强调“心”这一维度。

---

① 王弼：《老子道德经》（下篇），《百子全书》（下卷），浙江古籍出版社 1998 年 8 月版，第 1351 页。

② 陆羽《僧怀素传》中亦可见类似逻辑：“怀素心悟曰：夫学无师授，如不由户而出。”［陆羽：《僧怀素传》，董浩等：《全唐文》（卷四百三十三），中华书局 1983 年 11 月版，第 4421 页。］由户或不由户而出，有什么区别？由户出，建筑乃其背景；不由户出，就失去了建筑这一背景。由户出，所行的是正道，建筑的正道；不由户出，所行的是邪道，抑或旁门左道。无论如何，户以及其后的建筑体，确保的是师承前后相系的“正统”、“血统”，所谓“师门”，与此是直接对应的。

③ 参见郭象、成玄英、曹础基、黄兰发：《南华真经注疏》（卷二），中华书局 1998 年 7 月版，第 123 页。

④ 郭象、成玄英、曹础基、黄兰发：《南华真经注疏》（卷三），中华书局 1998 年 7 月版，第 159 页。

那么，什么是“心斋”、“心”之“斋”？《庄子·内篇·人间世第四》：“若一志，无听之以耳而听之以心，无听之以心而听之以气。”① 孟子的“安居”之思里的“安居”则养“气”，与此类同。但庄子的这句话没有说完，他进一步对“气”做了界定：“气也者，虚而待物者也。唯道集虚。虚者，心斋也。”② 以此看来，这句话的关键词不是“斋”、“心”、“气”，而是“虚”。这个“虚”不是虚假，不是虚幻，不是伪装、隐匿而模糊，“虚”就是空出来——虚位以待。质言之，“虚”是让度。只有“虚”是一种让度了，才有接下来的“虚室生白”——“虚室”也即“室”这样一种建筑空出来了，让度出来了。空出来干什么？让度给谁？给予万物，使万物之气在已然空出来、让度了的空间内流动起来、充盈起来，这便是一个生机盎然、自然而然的世界。道家是需要建筑的，建筑如同器具，器具来自大地，器具也盛装大地上的泥土和万物，但器具有必要，也有可能存在——如果没有这个器具，没有这种存在，何来虚之?! 所以，道家的建筑观不是要把建筑“空”掉，破坏掉，否定掉，解构掉，而是使建筑成为一种场域，一种“无”的场域，一种“空”的场域，一种原发性的混沌场域。

“虚室生白”在某种程度上，是一座建筑的基本“素质”，得到了后世的推崇。一如赵自勤《空赋》所云：“出门以虚舟遇物，入室以虚白全真。”③ 王缙《东京大敬爱寺大证禅师碑》所道：“珪组耀世，不如被褐；金玉满堂，不如虚白。”④ 那么，如何才能做到虚室生白？李鼎祚《周易集解序》：“是故君子居则观其象而玩其辞，动则观其变而玩其占，……神以知来，智以藏往，将有为也。……遂知来物，故能穷理尽性，利用安身。圣人以此洗心，退藏于密，自然虚室生白，吉祥至止。”⑤ 首先，虚室生白的主体不是匠人，而是居于其中的主人。

① 郭象、成玄英、曹础基、黄兰发：《南华真经注疏》（卷二），中华书局 1998 年 7 月版，第 82 页。

② 郭象、成玄英、曹础基、黄兰发：《南华真经注疏》（卷二），中华书局 1998 年 7 月版，第 82 页。

③ 赵自勤：《空赋》，董浩等：《全唐文》（卷四百八），中华书局 1983 年 11 月版，第 4174 页。

④ 王缙：《东京大敬爱寺大证禅师碑》，董浩等：《全唐文》（卷三百七十），中华书局 1983 年 11 月版，第 3757 页。

⑤ 李鼎祚：《周易集解序》，董浩等：《全唐文》（卷二百二），中华书局 1983 年 11 月版，第 2042 页。

其次，虚室生白既不完全是一种内心的意念，亦不完全是一种现实的行为，而介于这两者之间。再次，虚室生白在逻辑上并非无为，而是有为。第四，虚室生白与占蓍的巫术活动有着直接的对应。最终，虚室生白不是一种空间性的处理，而是一种时间上的“改变”——在预测“未来”，对于命运有所“把握”的同时，所完成的恰是一种时间内部的“挪移”与“跳跃”。不过，这一解释看上去更像是一家之言。张说《虚室赋》曰：“明月窗前，古树檐边，无北堂之樽酒，绝南邻之管弦，理涉虚趣，心阶静缘，室惟生白，人则思元。”① “虚趣”一词，极为显著。心在此处起到了决定性的作用。换句话说，正是因为心的作用，虚室生白的“虚趣”才是可以想象的。这意味着，建筑被内心化了，空间感终究是心灵建筑的场所。无独有偶，林琨也写过一篇《空赋》，其中有一句：“是知均乎空者既若兹，倍乎空者竟如彼，卷之在方寸之内，舒之盈宇宙之里。”② “卷”、“舒”，只是两种动作、两个动词，却把方寸与宇宙“同一化”了，同构和同质了，而这一切，恰恰是由空，由心之空带来的。

庄子的建筑观，从现实“经验形式”上看，是反建筑的。例如，建筑需要木材，庄子提到过一个概念，叫“散木”——《庄子·外篇·天地第十二》中另有“百年之木”，与之类似。③ 何谓“散木”？“散木”即无用之木。其《人间世第四》释曰：“以为舟则沉，以为棺椁则速腐，以为器则速毁，以为门户则液樠，以为柱则蠹。是不材之木也，无所可用，故能若是之寿。”④ 不可为舟楫，不可为棺椁，不可为器皿、门户、梁柱，疏散之树，无用之木也。它甚至没有一个“品种”，只是一种“属性”——“散”，散而无用，则谓之“散木”。这其中是明确提到了建筑构件的，比如门户，比如梁柱。既然不可为之，建筑又从哪里来呢？如果天下皆为散木，何来建筑？然而，只有“散木”长寿，只有“散木”活了下来，只有“散木”蕴含着一种不被人为而逍遥自在、自我持存的生

① 张说：《虚室赋》，董浩等：《全唐文》（卷二百二十一），中华书局 1983 年 11 月版，第 2228 页。

② 林琨：《空赋》，董浩等：《全唐文》（卷四百五十八），中华书局 1983 年 11 月版，第 4681 页。

③ 参见郭象、成玄英、曹础基、黄兰发：《南华真经注疏》（卷五），中华书局 1998 年 7 月版，第 255 页。

④ 郭象、成玄英、曹础基、黄兰发：《南华真经注疏》（卷二），中华书局 1998 年 7 月版，第 93 页。

命——只有这种生命，才通向“大”——“此果不材之木也，以至于此其大也”①。人固然不能居住在散木里，人的生命不能占有和剥夺散木的生命——为了这份不被占有和剥夺，散木自觉卸除了它在人世间的一切用途；但这种“主体性”又是何其创化，何等不朽。所以，庄子的解说为我们思考建筑提供了一种新的角度，也即建筑是有反向作用的，有反向的消解力量，建筑中的木材实则具备返归自然、任运自在之“本能”。这是不是意味着庄子一出，建筑就“毁灭”了、“坍塌”了、“碎裂”了、“消逝”了？庄子一出，人就不再筑造建筑，伴着“散木”了此余生？当然不是，道家的思路，是一种“果”论，而非“因”理——是针对“建筑”等等之现实器具之“结果”，进行逆向思维、负面思维、退回思维的心理内容和过程。这种心理内容和过程，“塑造”的是一种自我体验的境界，一种回环复杂的哲思，一种价值选择的态度。质言之，这只是一种建筑观，这不是一种建筑。

庄子以及后世的道教，言及建筑，通常会让人联想到一个物件：“炉”，“炉子”的“炉”。“炉”者何用之有？造物也。《庄子·内篇·大宗师第六》曰：“今一以天地为大炉，以造化为大冶，恶乎往而不可哉！”② 对这句话，成玄英有过一个解释：“夫用二仪造化，一为炉冶，陶铸群物，锤锻苍生，磅礴无心，亭毒均等，所遇斯适，何恶何欣！安排变化，无往不可也。”③ 庄子秉持自然之道，是要复归于天地的，他甚至对建筑这一观念本身加以否定——既然要复归天地，又何必在天地中塑造出一种有限空间，圈定范围，形成隔离？心斋、坐忘、无为，把自我的存在“消弭”、“化解”在天地之间，还需要什么人为建筑？就像《庄子·外篇·知北游第二十二》中所说的：“其来无迹，其往无崖，无门无房，四达之皇皇也。”④ 但令人不解的是，“炉”从何来？何“大冶”之有？是谁在“陶铸群物，锤锻苍生”？是谁赋予了这个陶铸者、锤锻者以超越无为而为之的

① 郭象、成玄英、曹础基、黄兰发：《南华真经注疏》（卷二），中华书局1998年7月版，第95页。

② 郭象、成玄英、曹础基、黄兰发：《南华真经注疏》（卷三），中华书局1998年7月版，第153页。

③ 郭象、成玄英、曹础基、黄兰发：《南华真经注疏》（卷三），中华书局1998年7月版，第153页。

④ 郭象、成玄英、曹础基、黄兰发：《南华真经注疏》（卷七），中华书局1998年7月版，第425页。

"合法性"？要知道，这个陶铸、锤锻的主体，足以"安排变化，无往不可"！难道是"道"吗？道法自然，自然而然，又何须此行此法?！说到底，这个主体，终究是"人"。后世道教如何神化此"人"，是另外一回事，从逻辑上来讲，"炉主"是人。只不过在这里，人是抽象的，炉也是抽象的，就像道家、道教习惯于把建筑抽象化一样。事实上，不是"建筑"类似于"炉"，而是"空间"类似于"炉"——这个炉、空间、建筑蕴含阴阳，含蓄万物，它真正塑造的是一个萌发着的涌现着的生命场域。

庄子何曾不要建筑？来看看他心中对"昔日"的向往："当是时也，民结绳而用之，甘其食，美其服，乐其俗，安其居，邻国相望，鸡狗之音相闻，民至老死而不相往来。"① 这个向往，与其说是庄子的向往，不如说是老子的向往。在这个向往里，小国寡民，一定不是深山老林；老死不相往来，邻国、鸡犬，还是会出现在彼此的视线里、听闻里，甚至记忆和梦幻里；"安其居"，居在哪里？显然不是岩崖能够解决的问题。居需要建筑吗？需要，安居尤其如此。一旦把建筑落实到"居"这一"处"的动作行为层面上来，老庄之道无"处"不是"居"文化的"身影"。《老子·八章》就有句："居善地，心善渊，与善仁，言善信，正善治，事善能，动善时，夫唯不争，故无尤。"② "居"是引领。《庄子·外篇·在宥第十一》："黄帝退，捐天下，筑特室，席白茅，闲居三月，复往邀之。"③ "筑特室"的"室"是建筑的单元。黄帝的"闲居"必然是有处所的。不要说黄帝，"道"都是有居所的。《庄子·外篇·天地第十二》："夫子曰：'夫道，渊乎其居也，漻乎其清也。'"④ 再渊深澄澈，也是"居所"，或可称之为

---

① 郭象、成玄英、曹础基、黄兰发：《南华真经注疏》（卷四），中华书局 1998 年 7 月版，第 207 ~ 208 页。

② 王弼：《老子道德经》（上篇），《百子全书》（下卷），浙江古籍出版社 1998 年 8 月版，第 1338 页。

③ 郭象、成玄英、曹础基、黄兰发：《南华真经注疏》（卷四），中华书局 1998 年 7 月版，第 219 页。

④ 郭象、成玄英、曹础基、黄兰发：《南华真经注疏》（卷五），中华书局 1998 年 7 月版，第 235 页。

“窈冥”①，或可称之为“冥伯之丘，昆仑之虚”②。渊明爱酒，去哪里饮？其《停云》曰：“有酒有酒，闲饮东窗。”③ 四海之内，何处不饮？不过，此时此刻，不是去旷野之上，不是去河海之滨，而就在这“东窗”之下。此时，东园之树，枝条列有初荣，“樽湛新醪”；连翩翩飞鸟，也“息我庭柯”——这一意象另可见其《拟古九首》中“翩翩新来燕，双双入我庐”④ 句。无论渊明心绪如何，是叹息还是抱恨，在这个“停云霭霭，时雨濛濛”的季节里，园主何曾弃园而去？他就在这建筑体内，寄托和播撒他的伤感与悲情。陶渊明的命运从来都是与隐士幽居“联系”在一起的，他所谓的幽居又有哪些具体“内容”？其《答庞参军》言：“岂无他好，乐是幽居。朝为灌园，夕偃蓬庐。”⑤ 可见，幽居并非穴居，乃至于在崖壁石窟中离弃俗生之愿，参禅冥想，而是“朝为灌园，夕偃蓬庐”，在“园”和“庐”之间行日用平常之道，在建筑体内完成生活的“修行”。

① 参见郭象、成玄英、曹础基、黄兰发：《南华真经注疏》（卷五），中华书局 1998 年 7 月版，第 293 页。

② 参见郭象、成玄英、曹础基、黄兰发：《南华真经注疏》（卷六），中华书局 1998 年 7 月版，第 360 页。

③ 陶渊明、谢灵运：《陶渊明全集（附谢灵运集）》（卷一），上海古籍出版社 1998 年 6 月版，第 1 页。

④ 陶渊明、谢灵运：《陶渊明全集（附谢灵运集）》（卷四），上海古籍出版社 1998 年 6 月版，第 22 页。

⑤ 陶渊明、谢灵运：《陶渊明全集（附谢灵运集）》（卷一），上海古籍出版社 1998 年 6 月版，第 3 页。

第二节　建筑形式的积淀①

一、“树”与“船”——地穴与干栏

每当我们思考建筑，浮现在脑海里的第一个词是什么？答案也许众说纷纭，但之于中国文化的起源之一，中原地区的仰韶文化而言，这个词，是“树”。不是坑，不是穴，不是洞，不是缝，而是树。有人住在坑里、穴里、洞里、缝里吗？有，然而“我们”住在树下。树与坑、与穴、与洞、与缝最根本的区别是什么？从上到下，从里到外，都是人造的，这棵树的生命是人给予的、创造的、

① 作为建筑文化的研究者，最求之而不得、最“痛苦”的莫过于直观“实物”的缺失。梁思成原载于1932年《中国营造学社汇刊》第三卷第二期之《蓟县独乐寺观音阁山门考·绪言》中写道：“我国古代建筑，征之文献，所见颇多。……固记载详尽，然吾侪所得，则隐约之印象，及美丽之辞藻，调谐之音节耳。明清学者，虽有较专门之著述……然亦不过无数殿宇名称，修广尺寸，及‘东西南北’等字，以标示其位置，盖皆‘闻’之属也。读者虽读破万卷，于建筑物之真正印象，绝不能有所得。”［梁思成：《中国古建筑调查报告》（上），生活·读书·新知三联书店2012年8月版，第1页。］此论洵是！中国古代建筑文献的尴尬处，正在于其可“闻”而不可“见”，可“知”而不可“得”，其所记所录，所辑所列，多为名目，形象匮乏。事实上，所谓名目留存于世的价值，往往是为了说明某种统序、意义；种种统序、意义或被宣布，被诏告，或经由人于内心加以体验，几乎不提供具体的参数及其形式的细节。夏鼐曾把他于1955年10月18日在黄河水库考古工作队所作的报告修改成文——《考古调查的目标和方法》，这样一篇具有总括和纲领性质的文本罗列了十种考古调查的对象，分别为：（1）平地上的居住遗址；（2）洞穴中的居住遗址；（3）城寨的废址；（4）古代墓葬；（5）山地矿穴或采石坑；（6）摩崖造像和题刻；（7）可以移动的造像、碑碣、经幢、墓志等；（8）古代建筑；（9）古生物化石；（10）其他偶然发现的各种不同用途和不同来源的古物和古迹。（参见夏鼐：《考古调查的目标和方法》，《考古通讯》1956年第1期，第1~2页。）其中第8项，指的都是现存的古代建筑物，包括庙宇、塔、祠堂、书院、住宅、桥梁、牌坊等；若系“废址”，夏鼐明确指出，应归为第1项。所以，如果按照宽泛的分类，起码依据此文，古代建筑之于考古调查的对象便有着极其显著的地位——占到了“半壁江山”。因此，本书的描述内容意在强化两大“区域”、两种“向度”，其一即考古发掘的“地下”文献，这些文献将会提供客观形式的量化依据，其二为纸质文献中之于建筑文化的理解与体验，如是理解与体验有助于分析建筑的内涵以及“果实”。笔者认为，唯有这两方面“齐头并进”，彼此跨接、勾连，才会使我们对中国建筑美学史的理解立体、深入、全面。

决定的，所以，它复杂。有一个理解似乎“根深蒂固”——“地穴式建筑”，但言“地穴”，似乎我们的先祖就住在窟穴里。然而，仰韶文化中所谓的“地穴”，是先民自己挖掘的，他们理解、想象并模仿了窟穴，在这个窟穴上，种了一棵树，抽象地说，又像是撑了一把伞，他们居住在这棵树下，这把伞里。这棵树、这把伞，既是思维的结果，又是“故事”的开端。

作为肇始的建筑究竟何等模样？可参见半坡方型 F37。① 首先，它有柱杆。这座房子的竖穴底部，中心偏西北处有两只并联的柱洞，直径各为 10 到 15 厘米，北柱洞深 43 厘米，南柱洞深 33 厘米。在视觉上，一棵树最直观的印象，是树干。两杆并立，实为增设的加固件，故而深浅不一却紧密并联。根据柱洞遗迹可知，这两根中心柱杆为带有树皮的原木截段。其次，它有柱底。柱底所置空间只有柱洞，无夯土层，柱坑为原土回填，未加固处理。除此之外，柱底只是伐木截段，而无“桩尖”，也即无承压面。再次，它有柱顶。为了便于架椽，顶部留有枝丫。从总体上来看，这就是一棵树、一把伞。当然，文化是演进的，人的欲望、期待在一点一滴地累积、生长。例如，为了防止雨水倒灌，不仅有了低矮的类似于门槛的泥埂，而且，人们开始用木骨泥墙围合类似“门厅”、“雨篷”等过道做缓冲空间。② 例如，为了扩大居住面积，人们不再满足于单柱，逐渐取消了中心柱，而选用四柱，乃至柱网，在顶杈部架梁，因对角设椽，形成类似于大叉手的格局，扩大居住面——柱网的发明，促成了“间”的出现以及分室建筑的可能。例如，为了防火，人们开始在屋盖椽木表面涂抹草筋泥，形成“白细土

① 参见杨鸿勋：《仰韶文化居住建筑发展问题的探讨》，《考古学报》1975 年第 1 期，第 41 页。

② 以碎瓦铺地，如果算作是一种“生态建筑”的意识的话，这种意识早在新石器时代就已经出现了。江苏吴江龙南新石器时代村落遗址上，遍布“木骨泥墙”的半地穴式、浅地穴式建筑，散落着被二次烧制的陶片，色泽深红。据钱公麟推测，“当时先民利用残陶器压在屋顶之上作脊‘瓦’，由于出土的大量网坠也都用残陶器制作，可见当时有将残陶器改作他用的习惯”。（钱公麟：《吴江龙南遗址房址初探》，《文物》1990 年第 7 期，第 29 页。）生活材料的二次加工与利用，之于建筑而言，并不鲜见。碎片的“碎”，绝不只是自然磨损而遭到废弃的结果。1985 年 10 月至 1986 年 3 月间，于广西武鸣马头发掘的西周至战国墓葬群中就有一种葬俗，“随葬品先经打碎或拆散，然后散放在填土中及墓底。这种现象在元龙坡墓地极普遍”。（马头发掘组：《武鸣马头墓葬与古代骆越》，《文物》1988 年第 12 期，第 32 页。）为什么在埋葬前事先打碎、拆散？这不能不说是一种巫术。无论如何，碎片之“碎”都是人为，有意为之的。

光面”，像制作陶器一样为建筑的木构件增固“泥圈”，后又发展为版筑。① 例如，为了通风，在房顶上增设类似于“囱”的天窗，以便于散去内部用于取暖、炊事而生火所产生的浓烟。例如，为了防止地穴内土壤水分的反潮——“润湿伤民”，在穴底、穴壁上涂抹细泥以及枝叶、茅草、皮毛之类，厚度约为 5 到 10 厘米的垫层，并经历烧烤而成为类似于“红烧土”的坚硬、平滑的表面。如果我们必须对仰韶文化中的这棵树、这把伞作一种实质性的总结的话，笔者以为，其根本特性，在于“土木结合”。毋论“红烧土”，“泥墙”暂且不提，单说根基，

① 版筑的技术在许多学者看来，是在殷代出现的，殷代最主要的建筑“发明”，是“版筑术”。“这套本领不管是殷人承受龙山期的系统，或者为他们自己的新兴工业，总之自盘庚迁殷以后，这种技术便大昌盛起来，不论活人所居住的房屋，或是尸骸所埋葬的坟墓，以及魂魄所寄托的宗庙，都是用版筑建造起来。”[石璋如：《殷墟最近之重要发现（附论小屯地层）》，《中国考古学报（田野考古报告）》1947 年第 2 册，第 25 页。] 版筑的意义不仅是人居住位置的变化——从地穴来到地表，更重要的，是使建筑的程序和技术更为复杂，更有“人性”，解缚于“物”，而更易于、更能够充分地表达人关于建筑设计的欲求与理念。版筑有没有被“摧毁”的可能？当然，毫无疑问。《方舆胜览·浙西路·临安府》之“浙江”引《吴越备史》曰：“梁开平四年，武肃王钱氏始筑捍海塘，在候潮通江门之外。潮水昼夜冲激，版筑不就，因命强弩数百以射潮头，又致祷于胥山祠。”[祝穆、祝洙、施和金：《方舆胜览》（卷之一），中华书局 2003 年 6 月版，第 6 页。]“射潮头”有用吗？为什么要“射潮头”？人们把潮水当作了野兽，抑或神灵愤怒的表征，所以无论此处的“射潮头”，还是另立“胥山祠”以祈祷，都不过是一种把自然拟人化之后的“回应”。梁开平四年，为公元 910 年，吴越开始筑造捍海工程。此处的“捍海塘”，实为“捍海石塘”——版筑显然是无法抵御海潮的，最终的做法是用竹笼盛以巨石，以巨木为栏，贯以铁链来控制水势。无论如何，版筑的坚硬与牢固程度是相当有限的，并不是一种一劳永逸的建筑素材。

它的根基就是地穴——土木结合体。①

中原之外，典型的建筑形式出现在江南——河姆渡干栏式建筑——以“桩木”为基础。“这种以桩木为基础，其上架设大、小梁（龙骨）承托地板，构成架空的建筑基座，于其上立柱架梁的干栏式木构建筑，是原始巢居的直接继承和发展。至河姆渡文化时期，它已成为长江流域水网地区的主要建筑方式。”② 地穴式建筑在形式上，是一种下沉的结构——人直接接触地面，睡在地穴里。干栏式建筑在形式上，是一种抬高的结构——人不直接接触地面，睡在地板上，抬高的高度大概在 80 到 100 厘米左右，“悬空”而筑，因为地面有沼泽，低洼、潮湿、积水。所以，干栏式建筑并不筑造在经过夯土、烧制的坚硬的地面上，其立基，主要依据排列成行、打入生土的木桩——全系木构。事实上，中国古代建筑

---

① 仰韶建筑文化中有两个细节尤其需要注意到。其一，对于居寝的重视。仰韶文化中的房屋非常重视屋主人室内居寝的需要。例如芮城东庄 F201，“围护结构南部内凹，于西南隅形成一个适于卧寝的较为隐蔽的空间，这样处理正显示居寝功能的特征”。（杨鸿勋：《仰韶文化居住建筑发展问题的探讨》，《考古学报》1975 年第 1 期，第 56 页。）这并非特例。此较为隐蔽的空间，可称之为“隐奥”。圆形建筑为了形成隐奥，会在门内两侧隔墙的背后设置两个不平行并置的隐蔽空间；方形建筑为了形成隐奥，会突出“门厅”设计，形成“一明两暗”的分布，在使房屋“横向”发展的同时，构成一种“前堂后室”的纵深格局——东北隅多为入口，西南部则为隐奥。由于对居寝功能的强调，建筑必然是属人的，以服务于人自身为主要目的。其二，屋架与泥墙的结构。半坡 F3 已经开始出檐——屋盖大于墙体，以便形成一个防水边缘，屋架的发展不可避免。一旦屋架发展到不依赖竖穴而独立构成空间的地步，房屋的居住面就会不断抬升，从地穴“走上”地面。在这一过程中，墙壁的出现至关重要，墙体挺拔而直立，屋盖笼罩而倾斜，构成了后世建筑的主体内容。然而，由于木骨泥墙的做法，柱的承重毕竟是首要的。这一逻辑继续发展，则可推衍出“墙倒屋不塌”的自信，及其特有的梁柱架构系统。斜撑结构以现有的实物来看，以辽代最为显著，最著名者，莫过于山西应县佛宫寺释迦塔，也即应县木塔。应县木塔建于辽清宁二年（1056），高六十六米，为八角六层檐，内部分作五级，底层重檐，直径三十米，堪称宏伟巨制。底层之上，“各暗层在内外槽柱子之间使用了许多斜撑，梁和短柱组成了许多副不同方向的复梁式木架。因为塔身中心，内槽柱以内是安置佛像的地方，不能有所拉联，所以在各层夹泥墙之间用了斜柱来扶持（这个夹泥墙已在一九三五年修理时改为格扇门，对塔的结构起了很大的破坏作用）。这些斜撑和支柱结合起来，固定了塔的稳定”。（罗哲文：《雁北古建筑的勘查》，《文物参考资料》1953 年第 3 期，第 51 页。）由于斜撑结构的出现，梁柱之间的结合更为稳定；与此同时，也更便于提高、扩大、深化建筑主体的立体空间，实现各种人为的目的，如身高跃层之佛像的安立。

② 浙江省文物管理委员会、浙江省博物馆：《河姆渡遗址第一期发掘报告》，《考古学报》1978 年第 1 期，第 46 页。

因地域而不同，是其最显著的表征，它不一律，无准绳，未可一概而论。河姆渡文明的历史极为悠久，据悉，经放射性碳14测定，其“T21第四层出土椽子的树轮校正年代为距今6725±140年；T17第四层A13号木头的树轮校正年代为距今6960±100年”①。

如果也用一种意象来比喻干栏式建筑，这个意象，或许是“船”——一条静止的“船”。“船”的关键，是“联系”，是“组接”。地穴式建筑需要草木的绑扎，但结点不承担主要荷载。干栏式建筑全凭构件之间的咬合、接合来组织其基本结构，必须承担来自水平和垂直的自重与横向分解的力量。② 这里所谓构件，主要指的是榫卯。与榫卯密切联系的，有两种工具——斧、凿。榫头如何加工？“用石斧纵向垂直劈裂和横向截断制成。在部分构件上还能清楚看到顺纤维的平滑面斧痕和横断纤维的粗糙面斧痕。”③ 卯眼如何加工？“用石凿和骨凿，加以捶击制成。从第四层出土的长条形石凿和部分骨凿顶端的打击痕迹看，凿卯时使用木槌捶击。”④ 简言之，用斧子劈出榫头，用凿子凿出卯眼。当时的工艺水

---

① 浙江省文物管理委员会、浙江省博物馆：《河姆渡遗址第一期发掘报告》，《考古学报》1978年第1期，第93页。

② 我们崇拜有巢氏，崇拜他“构木为巢”，但为什么人没有像鸟一样，一直住在树上？《易》之旅卦“上九”有一种凶相——“鸟焚其巢”——鸟巢被焚烧，故有“鸟焚其巢”。王弼注曰：“居高危而以为宅，巢之谓也。”［王弼、韩康伯、陆德明、孔颖达：《周易注疏》（卷九），中央编译出版社2016年1月版，第302页。］“巢”的关键词是“高”。因为“高”，所以“危”，不适宜于人居。换句话说，人应当居住在地上。因此，构木为栏的干栏式建筑，终究要落实于大地。虽然江南一带“盛产”干栏式建筑，但其主体建筑仍旧在基台上筑造。以余杭良渚文化为例，余杭良渚文化是一种在一定区域内有广泛表现的集群文化，在所有遗址中，莫角山遗址规模最大，而莫角山本身是一座人工营建的，面积超过3万平方米的巨型长方形土台。该遗址上的三个小丘，小莫角山、大莫角山、乌龟山，在地质学上恰恰属于良渚时期，而其上数排大型柱坑正是礼制性建筑留下的痕迹。另外，“位于遗址群东北部的瑶山祭坛和位于遗址群西部的汇观山祭坛，是已知的良渚时期最高规格的祭坛。它们依托自然山体，人工堆筑成方形覆斗状祭坛，顶面以灰土围沟分成内外三重，明显带有宗教寓意”。（浙江省文物考古研究所：《余杭良渚遗址群调查简报》，《文物》2002年第10期，第53页。）这种祭坛为数众多，除了瑶山和汇观山，卢村以及子母墩遗址上同样可以见到，它们或为长方形覆斗状，或为梯级金字塔形。无论怎样，土质的基台都是不可或缺的基底。

③ 浙江省文物管理委员会、浙江省博物馆：《河姆渡遗址第一期发掘报告》，《考古学报》1978年第1期，第48页。

④ 浙江省文物管理委员会、浙江省博物馆：《河姆渡遗址第一期发掘报告》，《考古学报》1978年第1期，第48页。

平，尚且只能完成垂直交接。卯眼一般长9厘米，宽7厘米，平身柱上的卯眼两面对凿，转角柱插入梁枋的卯眼互成直角，互相穿透。除榫卯外，还有企口板。在这里，尤其值得注意的是，建筑的构件会被反复、多遍、一再利用。这意味着，构件的尺寸、做工必须接近，乃至精准、程序化，以标准件的推广来确保整体工程的交接。换句话说，它易于被抽象。后世的建筑哲学，多用榫卯来解释建筑中隐含的阴阳，以榫卯之间的阴阳互做来说明建筑结构的力量，甚至以斧凿来标识人为、人工制作的总称，大多是基于干栏式建筑而触发的想象。在人类建筑史上，长江流域的干栏式建筑使中国古代建筑摆脱了“叠木为墙”这一木质建筑的“宿命”，而在木构，乃至木作上开出新格局，写出新篇章。直至近世，我们也依旧能够从海南等地的建筑形式中窥见干栏式建筑的原型及变体。沈复《浮生六记·中山记历》中便有过记载：“此邦屋俱不高，瓦必瓴，以避飓也。地板必去地三尺，以避湿也。屋脊四出，如八角亭。四面接修，更无重构复室，以省材也。”[①] 独体、低矮、覆，皆可想见；地板去地三尺以避湿，犹如标识，充分显露出此类建筑的地方性、区域性特质。[②]

无论是树还是船，稳定性都是中国古代建筑必须考虑的问题。从道理上讲，建筑需要永恒吗？宇宙需要永恒吗？可不可以不永恒？当然可以。如果一定要用“永恒”来描述的话，这份永恒必然是“流动”的永恒，而非“静止”的永恒。根据《三辅黄图·汉宫》的记载，汉武帝太初元年（前104），柏梁殿毁，粤巫勇之曰：“粤俗有火灾，即复起大屋以厌胜之。”[③] 此条亦可见于《太平寰宇记·关西道一·雍州一》之“长安县”之“建章宫”条。[④] 此处，所谓“大屋”，也

① 沈复：《浮生六记》（卷五），江苏古籍出版社2000年8月版，第94~95页。

② 中国古代建筑固有其坚守的“本土性”，会在“本质”上拒绝“外物”的舶来。《方舆胜览·淮西路·和州》“风俗”中有句话说，“无游人异物以迁其志”。[祝穆、祝洙、施和金：《方舆胜览》（卷之四十九），中华书局2003年6月版，第869页。] 这一细节提供了一种反向的例证。“游人异物”足以导致志向的变迁、更改。这是不是在暗示某种“安土重迁”的情绪，强调人口流动可能引发的不安全感？正是如此，外物不仅会对人的情绪，也必然会对建筑的存在造成疏离感。

③ 何清谷：《三辅黄图校释》（卷之二），中华书局2005年6月版，第122页。

④ 参见乐史、王文楚：《太平寰宇记》（卷之二十五），中华书局2007年11月版，第537页。

即汉武帝后于未央宫西的长安城外建造的建章宫。何大之有？“度为千门万户”①。“厌胜”，原本是古代方士的一种巫术乃至诅咒，粤巫之策，实则“屋上架屋”的做法：屋毁，继而重建，屋灾，当由屋之自身的“升级”自行压制——屋的问题，用屋来化解，不用非屋来解决。因此，建筑在抽象的意义上或许是永恒的，只不过如是永恒拒绝被“固化”，更类似于一种“通变”、“衍化”的过程。② 从客观性上讲，弥合程度低、稳定性差素来是中国古代建筑的“软肋”，但中国古代建筑不至于过分的“脆弱”和“不堪一击”。南京城可为一证。陆游《老学庵笔记》：“建康城，李景所作。其高三丈，因江山为险固，其受敌惟东北两面，而壕堑重复，皆可坚守。至绍兴间，已二百余年，所损不及十之一。”③ 南京城龙盘虎踞，其地理优势固非其他都城所可比拟，但这也反映出一个“侧面”，即城池的持存虽关乎技术，在现实条件下所体现的却是战争主题，是权力角逐、历史变迁的缩影。④ 换句话说，筑造城池的技术所要抗拒的力量，不是来自自然的损耗，而是来自人为的摧毁。要了解中国古代都城早期城壕的形态，不妨看看河南偃师商城的发掘实际：“城壕的走向与城墙基本平行。城壕口宽底窄，横剖面近似倒梯形，外侧坡度较陡，内侧坡度较缓，口宽约 20 米，深约 6 米。”⑤ 这条城壕的年代属于东周时期。偃师商城城墙墙体现存部分的顶部宽度为 13.7 米，根部为 16.5 米；以外侧开口为基准，水平宽度为 18.6 米；“护城坡”南北宽 13 米。以这些数据来比较，就可以意识到宽 20 米、深 6 米之城壕

---

① 何清谷：《三辅黄图校释》（卷之二），中华书局 2005 年 6 月版，第 122 页。

② “鸱吻”真的会带来雨水吗？这是一种道教弘法的传说。《睽车志》记录了淳熙庚子夏四月，湖州乌程岳祠所启的黄箓醮会：“西殿鸱吻有蛇蟠绕其上……至十六日暮夜，浓云郁兴，须臾蔽空，迅雷风烈，雨雹交下，雹大如弹，屋瓦为碎……乙夜云敛月明，视鸱吻并与蛇皆失所在。”［郭彖、李梦生：《睽车志》（卷二），《稽神录　睽车志》，上海古籍出版社 2012 年 8 月版，第 105 页。］鸱吻所引发的绝非和风细雨，润物无声，实则雨雹迅雷，“屋瓦为碎”——大有厌胜之意。

③ 陆游、李剑雄、刘德权：《老学庵笔记》（卷一），中华书局 1979 年 11 月版，第 3 页。

④ 建筑的“质料”——砖块，甚至可以充当“兵器”，而体现出世情凉薄，如《洛阳伽蓝记》所记齐土之民的“怀砖之义”。［杨衒之、周祖谟：《洛阳伽蓝记校释》（卷二），上海书店出版社 2000 年 4 月版，第 86 页。］

⑤ 中国社会科学院考古研究所河南第二工作队：《河南偃师商城东北隅发掘简报》，《考古》1998 年第 6 期，第 482 页。

的“宏阔”。不过，夏商周三朝，就其建筑形制而言，分别推举的是宗庙，是王寝，是明堂，而不是城墙。这在《周礼·冬官考工记下》中，以“夏后氏世室”、“殷人重屋”、“周人明堂”为记载，罗列得清清楚楚。三者互言，“以明其同制”。[①] 然而，所谓宗庙，所谓王寝，推求的最终不过是明堂。何谓明堂？“明堂者，明政教之堂。”[②] 建筑说明的是政治权力，是道德教化，是对当下主流文化正大光明的彰显与酬唱。

而就单体建筑来说，其稳定性确实存在风险。《世说新语·巧艺第二十一》：“陵云台楼观精巧，先称平众木轻重，然后造构，乃无锱铢相负揭。台虽高峻，常随风摇动，而终无倾倒之理。魏明帝登台，惧其势危，别以大材扶持之，楼即颓坏。论者谓轻重力偏故也。”[③] 据称，陵云台高八丈，未必极峻，八丈之上，晃动的幅度已不可知，但无论如何，其晃动都给魏明帝带来了负面的心理暗示。这一事件中，魏明帝显然更信赖直观的视觉印象，更善于分析支柱材料的粗细、大小所能产生的直接后果与影响，而极度怀疑“造构”营建整体的“系统质”。一个必须注意的细节是，“造构”之初，对“众木轻重”的称量。这种称量不仅打破了日常经验的视觉囿限，并且奠定了陵云台之为系统组织的“力”的重新分配与协调。如是系统组织更类似于一种内在的而非外观性的结构上的均衡，依“大材扶持”，则必“颓坏”之。有趣的是，中国古代建筑的稳定性差，会在民间传说里添油加醋地被夸大，而带有某种“喜剧”效果。《宣室志》曾提到，“武陵郡有浮图祠，其高数百寻，下瞰大江，每江水泛扬，则浮图势若摇动，故里人无敢登其上者”[④]。这浮图祠，总让人想起水中的行船。漂浮不定的晃动感，人们非但不厌恶，反而趋之若鹜——苏州园林里，人们争相把自己的楼阁修建成画舫的模样。在水中，便是在路上，万千世界，移步换景，俱在心中。据《方舆胜览·淮东路·招信军》之“灵岩寺”条，苏子瞻有诗曰：“人言寺是六鳌宫，

---

① 参见郑玄、贾公彦、彭林：《周礼注疏》（卷第四十九），上海古籍出版社 2010 年 10 月版，第 1664～1667 页。

② 郑玄、贾公彦、彭林：《周礼注疏》（卷第四十九），上海古籍出版社 2010 年 10 月版，第 1667 页。

③ 刘义庆、刘孝标、余嘉锡、周祖谟等：《世说新语笺疏》（下卷上），上海古籍出版社 1993 年 12 月版，第 714 页。

④ 张读、萧逸：《宣室志》（卷三），《宣室志　裴铏传奇》，上海古籍出版社 2012 年 8 月版，第 23 页。

升降随波与海通。共坐船中那复见，乾坤浮水水浮空。"① 鳌宫稳定吗？不稳定。中国古代建筑不止一次地乃至经常性地把自己假想为踪迹不定的行船，在江河湖海中沉浮，在虚空中升降，周游往返；随波逐流的晃动、摇摆、危险被忽略了，转而被"航道"两岸变化运演的季节和景色所迷醉、所幻化、所"掩盖"。苏轼此诗在《方舆胜览·淮西路·濠州》之"临淮山"中亦可见到，只不过在那里，首句被换做"人言洞府是鳌宫"②，下语同。为什么中国古代建筑会刻意寻求这种"漂浮"感？这与其宇宙观，尤其是大地观有必然的相关性。《博物志·地》曰："地常动不止，譬如人在舟而坐，舟行而人不觉。"③"地"、"大地"，不是恒定而止的概念，而是恒动而行的范畴，如同水流，漫延为四海。既然如此，建筑作为大地之附属物，也固然无法枯然息止。毋论生者之建筑，死者亦有船棺。1998年9月下旬，在成都市蒲江县鹤山镇飞龙村西侧的小河边，就有一船棺墓被河水冲出。该墓的"葬具为船棺，长5.78、宽1.01、高0.96米，系用一段圆木制成。其制作方法为先将其上半部截去，形成平顶，然后，把圆木正中一段挖空，并将其底部削平"④。这座棺木的尾端底部向上翘起，盖板与棺身合扣，棺体内光滑而有刨磨痕迹——绝不只是对舟船的取意、模拟，而就是按照舟船的工艺来制作的。有了这样一条船，所谓"入土为安"的理念，会附录一条"入水为安"的说明。事实上，就葬俗而言，除土葬、水葬外，尚有火葬、林葬、天葬，不可一概而论。顺便提及的是，船棺不一定"入水"。2000年在成都市区商业街58号发掘的战国早期大型船棺、独木棺墓葬，其直壁墓坑长30.5米、宽20.3米，坑口距地表3.8～4.5米，墓坑残深2.5米，这一墓坑中发现了17具木制葬具，平行排列于墓坑底部、棺木之下，间距1～2米、直径0.35～0.4米的

---

① 祝穆、祝洙、施和金：《方舆胜览》（卷之四十七），中华书局2003年6月版，第842页。

② 祝穆、祝洙、施和金：《方舆胜览》（卷之四十八），中华书局2003年6月版，第862页。

③ 张华、王根林：《博物志》（卷一），《博物志（外七种）》，上海古籍出版社2012年8月版，第9页。

④ 成都市文物考古工作队、蒲江县文物管理所：《成都市蒲江县船棺墓发掘简报》，《文物》2002年第4期，第27页。

15 排枕木上。①

二、土木——建筑的材质

土在中国原始建筑，尤其是周原建筑文化中起着举足轻重的作用。中国原始建筑与土乃至土的信仰有关。《汲冢周书·作洛解》提到过周公俘殷民迁于九毕，作大邑成周，也即东周于土中的故事，曰："将建诸侯，凿取其方一面之土，苞以黄土，苴以白茅，以为土封，故曰受则土于周室，乃位五宫：大庙、宗宫、考宫、路寝、明堂。"② 黄土为中央之土，东青土、南赤土、西白土、北骊土，与青龙、朱雀、白虎、玄武的四象格局严格对应。这其中所提到的"苞以黄土，苴以白茅，以为土封"的"土封"，与甲骨文之"生"——草木破土而出之意象高度吻合。所谓五宫"受则土于周室"恰恰印证了，一方面，中央之土之于地方之宫的派生关系，另一方面，此种派生关系具有孕育生命的"生"之基础。这一切，均以土为依托，皆在对土的生命性加以崇拜的过程中得以完成。

建筑与基础究竟是何关系？可以"城"为例。《易》之泰卦"上六"有句"城复于隍。勿用师，自邑告命，贞吝"，就涉及隍的问题。何谓之"隍"？陆德明指出，隍是"城堑"；《子夏传》说得更清楚，隍是"城下池"。所以，孔颖达提到，"城之为体，由基土培扶，乃得为城。今下不培扶，城则陨坏，以此崩倒，反复于隍，犹君之为体，由臣之辅翼"③。这是用城隍作比喻，来说明臣不扶君，君道倾危的道理。而城作为"体"，是由"基土"培育扶持而成的；如果没有"基土"的培育扶持，也就"陨坏"了，也就"崩倒"了，也就沦为"城下池"了。所以，城得以树立，得以为"体"，必有其坚实之基。基土、基台，在中国古代建筑，尤其是北方中原建筑形态中乃重中之重。

1976 年以来发掘的陕西扶风召陈西周建筑群下层建筑的墙体共分三种，夯土墙、土坯墙、木骨草泥墙，皆为土制；虽方法不同，均平整而华美。"各种墙

---

① 参见成都市文物考古研究所：《成都市商业街船棺、独木棺墓葬发掘简报》，《文物》2002 年第 11 期，第 4 页。

② 顾炎武：《历代宅京记》（卷之七），中华书局 1984 年 2 月版，第 115 页。

③ 王弼、韩康伯、陆德明、孔颖达：《周易注疏》（卷三），中央编译出版社 2016 年 1 月版，第 98 页。

皮都是先抹一层2厘米厚的细砂、黏土掺和物，再抹一层薄薄的白灰面，所以表面平整、光滑、坚硬。白灰面经火烧后，颜色基本不变，只微微发黄。"① 细沙、黏土、白灰本身，亦来自于土，可见，土在筑造过程中不仅满足了建筑的结构性需要，同样适应于人的审美性诉求。事实上，土木土木，土在半地穴式建筑中是可以扮演"主角"，而不去充当"配角"的。换句话说，在半地穴式建筑形式中，"墙"至关重要，而所谓的"墙"可以全由，抑或起码主要由土制成。河南安阳孝民屯商代房址呈现出纷繁复杂的"间性"之质——不仅有单间构造，还有两间、三间、四间甚至五间复合式布局，有"吕"字形、"品"字形、"十"字形、"川"字形等等。在筑造方式上，"新石器时代的半地穴式建筑的房间中部或四角多见有柱洞，而这批建筑少见立柱现象，而较多直接采用夯筑形式构筑墙体，墙体材质有夯土、土坯和草拌泥等多种类型"②。中国建筑是无墙的建筑吗？不可一概而论，有墙无墙，不是一条被抽象贯彻的理论，而是在现实的具体经验中与实际条件相适应。顺便提及，夯土、土坯都好理解，何谓草拌泥？"草拌泥大体呈青灰色，内夹杂棕红色斑块。泥质坚硬，似经夯打。泥中保存有大量清晰的植物茎、叶印痕，初步辨认出的植物有10余种，其中包括芦苇等水边环境生长的草本植物和灌木。由丰富的植物茎、叶种类和其折断状况推测，墓中填泥有可能取自河边淤泥，生长在淤泥中的植物和掉落的树叶被一同挖来，混拌在泥中填埋。"③ 从中可以肯定的起码有两点：其一，草拌泥中的草并非单一品种；其二，其"原料"多取自河边。草拌泥可谓夯土与土坯的"升级版"——它以

① 陕西周原考古队：《扶风召陈西周建筑群基址发掘简报》，《文物》1981年第3期，第15页。

② 殷墟孝民屯考古队：《河南安阳市孝民屯商代房址2003—2004年发掘简报》，《考古》2007年第1期，第12页。

③ 中国社会科学院考古研究所河南一队、河南省文物考古研究所、三门峡市文物考古研究所、灵宝市文物保护管理所、荆山黄帝陵管理所：《河南灵宝市西坡遗址2006年发现的仰韶文化中期大型墓葬》，《考古》2007年第2期，第100页。

植物的茎叶为肌理，经过夯打、晒干，类似于版筑，更为坚硬。①

中国古代亦出现过类似“树屋”的建筑。《太平寰宇记·河北道四·相州》之“邺县”有“石虎故城”条，其中便提到石虎“种双长生树，根生于屋下，枝叶交于栋上，是先种树后立屋，安玉盘容十斛，于二树之间”②。石虎本人穷奢极欲，是个暴君，但他在宫殿结构方面却常常突发奇想，不仅于其金华殿后所做的皇后浴室呈现出“九龙衔水之象”，而且塑造出这一“先种树后立屋”的“树屋”逻辑。由此可知，首先，“先种树”之“树”是有特殊意涵的——“长生树”寓意长生恒久；其次，此“长生树”并非单株，而列为一双——后立之屋不会全盘架设在单株树冠上，而是以树干本身为立柱来营构；最后，“先种树后立屋”之所以重要，是因为它把自然元素直接地引入了建筑活动，使自然与人工密合无隙，为“生态建筑”书写了另一种可能。那么，这是不是意味着中国古人就一定不会建造悬空的“树屋”？也不尽然。据《太平寰宇记·剑南东道七·昌州》记载，当地风俗即“有夏风，有獠风，悉住丛菁，悬虚构屋，号‘阁阑’”③。

---

① 单纯的累石建筑是存在的。据《方舆胜览·成都府路·茂州》“风俗”所称，茂州当地即有叠石而成的巢穴式建筑，“如浮图数重门。内以梯上下：货藏于上，人居于中，畜圂于下。高二三丈者谓之鸡笼，《后汉书》谓之邛笼，十余丈者谓之碉；亦有板屋、土屋者”。[祝穆、祝洙、施和金：《方舆胜览》（卷之五十五），中华书局2003年6月版，第981页。]俨然是一幅现实版、放大版的汉画像石图案——具备汉画像石中所呈现之建筑的基本特征：重门、梯设、三层，上下皆“空”而人居于“中”；区别仅仅在于尺寸。可见，建筑的选材终究是当地建筑文化的反映，不可一概而论。以石垒墓，并不一定需要封土，例如位于辽宁省桓仁县浑江水库东南部边缘的高丽墓子高句丽积石墓，即以山石堆筑，沿山梁由高到低纵向排列，形成“串墓”、“方坛”，有“阶墙”，墓圹四壁一律经过火烧。（参见辽宁省文物考古研究所、本溪市博物馆、桓仁县文物管理所：《辽宁桓仁县高丽墓子高句丽积石墓》，《考古》1998年第3期，第209页。）此与王嗣洲提到的，分布于辽宁省东南部和吉林省中南部地区的大石盖墓——“有别于地上的石棚墓、地下石棺墓，是墓室在地下，墓上用巨型石板覆盖并裸露于地面的一种特殊墓葬形制”（王嗣洲：《论中国东北地区大石盖墓》，《考古》1998年第2期，第149页）——均有密切关联。

② 乐史、王文楚：《太平寰宇记》（卷之五十五），中华书局2007年11月版，第1139页。

③ 乐史、王文楚：《太平寰宇记》（卷之八十八），中华书局2007年11月版，第1747页。

“巢窟”作为南方巢居的形式①，是一种以木、竹结构的“网格”。南方巢居，北方穴居，此乃常态。《博物志·五方人民》曰：“南越巢居，北朔穴居，避寒暑也。”② 据《方舆胜览·广西路·宾州》之“风俗”，范太史曰：“宾人计口筑室如巢窟，屋壁以木为筐，竹织不加涂莀。”③ 以木为筐，以竹编织，其所筑巢窟即由木、竹编织的“网格”，不一定以梁柱为主干，而更类似于一种以墙体肌理密排支撑其立面的圈层，如“鸡笼”一般，轻盈而透风，缺乏稳定性。“构木为巢”，多出现于岭南。《太平寰宇记·岭南道五·贺州》之“贺州”风俗便提到，其俗“多构木为巢，以避瘴气。豪渠皆鸣金鼎食，所居谓之栅”④。此一风俗在《方舆胜览·广西路·贺州》“风俗”中亦有提及。⑤ 而其“高州”则“悉以高栏为居，号曰干栏”⑥，其“雷州”则“多栏居以避时郁”⑦。另据《方舆胜览·夔州路·重庆府》之“风俗”，《寰宇记》：“今渝之山谷中有狼猱乡，俗构屋高树，谓之阁栏。”⑧ 何谓“瘴气”？何谓“时郁”？“郡据丛山之中，去海百里。四时之候，多燠少寒。春冬遇雨差冻，顷刻日出，复如四五月。”⑨ 由

① 人是如何看待动物的巢穴的？依然使用人类的建筑语言，周密师姚幹父写过一篇《喻白蚁文》，收录在周密《齐东野语·姚幹父杂文》中，其中有一段文字写道：“吾尝窥其窟穴矣，深闺邃阁，千门万户，离宫别馆，复屋修廊。五里短亭，十里长亭，缭绕乎其甬道；五步一楼，十步一阁，玲珑乎其峰房。”［周密、张茂鹏：《齐东野语》（卷十四），中华书局1983年11月版，第261页。］看上去，这一巢穴与人类的建筑、居所并无实质性的区别。

② 张华、王根林：《博物志》（卷一），《博物志（外七种）》，上海古籍出版社2012年8月版，第10页。

③ 祝穆、祝洙、施和金：《方舆胜览》（卷之四十一），中华书局2003年6月版，第740页。

④ 乐史、王文楚：《太平寰宇记》（卷之一百六十一），中华书局2007年11月版，第3083页。

⑤ 参见祝穆、祝洙、施和金：《方舆胜览》（卷之四十一），中华书局2003年6月版，第746页。

⑥ 祝穆、祝洙、施和金：《方舆胜览》（卷之四十二），中华书局2003年6月版，第752页。

⑦ 祝穆、祝洙、施和金：《方舆胜览》（卷之四十二），中华书局2003年6月版，第760页。

⑧ 祝穆、祝洙、施和金：《方舆胜览》（卷之六十），中华书局2003年6月版，第1058页。

⑨ 祝穆、祝洙、施和金：《方舆胜览》（卷之四十二），中华书局2003年6月版，第751～752页。

于靠近海岸线，闷热的天气使人们对于建筑的通风有着极高的期待。所谓“瘴气”，一定与风有很大关联。据《方舆胜览·成都府路·黎州》之“风穴”条可知，“窒其穴，风虽少而民多瘴；开之，风如故而瘴亦衰”①。问题是，何以避海风?《太平寰宇记·岭南道十三·琼州》之“琼州”风俗中提到，其俗“巢居深洞，绩木皮为衣，以木绵为毯”②。此条亦辑录于《方舆胜览·海外四州·琼州》之“风俗”。③

关于“木作”，其原始含义其实十分宽泛。《周礼·冬官考工记第六》把“攻木之工”分为七种：轮、舆、弓、庐、匠、车、梓。“轮人为轮盖，舆人为车舆，弓人为六弓，庐人为柄之等，匠人为宫室、城郭、沟洫之等，车人为车，梓人为饮器及射侯之等。”④ 从“攻木之工”来看，建筑所涉及的木作，不过是匠人所为有限的一部分——“禹治洪水，民降丘宅土，卑宫室，尽力乎沟洫，而尊匠”⑤，就说明匠人之尊，有可能来自于其疏通沟洫的作为，而非单纯的筑造宫室的能力。换句话说，建筑的木作是以巨大体量的各种繁复工艺为背景和基础的，工艺与工艺之间，会有参照与借鉴——建筑木作的精良与否，在某种程度上，是一个时代工艺水准的浓缩与体现。

在中国建筑史上，最早的斗的形式出现于西周时期的洛阳邙山矢令簋，最早的拱的形式出现于春秋时期的临淄郎家庄春秋墓漆器残片，而最早的斗拱组合的形式出现于战国中山王墓铜方案。⑥ 在现实的建筑体中，最早的木造斗拱实物保留于敦煌第 251、254 窟，位于“人字披”脊槫和下平槫与山墙交接处，一端插入墙壁，一端出跳，散斗上施扁平替木承槫。二窟八组，形制皆同。“从斗拱形

① 祝穆、祝洙、施和金：《方舆胜览》（卷之五十六），中华书局 2003 年 6 月版，第 1001 页。

② 乐史、王文楚：《太平寰宇记》（卷之一百六十九），中华书局 2007 年 11 月版，第 3236 页。

③ 参见祝穆、祝洙、施和金：《方舆胜览》（卷之四十三），中华书局 2003 年 6 月版，第 769 页。

④ 郑玄、贾公彦、彭林：《周礼注疏》（卷第四十六），上海古籍出版社 2010 年 10 月版，第 1529 页。

⑤ 郑玄、贾公彦、彭林：《周礼注疏》（卷第四十六），上海古籍出版社 2010 年 10 月版，第 1530 页。

⑥ 参见冯继仁：《中国古代木构建筑的考古学断代》，《文物》1995 年第 10 期，第 43 页。

制本身看：内凹的拱眼，圆和而不分瓣的拱头，接续了汉阙斗拱的风格，在云冈北魏11、12窟内也可找出近似的形象。斗拱上的彩画和同窟壁画纹样又皆一致，故它们确系北魏原物，为我国现存最古的木斗拱实物。"① 出土文物的发掘表明，即便是明清两朝，许多建筑的部件仍然作为墓葬中的随葬品，随墓主人往生地下世界，如1954年10月，陕西省长安县四府井村，明英宗时兴平庄惠王之次子安僖王墓，后室中所发掘的两个制作精巧的木斗拱。②

斗拱并不是"先天"的、"绝对"的、"必然"的建筑构件。例如西周凤雏遗址上的前堂。此前堂东西四列柱，埋在夯土基础中，深度为50~70厘米，类同于二里头及盘龙城商代宫殿。据傅熹年推断，此前堂合理的构造应为"两面坡"，"两面坡的斜梁可以用绑扎或加木楔的方法固定在纵架上，可以成对放，也可以错开。它们都是简支斜梁，并没有相抵相撑的作用。在斜梁背上，于纵架楣的上方和纵架之间都架檩，檩上斜铺苇束做屋面。它的构造顺序是柱、楣、斜梁、檩、苇束。整个构架靠栽柱和土筑的后墙、山墙保持稳定"③。这是一种古老的做法，在易县燕下都舞阳台东北八号遗址中亦出现过——以苇束来代替椽子和望板，即《说文解字》竹部中的"笮"。"笮"的含义为"迫"，在檩之上，在瓦之下。一般情况下，檩上架椽，铺席、箔、笆、板，上铺苫背泥，泥上铺瓦，"笮"则替代了这其中的中间环节——与檩密接，上承泥背和瓦砾的压力，落实而被"迫"。这种"条束"做法，对材料的要求更低，后期仰涂、抹泥即可，简便易行，却是不需要使用斗拱的。

在建筑学中，经常会提到栌斗。何谓"栌"？《墨子间诂·经上第四十》："纑，间虚也。"王引之云："纑乃栌之借字。《经说上》云'纑，间虚也者，两木之间，谓其无木者也'，则其字当作'栌'。《众经音义》卷一引《三仓》云：'栌，柱上方木也。'"④ 简言之，一方面，栌斗必由木作，另一方面，两栌之间

---

① 敦煌文物研究所考古组：《敦煌莫高窟北朝壁画中的建筑》，《考古》1976年第2期，第118页。

② 参见陕西省文物管理委员会：《长安四府井村明安僖王墓清理简报》，《考古通讯》1956年第5期，第41页。

③ 傅熹年：《陕西岐山凤雏西周建筑遗址初探——周原西周建筑遗址研究之一》，《文物》1981年第1期，第66页。

④ 孙诒让、孙启治：《墨子间诂》（卷十），中华书局2001年4月版，第313页。

会形成一段无木的空间。所以，即便没有门窗，在结构上，普遍使用栌斗的中国古代建筑，其室内空间，也不是完全封闭的，它自然而然地会形成架空，“间虚”之作。空间空间，什么是“间”?《墨子间诂·经说上第四十二》:“间，谓夹者也。”张云:“就其夹之而言，则谓有间；就其夹者而言，则谓之间。”① 一方面，“间”不是外来词，它就是一个建筑学术语。另一方面，“间”指的就是因为夹而产生的虚空——此虚空是有限的，出于栌斗、两木之间；此虚空是人为的，由人造设产生；此虚空是抽象的，它不仅可以用来描述空间，也可以用来描述时间。

另外，中国古人还有着大量使用叠木的记载，如棺椁一般都是叠木垒砌而成的。举一个实例，如大汶口时期的棺椁。在大汶口和呈子遗址的墓葬中，有井字形的木质棺椁。“木椁的大小和结构的繁简，随墓葬规模的大小而异。这种井字形木椁，有的有顶、底和四壁，四壁系用直径约 10 厘米的原木叠垒而成，四角交叉，从遗留的痕迹推测，可能是将原木刻出凹口，相互嵌合，或用绳子捆缚，顶部也用原木铺盖。”② 这种木质棺椁，据实物显示，就是叠木垒砌完成的。地面上也有使用叠木的实物，如水闸。1985 年底发现的明代“通济渠”渠口上的石刻文字，表明该渠实为北宋丰利渠。这一渠口下小上大，呈倒梯形，渠底左右间距 4.3 米，1.5 米高处，宽至 4.55 米，愈上愈宽。“这决定了该闸不可能使用提升式板闸，只能采用镶嵌式叠置散件板闸的形式，即史籍所谓‘叠木作障’的闸式。叠置散件板闸由一块块分散的闸板组合而成，在这种倒梯形断面闸槽中装卸方便。这种闸式在宋元明清的文献中常见，如元王桢《农书》卷十八、明徐光启《农政全书》卷十七、清《授时通考》卷三七等书中所列水闸形式，皆为叠置散件板闸。”③ 可见，中国古人同样重视叠木所产生的密闭效应，这种密闭效应是可靠的，使用的叠木还可以是不等宽的。除此之外，湖北铜绿山古铜矿所使用的“密集法搭口式”竖井框架，也是用一种四根圆木搭接的方框层层叠压而成的。④ 事实上，拼贴、接合、垒搭作为观念，可谓无处不在。安志敏曾提

---

① 孙诒让、孙启治:《墨子间诂》(卷十)，中华书局 2001 年 4 月版，第 343 ~ 344 页。

② 吴汝祚:《大汶口文化的墓葬》,《考古学报》1990 年第 1 期，第 3 页。

③ 秦建明、赵荣、杨政:《陕西泾阳北宋丰利渠口发现石刻水尺》,《文物》1995 年第 7 期，第 89 页。

④ 参见夏鼐、殷玮璋:《湖北铜绿山古铜矿》,《考古学报》1982 年第 1 期，第 3 页。

到，“青海大通上孙家寨发现的两座墓葬，男性墓里出土彩陶壶口及颈部，而女性墓里则出土彩陶壶的腹部和底部，两者可拼成一件器物，显然是有意识打破之后分别葬入男女两座墓中的，代表了一种特殊的葬俗”①。这一葬俗，让人们隐约看到了“虎符”、“珠联璧合”等符号化器物形制的雏形。如果说这只是器物，是陶器，非木器，笔者亦可举出木质案例，如楚都纪南城龙桥河西段所发掘的木圈井。何谓木圈井？即使用了木井圈的水井。何谓木井圈？“木井圈是由两根大树分别凿成半圈形的槽沟（其中一根口径稍小），然后再将两槽相合成椭圆形的井圈，立于中部的两根平行的托木上，两槽相接的两边各立一根木柱，井圈内下端又设两根平行的支撑木，支撑木榫合于圈壁上。”② 这口井井身上部的直径为1.05 米，井圈为 0.7 到 0.82 米，残高 1.8 米，厚 2 到 6 厘米，而井圈底以下的深度又超过了 2 米。井圈木经放射性碳 14 测定，年代为公元前 505 年到公元前435 年之间，可知楚国郢都使用这种以半圆拼合、托木支撑的木井圈究竟有多久远。

木不与土结合，而与石结合的构造实例，有悬棺。悬棺葬遍及长江流域的十三个省区，且以宜宾地区麻塘坝悬棺为例来看，它的制作方法共有三种：“第一种，在岩壁上凿两个或三个小方洞插木桩，架棺其上，采用此法较多；第二种，人工凿穴（洞），把棺顶进穴内，露一头于穴外，或把棺横嵌于穴内；第三种，利用天然洞穴或岩缝置棺于内。采用后两种较少。”③ 在数据上，当地采用木桩架棺者 81 具，后两种则分别为 9 具和 38 具。从操作步骤上讲，后两种更为便宜。然而，人们却更为崇尚木与石相结合的“程序”所渗透的仪式感，条件是，当地人之于石的稳定性与木的承受力的极度认可。

建筑可不以土木乃至砾石窟穴为材质吗？当然可以，这要看何种用途。《酉阳杂俎·礼异》记录过“北朝婚礼”：“青布幔为屋，在门内外，谓之青庐。于此交拜，迎妇。夫家领百余人，或十数人，随其奢俭，挟车俱呼：‘新妇子!’

① 安志敏：《中国西部的新石器时代》，《考古学报》1987 年第 2 期，第 139 页。

② 湖北省博物馆：《楚都纪南城的勘查与发掘（下）》，《考古学报》1982 年第 4 期，第492 页。

③ 重庆市博物馆：《宜宾地区悬棺葬调查记》，《考古》1981 年第 5 期，第 432 页。

催出来。至新妇登车乃止。”① 这场婚礼，看上去更像是一场马鞍上、车辇上，怀游侠意气的婚礼。不过，它准确地描述了青庐的材质，为布幔。“建筑”本身理当是一个开放的概念，凡是可以给居于其中的人以空间感的，皆可入列。布幔虽为织物，无法长期保留，但它却一样可以另一种方式“留”在建筑中。1994年于西藏阿里札达县象泉河流域发现了两座佛教石窟，“这两座石窟壁画洞窟顶部的垂幔纹带中水鸭纹与多重垂幔纹的组合式样，曾经在西藏西部地区早期佛教寺壁画中较为流行。如金脑尔（Kinnaur）地区的纳科寺（Noko）内小罗扎巴殿堂（SmallLo – tsa – ba）南墙上部的垂幔纹饰，由四重图案构成，最上一重为单向的连续水鸭纹，下方有三重垂幔纹带，与上述两座石窟的垂幔做法几乎完全相同。又如阿契寺内一层殿堂门道上方的壁画，上层亦为四重图案组成的垂幔，最上一重也为单向的连续水鸭纹样，其下方有两重垂幔纹带。阿契寺三层殿堂内曼荼罗图像的上方，也有类似的垂幔纹饰，有迹象表明，这种单向连续的水鸭纹样，或曾是 11 至 13 世纪西藏西部佛教艺术中一种较为流行的母题”②。这种单向连续的水鸭纹样，还可以与其他动植物纹样结合而共同组成繁复而华丽的图案，在古格王朝早期佛教寺院的殿堂壁画残片中看到。无论如何，垂幔作为纹饰，实际上表明了建筑材质多元化的历史事实。

土木砂石并不是这个世界上仅有的建筑材料，已知的建筑材料中，尚有兽骨。“乌克兰的莫洛多瓦（Molodova）遗址位于第聂斯特尔河流域，在莫洛多瓦 I 的第四层，发现一个主要由猛犸象骨骼和象牙围成的直径约 10 米的椭圆形房基。”③ 类似形制在 1982 年开始发掘的哈尔滨阎家岗遗址中亦有发现，其两处由动物骨骼围合而成的圈状堆积，实乃古人类营地遗迹。在用料方面，除木材外，竹子亦是上等“素材”。据《方舆胜览 · 淮西路 · 黄州》之“竹楼”条，王元之记：“黄冈之地多竹，大者如椽，竹工破之，剖去其节，用代陶瓦，比屋皆是，

① 段成式、许逸民：《酉阳杂俎校笺》（前集卷一），中华书局 2015 年 7 月版，第 72 页。

② 四川大学中国藏学研究所、四川大学历史文化学院考古系、西藏自治区文物事业管理局：《西藏阿里札达县象泉河流域发现的两座佛教石窟》，《文物》2002 年第 8 期，第 66 ~ 67 页。

③ 黄可佳：《哈尔滨阎家岗遗址动物骨骼圈状堆积的初步研究》，《考古学报》2008 年第 1 期，第 5 页。

以其价廉而工省也。”① 以竹代木，最不必要担心的是强度——该文还记录了一个细节，即当时竹工说的一句话：“竹之为瓦，仅十稔。若重覆之，得二十稔。”② 关键词在于“重覆”。竹子的生长周期短，芯空而体轻，有弹性，较之木料，既廉价，又易获，便于组合，且具有极为稳定的“组织”效果，这便为建筑找到了极好的替换素材。房千里《庐陵所居竹室记》记述过这样的竹屋：“其环堵所栖者，率用竹以结其四周，植者为柱楣，撑者为榱桷，破者为溜，削者为障，臼者为枢，篾者为绳，络而笼土者为级，横而格空者为梁。”③ 完全用竹材完成了竹屋的建构。草能否成为建筑素材？这是毫无疑问的。西藏建筑的“檐墙”就是用草做的。具体做法是，“在外墙顶下约 1 米处的部位，置一排挑出约 30 ~ 40 厘米的挑梁，梁距约 1 米以上，挑梁上密排横木杆，其上垒砌草束（当地原野上的一种细而坚韧的野草，草束长约 30 ~ 40 厘米）直至墙顶，上压土坯，草束的方向与墙体垂直，草束外皮拍平，外刷深红色，在墙顶部形成一条凸出墙面的深红色横带”④。后来，人们给它取了一个名字，叫“边玛檐墙”；其所用之草，即柽柳枝、边玛草；有时亦刷成深棕色。以其原始形态来看，这样一种檐墙草束与其建筑外墙的颜色一样，是一种建筑等级、主体身份的标志，在古格地区，在卫藏地区，仅用于寺院殿堂。事实上，西藏建筑的立柱取材深受地域局限，即便是宗教性建筑，柱体亦不高大、粗壮，甚至需要拼接，其用料最突出的特色即檐草。

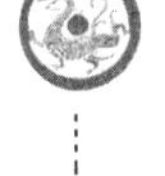

① 祝穆、祝洙、施和金：《方舆胜览》（卷之五十），中华书局 2003 年 6 月版，第 889 页。

② 祝穆、祝洙、施和金：《方舆胜览》（卷之五十），中华书局 2003 年 6 月版，第 889 页。

③ 房千里：《庐陵所居竹室记》，董浩等：《全唐文》（卷七百六十），中华书局 1983 年 11 月版，第 7902 页。

④ 陈耀东：《西藏阿里托林寺》，《文物》1995 年第 10 期，第 15 页。

第二章
制度：秦汉时期建筑美学的架构

秦汉时期建筑美学的主题围绕“制度”展开，原本带有地方性的建筑风格与观念，伴随着大一统帝国皇权的树立而表现出其对意识形态的主动酬答。中国的宇宙观是以方圆为基础的，划定方圆的规矩恰恰在建筑史上起到了举足轻重的作用，而建筑的道德“表情”与权力意涵在自先秦以来的台榭、阙表、楼阁的基础上愈发彰显。

第一节 规矩方圆

一、“圆”者象天

中国的宇宙观，由方圆组成；方圆之间，在形态上有根本区别。《周易·系辞上》：“蓍之德圆而神，卦之德方以知。”王弼注曰：“圆者运而不穷，方者止而有分。言蓍以圆象神，卦以方象知也。惟变所适，无数不周，故曰圆。卦列爻分，各有其体，故曰方也。”① 这是非常重要的差异。圆是动的，变动着的，运行无穷；方是静的，分列着的，各有其体。圆、方，一动一静——动者象神，静者象知。在圆、方之间，又渗透着上下之分、神人之别。这种动静观给建筑的空间感造成的影响极为深远。圆形的建筑属天，匀质，有周流的气质；方形的建筑

① 王弼、韩康伯、陆德明、孔颖达：《周易注疏》（卷十一），中央编译出版社 2016 年 1 月版，第 367 页。

属地，不匀质，有前后、左右、上下的气势。方与圆，又彼此映照地形成了互文性的内在结构。

天圆地方对应在建筑的形制上有着毋庸置疑的表现。《周礼·春官宗伯下》在提到“六乐”时明确指出：“冬日至，于地上之圜丘奏之，若乐六变，则天神皆降，可得而礼矣。……夏日至，于泽中之方丘奏之，若乐八变，则地示皆出，可得而礼矣。”① 奏于圜丘，则天神降；奏于方丘，则地祇出——虽四季有演替，乐音之转变同样起到了举足轻重的协同作用，但所谓礼乐的操持与实践，究竟是在天圆地方的宇宙论框架内部完成的，也即是在相应的圜丘与方丘的建筑形制内部完成的。事实上，且不说建筑等固定的居所崇尚天圆地方，就连车舆——移动的行所同样讲求天圆地方。《周礼·冬官考工记第六》曰：“轸之方也，以象地也。盖之圜也，以象天也。轮辐三十，以象日月也。盖弓二十有八，以象星也。”② 建筑与车舆在逻辑上的区别，只在于建筑寓静，车舆乃动——三十轮辐如同日月，取诸运行之理，循环往复，时序周转。古老的宇宙论想象在建筑与车舆上，密合恰切。

就建筑的完成度而言，技术的施工具有可能性——建筑能够或方或圆。中国古代建筑的技术难题是屋顶，屋顶的连绵本非难事，例如陕西岐山凤雏西周建筑遗址，其房基连成一片，建筑体之间的屋顶亦连成一片。“堂、庑间过道处做法应是先把两庑构架完整地搭过去，再从两庑第五间脊檩处架设45°角梁，向北一根指向堂后廊东端一个方柱洞（这洞应是立柱承角梁的），向南一根指向堂前廊阶下两端两根柱子。在角梁与堂的山墙间架檩子，构成堂外侧过道的两坡屋顶。庑第五间的前檐墙有可能把上部做成过道外侧的山墙，做过道檩子的中间支承。这样角梁和两庑檩上的负担就小得多，构造也较合理。门塾与两庑间屋顶的构造应和它大体相同。”③ 转折最关键，其重点在于转角斜梁。这种构架最能适应进深相同的构造，两道相交，类似于45°之天沟，在结构上，通于歇山顶。连绵起

① 郑玄、贾公彦、彭林：《周礼注疏》（卷第二十五），上海古籍出版社2010年10月版，第845页。

② 郑玄、贾公彦、彭林：《周礼注疏》（卷第四十七），上海古籍出版社2010年10月版，第1577页。

③ 傅熹年：《陕西岐山凤雏西周建筑遗址初探——周原西周建筑遗址研究之一》，《文物》1981年第1期，第69页。

伏的屋顶，不仅有连绵，更产生了起伏的效应——在高低错落之间辗转变向，如同曲折绵延的波浪。再说斗拱。斗拱不仅可以适应平直的切线和转角的折弯，同样能够运用于圆形建筑，即便是在逼仄的空间内，这一技术水平持续地、一贯地在不断提升。例如位于山东省栖霞市观里镇慕家店村东的宋代慕伉墓，这座墓的墓室平面呈正圆形，“直径3.38米，墓顶高3.6米。墓壁高1.94米，用侧砖两丁两顺砌成，贴壁有8条立柱，各以3行竖砖砌成，突出壁面10厘米，上端以砖雕成二层斗拱。立柱与斗拱均为仿木作形式”①。所以，在操作的层面上，使建筑或方、或圆、或方圆结合的技术障碍并不存在。

事实上，在分出方圆之前，许多建筑形式自始至终都有方圆结合之需要。例如，井并不一定是圆的，亦可由方圆组合。《太平寰宇记·江南西道十二·潭州》之“长沙县”南六十步有“贾谊庙”，汉时为长沙王傅庙，贾谊之宅，“中有井，上圆下方，泉与洪州禅林寺井通”②。可见，方圆是统合在一起的。不只是带有现实需要的井，中国远古建筑形制本身就十分复杂，例如陕西扶风召陈西周建筑遗址上那座著名的F3。据傅熹年推断，“如果以中心柱6D为圆心，以前后进深为直径画圆，则6A、4B、3D、4F、6G、8F、9D、8B八个柱墩的中心刚好都在圆周上，各柱的分布也大体均匀；如果从6A、4B、4F、6G、8F、8B六柱向中心柱6D连线，它们的夹角都接近60°。根据这现象，F3的中部也颇有可能在四阿顶上再出一个上层圆顶”③。这意味着，F3为重檐，下为四阿顶，上为圆顶——下方而上圆，恰好与天圆地方的宇宙观吻合、对应。当然，这种推断还仅仅是一种猜测，F3究竟是单层四阿顶，还是下方上圆顶，尚无定论——毕竟后者需要以精度极高的榫卯工艺水平为保障和前提。不过，傅熹年的假设也说明，从结构设计的角度来讲，下方上圆是可能的。在现实生活中，方形屋顶套用圆形构造，使方圆结合的建筑现象不胜枚举，如藻井。即便退一步，不说圆形构造，单说圆形图案，亦不罕见，尤其是在墓葬当中——墓室主顶通常绘制天象图。如果说天象图过于普遍，还有曼荼罗图。1979年10月发掘的位于四川省成都市龙

---

① 李元章：《山东栖霞市慕家店宋代慕伉墓》，《考古》1998年第5期，第429页。

② 乐史、王文楚：《太平寰宇记》（卷之一百一十四），中华书局2007年11月版，第2320页。

③ 傅熹年：《陕西扶风召陈西周建筑遗址初探》，《文物》1981年第3期，第36～37页。

泉驿区十陵镇大梁村的蜀僖王陵，其后殿“中室顶部为长方形盝顶，长5.97、宽2.56米，四周边宽0.22米。边框上饰浅浮雕的荷花、莲蓬纹。盝顶中间有一个直径2.1米的圆形曼荼罗图。图中心刻一直径0.54米的小圆圈，内刻一‘昙’形的梵字。圆心之外刻双层莲瓣，外围则刻以宝瓶、双鱼等佛教八吉祥纹”①。此曼荼罗图，为佛教信徒所造，它吸取了各种图案来修饰，分出层次，却首先是一个典型的正圆。

圆形建筑与天有关。圜丘祭天，在中国古代建筑史上是非常明确的。《三辅黄图·汉宫》所录《关辅记》曰：“去长安三百里，望见长安城，黄帝以来圜丘祭天处。”② 这一点在《周礼·春官宗伯第三》、《汉官仪注》、《汉书·礼乐志》中均有记载。所谓圜丘，即由夯土而成的圆形祭台，又名“通天台”——帝王斋戒后，使七十童男童女俱歌，“昏祠至明”。土地之丘，象天之圜，帝王在天圆地方之宇宙论框架下完成的“通天”体验，无疑需要通过“圆”这一建筑形式来加以铺垫、确认。这一逻辑并不是一次性地、绝无仅有地应用，而是较为常见、趋于普遍的。如《三辅旧事》便提到建章宫门北起之“圆阙”，上有后被赤眉军所坏的铜凤凰，《西京赋》美誉“圆阙耸以造天，若双碣之相望”③。此处之圆阙，是与圜丘类同之案例的实证。

圆形的祭坛在考古文物上多有印证。2005年4月，安徽省文物考古研究所调查发现的安徽省六安市霍山县但家庙镇大河厂村戴家院周代遗址，乃江淮地区常见的台墩，高出地表水田两三米，呈圆形，顶部面积与底部面积分别为1500、2000平方米，概有四分之三之比。据悉，这座祭坛“平面近圆形，为数十周同心圆环绕分布，表面龟裂为数十块硬土块……祭坛北侧发现三级略凸而平缓的堆筑土，疑为台阶”④。台墩磊落而高出地表，实为对山形的模拟；北侧有台阶，可便于攀登；顶部面积廓大，足以完成祭祀活动；平面近圆形，恰可谓周人心中宇宙之天的表征。圜丘的基础，本可以是山，据《太平寰宇记·河南道三·西京

① 成都市文物考古研究所：《成都明代蜀僖王陵发掘简报》，《文物》2002年第4期，第46页。

② 何清谷：《三辅黄图校释》（卷之二），中华书局2005年6月版，第140页。

③ 何清谷：《三辅黄图校释》（卷之二），中华书局2005年6月版，第127页。

④ 安徽省文物考古研究所、霍山县文物管理所：《安徽霍山戴家院周代遗址发掘报告》，《考古学报》2016年第1期，第128页。

一·河南府》之“洛阳县”记载，“委粟山”在此县东南三十五里，魏明帝于景初元年（237）十月，“营洛阳委粟山为圜丘，今形制犹存”[①]。

“圜土”亦是“惩戒”之所。“圜土”在职能上乃拘禁之所，它可以有很多名称，其功用是拘禁。据《太平寰宇记·河北道四·相州》之“汤阴县”载，此县北九里，北临“羑水”，有“羑里”，又名“牖城”，就是纣王当年拘禁文王之所——“夏曰夏台，商曰羑里，周曰囹圄，皆圜土也”[②]。可知，圜土亦可称为“台”，如“夏台”，但它的用途依然是囹圄之所。牢狱乃圆形建筑，这在《周礼·地官司徒第二》中有明文规定，是为“圜土”。为什么以“圜土”为牢狱之所？“圜土者，狱城也。狱必圜者，规主仁，以仁心求其情，古之治狱，闵于出之。”[③] 圆规圆规，圆者规也，比照规矩权衡的“当量”，“规”配“东”方，主“仁”，与“矩”配“西”方，主“义”相对，所以，狱城圆也。这一貌似简单的道理，映衬的是“仁恩”、“闵念”的逻辑，惩戒与教化，因道德规训而有所结合。重点是，建筑的形制实乃意义的表达，抽象的德行、德性原则，

① 乐史、王文楚：《太平寰宇记》（卷之三），中华书局2007年11月版，第51页。

② 乐史、王文楚：《太平寰宇记》（卷之五十五），中华书局2007年11月版，第1141页。

③ 郑玄、贾公彦、彭林：《周礼注疏》（卷第十三），上海古籍出版社2010年10月版，第439页。

可以通过建筑的外在形式来树立与传播。①

另外，圆形建筑在汉代贮藏类建筑中已十分流行。圆形贮藏类建筑的历史极为悠久，早在西安半坡遗址中即有典型的“窖穴”——“圆形袋状坑”。② 这一传统绵延不绝，尤其是在洛阳。以1955年4月11日至6月30日对洛阳西郊汉代民居的发掘为例，该地东区为东汉时期的居住区，人口密集，其藏谷之处有九座，或为方仓，或为圆囷。耐人寻味的是，方仓与圆囷数量之比，方仓为一，而圆囷为八，且此圆囷经历了长期的使用，其302囷壁砖上，内多印有“大吉”。③若统合中、东二区，则方仓与圆囷的比例更为悬殊，为一比十二。④ 以1974年1月至1975年5月在洛阳所发掘的隋唐东都皇城内的仓窖遗址来看，其形制亦为

---

① 建筑的形制并不是仅由逻辑预设即可得出的结果，例如八角形。我们时常听闻，六角形、八角形是方与圆之间的过渡样式，从四角到六角到八角再到圆形，是一条渐变的逻辑链。果真如此，四角、六角、八角、圆形应当同时出现，然而在历史上，起码在塔的构造上，八角之塔是迟至唐朝末年才逐步出现的。刘敦桢即指出：“盛唐以前还没有八角塔。盛唐以后到五代初年，也只有两个单檐八角塔，就是河南登封县会善寺天宝五年（746）建造的净藏禅师塔，和山东历城县唐末建造的九塔寺塔。”（刘敦桢：《苏州云岩寺塔》，《文物参考资料》1954年第7期，第27页。）可见，历史与逻辑并不叠合。类似的观点，陈从周也提到过，他说：“我国砖塔，自辽宋以来，它的平面大多是八边形。”（陈从周：《松江县的古代建筑——唐幢、宋塔、明刻》，《文物参考资料》1954年第7期，第40页。）唐代遗制，乃至魏晋作风，固然是四角的方形；辽宋以来的八角塔，实是对唐制的改造。除八角外，还有十二之数。与十二时相应的建筑表现形式在墓制中有很多。宿白曾将西安地区的唐墓分为三期，也即高祖、太宗时代，高宗到玄宗时代，玄宗以后以迄唐亡。其中，就单室弧方形或方形的砖室墓来看，“第三期有的墓在墓室内出现了既浅又窄的小龛，这种小龛与以前开在墓室外过洞或天井两侧放置随葬品的小龛不同，它应是按方位放置十二时的。因此，这种小龛应是十二个，每面壁面各开三个（前壁正中一小龛在墓门上方）”。（宿白：《西安地区的唐墓形制》，《文物》1995年12期，第44页。）十二龛对应十二时，在一个属于死亡的密闭空间里，时间继续在流转。这种流转，以方位来流转，甚至超越了方与圆的形式限制。类似的还有1979年3月发掘的江苏省苏州市西南横山九龙坞七子山五代墓，其后室亦有楔形壁龛九个，高54～55.5厘米、上端宽18～24.5厘米、下端宽25～27厘米，每壁面三个。不过有一个高1.1米、宽1.2米、进深0.17米的大壁龛，当为盛放墓志之用。（参见苏州市文管会、吴县文管会：《苏州七子山五代墓发掘简报》，《文物》1981年第2期，第39页。）

② 参见考古研究所西安半坡工作队：《西安半坡遗址第二次发掘的主要收获》，《考古通讯》1956年第2期，第25页。

③ 参见郭宝钧：《洛阳西郊汉代居住遗迹》，《考古通讯》1956年第1期，第19～20页。

④ 参见郭宝钧：《洛阳西郊汉代居住遗迹》，《考古通讯》1956年第1期，第22页。

椭圆形。①

“圆”作为圈层的“漫延”时常没有“痕迹”、“踪迹”，例如“方”这一范畴。《易》之未济卦《象》中有句话说，“君子以慎辨物居方”，孔颖达的解释是：“君子见未济之时，刚柔失正，故用慎为德，辨别众物，各居其方，使皆得安其所，所以济也。”② 未济坎下离上，乃水涸之象，为离宫三世卦，有未能济渡之名，小才居位，君子用慎是可以理解的。此处“各安其所”由两个“步骤”完成——“辨别众物”、“各居其方”，所以，“方”实则与“物”是均等的、平级的经验性范畴。《周易·系辞上》中也有一种讲法，叫作“方以类聚”，孔颖达就此做出了另一番解释。其曰：“方，谓法术情性趣舍，故《春秋》云‘教子以义方’，注云：‘方，道也。’是方谓性行法术也。”③ 此处之“方”，与“物”并不平行，因为它涉及了“道”的层面，它在某种程度上具有主动发出的统摄力，比“各安其所”之“方”更抽象、更宏阔。所以，如果我们把包括建筑在内的中国文化视为一种“涟漪”，会发现这种“涟漪”的圈层在弥漫、在向外扩散时，在收敛、在向内收缩时，那种看似无痕，却又似乎有迹可寻的“氤氲”。

二、从“方”到“中”

中原地区史前城址多呈方形。任式楠指出：“综观华北地区20余处城址，一般坐落在平原地带近河处高亢的台地上。除极少数呈圆形、不规则椭圆形、近扁椭圆形外，绝大多数为长方形、方形，其中尤以平粮台城最为方正划一。较规整的长方形、方形城垣，以后一直成为较通行的基本形制。”④ 显然，这是天圆地方之宇宙观的体现。北方都城虽然物资缺乏，但其形制更易于规整，例如楼兰古城。这座城基本上呈正方形，笔者之所以特别提及，是因为它的准确度极高。

① 参见洛阳博物馆：《洛阳隋唐东都皇城内的仓窖遗址》，《考古》1981年第4期，第309页。

② 王弼、韩康伯、陆德明、孔颖达：《周易注疏》（卷十），中央编译出版社2016年1月版，第333页。

③ 王弼、韩康伯、陆德明、孔颖达：《周易注疏》（卷十一），中央编译出版社2016年1月版，第341页。

④ 任式楠：《中国史前城址考察》，《考古》1998年第1期，第4页。

"按复原线计算，东面长333.5米、南面长329米、西北两面各长327米，总面积为108240平方米。"① 这组数据对1906年和1914年斯坦因的测绘数据有所修正，更为可靠。忽略风沙的影响，这座城原始的四边，基本上是等长的。

不过，"方"固然适用于建筑形制，但并不是所有的建筑体及其元素都一律仅仅呈现对称严整的方形结构。1976—1977年间，于天津武清西北所发掘的东汉鲜于璜汉墓中出土了一座制作精巧的陶质仓楼，这座陶仓楼通高96厘米、顶长85.6厘米、宽33.6厘米，造型别致而又不失稳重。一，它的基本造型上宽下窄，呈倒梯形；二，它的开窗为三角形；三，楼顶檐深坡缓密排瓦垅，前坡设三个平顶天窗，顶檐前后，各伸三朵斗拱承托。除了基址的长方形，倒梯形的立面、三角形开窗以及三朵斗拱，都打破了长方体的造型定局，却隐含着汉代仓房、仓楼的成熟形式。② 何况，即便不考虑四角墩台，都城的外缘也并不一定都是平直的；更为坚固的城池，往往采用"马面"形制。在敦煌，"249窟覆斗形窟顶西披，绘阿修罗故事画，在上部须弥山顶上。有城一座。仅见一面，正中辟门，两旁对称为城墙，沿墙及转角也都建了一系列墩台，高于墙体，平面突出墙外，在墙体和墩台上也施堞和堞眼。以上二例，都形成了所谓'马面'的格局"③。引文中所说的二例，还有257窟西壁下部北段须摩提女故事画中的城池。据考证，这两座"马面"，是我国最早的马面形象，其可参照的实物，是略早于此二窟，413年建于陕西横山县的夏统万城——"史载该城以坚固著称，城以白土蒸熟夯筑之，现遗留残存马面"④。在考古发掘的实际案例中，位于辽宁沈阳东北约35千米辉山风景区内棋盘山水库北岸的石台子山城为高句丽时期城址，便是"马面"造型。⑤ 其"马面"有十座，分成了三种不同的形制。这就像是窟穴，在一座窟穴式建筑里，如果顶部塌陷，最先塌陷的是哪里？是建筑的前额、

① 新疆楼兰考古队：《楼兰古城址调查与试掘简报》，《文物》1988年第7期，第2页。

② 参见天津市文物管理处考古队：《武清东汉鲜于璜墓》，《考古学报》1982年第3期，第355页。

③ 敦煌文物研究所考古组：《敦煌莫高窟北朝壁画中的建筑》，《考古》1976年第2期，第109页。

④ 敦煌文物研究所考古组：《敦煌莫高窟北朝壁画中的建筑》，《考古》1976年第2期，第111页。

⑤ 参见辽宁省文物考古研究所、沈阳市文物考古工作队：《辽宁沈阳市石台子高句丽山城第一次发掘简报》，《考古》1998年第10期，第866～969页。

开口，所以，窟穴式建筑平面的合理布局不是长方形，而是凸字形。早在墨子那里，就提到过“马面”的修筑。越是长直的墙面，越不易于防守。加大夯土基座的面积，使得城墙多面转折，不仅有利于观察和夹击敌军，还在客观上有益于城墙的加宽、增高。以军事防御为目的，“马面”显然比“直面”更有效。所以，“方”仅仅是一种形制，一种带有理想主义色彩的形制。

“中”与“方”有着不解之缘。《周礼·地官司徒第二》曰：“以土圭之法测土深，正日景，以求地中。”① “土圭”可以利用日影来定义时间，然而，依据《周礼》来看，却不尽然，土圭并不是钟表，它同样是一种定义空间的方式。土圭的意义，正在于它把时间空间化了——时间与空间，本是人类文明的标识；把时间空间化，却是土圭的特殊内涵——用日影来观测、刻画时间，恰恰是在用一种空间的语言来描述、规划时间的流转。郑玄对“测土深”有过明确解释：“测土深，谓南北东西之深也。”② 南北东西，是空间上的方位概念，不是时间上的区隔符号。《周礼》此句之后，继续写道：“日南则景短，多暑；日北则景长，多寒；日东则景夕，多风；日西则景朝，多阴。”③ 这是近日、远日的问题，是南北东西方位的问题，这些空间问题可以与时间“粘连”、“纠结”在一起，但其最终呈现的状态却无疑是一种空间结果。《周礼·夏官司马下》中另有“土方氏”，亦“掌土圭之法，以致日景”，但他的职责目的，却是“以土地相宅，而建邦国都鄙”。④ 事实上，理解土圭之意义的关键，在于“求地中”的“地中”。何谓“地中”？“地中”是可以测度的，可以量化的，可以谋求的；更重要的是，“地”是一种整合，“中”是一种结果，“地中”是一种糅合了时间的空间观念——“四时所交”而“天地所合”，“风雨所会”而“阴阳所和”。人为什么一定要去测度、量化、谋求地之“中”？为了落实人的存在，“制域”——建邦立国。此“中”，是人的居所，人将居于“中”之上。由此，中国古代建筑也便

① 郑玄、贾公彦、彭林：《周礼注疏》（卷第十），上海古籍出版社2010年10月版，第351页。

② 郑玄、贾公彦、彭林：《周礼注疏》（卷第十），上海古籍出版社2010年10月版，第351页。

③ 郑玄、贾公彦、彭林：《周礼注疏》（卷第十），上海古籍出版社2010年10月版，第351页。

④ 郑玄、贾公彦、彭林：《周礼注疏》（卷第三十九），上海古籍出版社2010年10月版，第1284页。

与时间、空间上的“中”，自然万物之“中”有了密切的联系。

陕西岐山凤雏村西南距岐山县城25千米，北距岐山2千米，1976年在此地发掘的甲组宫室建筑基址反映出了西周宗庙建筑之典型。该基址南北长45.2米、东西宽32.5米，共计1469平方米。其显著特征表现在：一方面，严整的对称布局。建筑体的正前方为影壁，所在前院中，左右尽头有阶。阶上为东西门房，东西门房之间为门道。通过门道，进入巨大的中庭。中庭之后，是前堂，也即整个建筑群体中台基最高的建筑主体。前堂有三组台阶——阼阶、宾阶以及中阶，正接前堂。前堂过后，为东西小院，东西小院之间为过廊。通过过廊，为后室。另外，在这条完全对称的主轴两侧，是东西厢房。主轴与两侧之间，有回廊。东西厢房以及回廊，再次强化了主轴的对称印象。另一方面，前堂后室的格局。如果把建筑主体前堂设立为整体建筑的核心的话，那么，其前有东西门房、中庭，其后有东西小院、后室，其两侧有东西厢房。这座前堂，台基比周围房屋台基高出0.3~0.4米；面宽六间，通长17.2米；进深三间，宽6.1米；整体104.9平方米。这座前堂前方是巨大的中庭。中庭东西长18.5米、南北宽12米，比前堂之长长，比前堂之宽宽，日光在此汇聚，来访的宾客在此云集，正大、光明。这座前堂后，是东西小院，各自又比周围房屋的台基低0.59~0.61米——它比中庭更低，其中，西小院内还有窖穴两个。东西小院之后，是五间后室，面宽23米、进深3.1米，其后室的后檐墙与东西厢北面的山墙连为一体。所以，前堂之后，是一个内敛的世界，一种收容的意象，一组封闭的空间。前开而后合，恰恰是建筑整体的立意。无论如何，这不仅是一座典型的中轴对称的建筑群体，更是一座完整的院落式建筑的原型。①

汉代半瓦当纹路的构图式样与“折半”的对称布局几乎一致，半瓦当本身即圆形十字筒瓦折半的结果，在这一基础上，半瓦当继续履行着折半的原则。以燕下都半瓦当为例，杨宗荣曾将战国时期直至影响到齐、赵等国的燕下都半瓦当分为七种二十七类，包括饕餮纹（十二类）、双兽纹（五类）、独兽纹、怪兽纹、双鸟纹（两类）、窗棂纹、云山纹（五类）等。② 这其中，完全不含“折半”式

① 参见陕西周原考古队：《陕西岐山凤雏村西周建筑基址发掘简报》，《文物》1979年第10期，第28~31页。

② 参见杨宗荣：《燕下都半瓦当》，《考古通讯》1957年第6期，第23~26页。

样的只有独兽纹、怪兽纹两种，这两种仅存残品各一件，而云山纹的折半线路甚至多由中央凸线特意标示和隆出。可见，这一形制绝非至汉方兴，而早在春秋战国时期即已定型。以发掘实例来看，1965 年秋，于河北易县郎井村西南约二百米处的燕下都第 13 号遗址，出土半瓦当约 50 件，其中素面半瓦当 5 件，勾云饕餮纹半瓦当 1 件，卷云饕餮纹半瓦当 8 件（分四式），双夔饕餮纹半瓦当 23 件（分四式），山形花卉饕餮纹半瓦当 1 件，云山纹半瓦当 5 件，山形饕餮纹半瓦当 1 件，双龙纹半瓦当 3 件，双鹿纹半瓦当 1 件，人面纹半瓦当 2 件。除素面半瓦当外，均为“折半”图形。①

汉代最重要、最伟大的都城“遗迹”是什么？笔者以为，不是城墙，不是垛口，不是宫殿，不是民居，而是“基线”，中轴对称结构中的“中轴”。这条“基线”是一种客观存在的基准，还是一种基于现实经验后世“经典化”的想象？这条“基线”是考古发掘得出的数据和结果。1993 年 10 月，陕西省文物保护中心在对陕西省三原县嵯峨乡天井岸村的古遗址进行调查时证实，“西汉时期曾经存在一条超长距离的南北向建筑基线。这条基线通过西汉都城长安中轴线延伸，向北至三原县北塬阶上一处西汉大型礼制建筑遗址；南至秦岭山麓的子午谷口，总长度达 74 千米，跨纬度 47′07″。从基线上分布的三组西汉初期建筑遗址及墓葬推断，该基线设立的时代为西汉初期。这条基线不仅长度超过一般建筑基线，而且具有极高的直度与精确的方向性，与真子午线的夹角仅 0.33°”②。在这条基线上，从北向南，分别分布着天井岸礼制建筑遗址、清河大回转段遗址、汉长陵、汉长安城、子午谷遗址等五组建筑群，几乎勾勒出了汉代帝王都城建筑的“轮廓”。这条基线为什么既重要又伟大？一方面，它“直”。这世间线有无数，有直线，有曲线，有折线，绘制直线最难。为什么？曲线有弧度，折线有角度，直线必须笔直，到哪里去找一条 74.24 千米长的直尺？这条基线的最北端是天井岸礼制建筑，最南端是子午口，与通过子午口的真子午线存在夹角——$\tan\alpha = 433m/74240m \approx 0.005832$，从而，$\alpha \approx 0.33° \approx 20'$。一条 74.24 千米长的直线，夹角仅为 20′，这足以说明，它的直度极高：“自子午口至天井岸礼制建筑中心连线

① 参见河北省文物研究所：《河北易县燕下都第 13 号遗址第一次发掘》，《考古》1987 年第 5 期，第 423~424 页。

② 秦建明、张在明、杨政：《陕西发现以汉长安城为中心的西汉南北向超长建筑基线》，《文物》1995 年第 3 期，第 4 页。

上最大水平偏离点为安门，东偏约 160 米，偏距与总长度之比为万分之二十二。”① 值得强调的是，就是这样一条基线，穿越了潏河、渭河、泾河、冶峪河等四条大河，以及各种最大水平落差达 200 米的塬阶沟壑。另一方面，它有“单位”。据悉，这条基线各点之间的距离是有既定的比例关系的。天井岸礼制建筑至清河大回转北端，清河大回转北端至南端，存在一个 5 千米左右的固定长度单位，在 74.24 千米的总长度里，大概有 15 个类似的长度单位，“以此衡量全线，则子午口至安门，安门至长陵，长陵至天井岸礼制建筑间比例大致为 6:3:6，若以汉长安城安门为中心点，则其南段与北段之比约 6:9”②。六九是阴阳的格局，阳九为天，阴六为地。事实上，也正是这条基线，恰好把陕西关中盆地分为均匀的两部分，它穿过的轴线是关中盆地最宽阔之处。古人究竟是如何做到的？显然，靠的不是直尺，而是基于天文星象的观测、比照、分析、记录，加诸日晷的利用，“管窥蠡测”之后最终的结果。以此可知，时人业已具有强大的笼络天地的能力。

为什么中国建筑要居中？《易》之坤卦“六二”有“直方大，不习无不利”句，王弼的解释是：“居中得正，极于地质，任其自然而物自生，不假修营而功自成。”③ 居中才能得正，得正才能“极于地质”。地之质即其“三德”：直、方、大。何谓“三德”？“生物不邪”，直；“地体安静”，方；“无物不载”，大。从某种程度上来说，即乾坤之合。无论如何，我们都应当看到，一方面，中国文化的居中观念，与地质有着密切关联，一座建筑一旦居中，则可“极于地质”——实现地之“质性”。另一方面，只有实现了地之“质性”，才能“任其自然”、“不假修营”——居于正位，其余之事，不劳人为。所以，“居中”反映出的是人之于地之质的关系定位与理解。有了这样一种定位与理解，一切才能够自然而然，顺理成章。这一点对于建筑美学、建筑的审美来说尤其重要。只有在此基础上，《文言》才会说：“君子黄中通理，正位居体，美在其中，而畅于四

① 秦建明、张在明、杨政：《陕西发现以汉长安城为中心的西汉南北向超长建筑基线》，《文物》1995 年第 3 期，第 9 页。

② 秦建明、张在明、杨政：《陕西发现以汉长安城为中心的西汉南北向超长建筑基线》，《文物》1995 年第 3 期，第 9 页。

③ 王弼、韩康伯、陆德明、孔颖达：《周易注疏》（卷二），中央编译出版社 2016 年 1 月版，第 45 页。

支，发于事业，美之至也。”[1] 什么是美？内外俱得，宣发于事业，这就是美。如何实现美？以黄居中，兼于四方之色，通晓天下之地质、物理——“正位居体”。一座建筑美不美，只要它“正位居体”，则“美在其中”！

佛教所言之“中道”，其原型实可谓“驰道”——一种广义上的建筑单元。据《史记·秦本纪》记载，秦始皇二十七年（前220）治驰道，蔡邕对此有过解释：“驰道，天子所行道也，若今之中道然。”[2] 驰道即天子之道，它所塑造的一定是由一个中心向四方扩散的政治威权，这一威权如同天子之临驾，是不容置疑、不许践踏、不能途经的。《汉令》明示，诸侯有制，行旁道者不得行中央三丈，否则，“没入其车马”[3]。是故，毋论佛教之中道观，即便是儒家的中庸之道，其立意亦不可仅凭过犹不及而取其中，以避免忽左忽右的摇摆态度与路线偏离来解释。中道、直道、驰道之于旁门旁道或左右之道，带有身份上的绝对优势及其居高临下的权威——中间道路是要统摄、管控两边的，而不只是对两边的折中与妥协。这一点，早在“中道”作为建筑单元时便已埋下文化的“伏笔”。

具体落实下来，何谓“中轴”无法绝对判定，反映出地域文化于斯千差万别的理解。“家”一定处于“中”吗？这是有文献支持的。《墨子间诂·经说上第四十二》：“宇，东西家南北。”其中，“家犹中也，四方无定名，必以家所处为中，故著家于方名之间”[4]。“家”一定处于“中”，毋庸置疑。只不过需要注意的是，不是因为有了“中”，所以家居于“中”；而是因为有了“家”，所以家成了“中”。换句话说，东西南北是围绕着“家”、“中”的方位，这种方位感，是相对而言的。中轴这一概念本身亦是历史产物。《考工记》虽记周王城严守对称中正的格局，“但据对周、战国、秦、汉各王城（都城）发掘的实际资料，并没有符合这种理想化的规定。只有到曹操在建安二十一年（216）营建邺都时，才特别强调全城的中轴安排，城市的中轴同时也是王宫的中轴，街道和宫室都依

① 王弼、韩康伯、陆德明、孔颖达：《周易注疏》（卷二），中央编译出版社2016年1月版，第50页。

② 何清谷：《三辅黄图校释》（卷之一），中华书局2005年6月版，第58页。

③ 何清谷：《三辅黄图校释》（卷之一），中华书局2005年6月版，第58页。

④ 孙诒让、孙启治：《墨子间诂》（卷十），中华书局2001年4月版，第340页。

它作均齐对称的布置，结构谨严，分区明显”①。这一布局在中国都城规划史上意义深远，可谓一变，后世莫不仿效于斯，中轴格局大行其道。值得我们思考的是，这样一种带有中央集权之强烈的政治意识形态色彩的模板，并非自古有之、恒定不变的模式，反倒是在一个乱世，被一位枭雄确立起来的。

夯土为台做基，在汉代宫廷建筑形制中已得到普及。近年来，在西安曲江池、后卫寨直至沣河西岸发现了大量上林苑的离宫别馆，在南郊、东郊又发现了十几处礼制性建筑，“它们的特点是每一座建筑物的主体建筑都在高大的夯土台上，每座建筑都是前后左右互相对称的组合体。其建筑做法是先挖坑，后在坑内打夯作台基，然后按照平面布局挖出间次，留出墙壁，最后挖柱槽，门旁立柱，柱下置柱础石，墙壁地面均抹草拌泥，表明施红色或白色颜料”②。为什么中轴对称布局在中原地区，在北方建筑中是可以考虑、可以实施的？因为方便、易行。夯土台基设置在先，不要说中轴对称，就是做成S型、扇型、螺旋型也未尝不可。——这是一张画布，画布的“质料”是单一的、均匀的、细腻的、稳定的，其设计意图任由人定。出了中原，走出北方，基本上不能全由人定。

江苏吴江龙南新石器时代村落遗址，“目前龙南遗址虽仅揭露了近800平方米，但完全可以说明当时的村落是以天然河道为中轴，房屋依河而筑、隔河相望的格局。它与黄河中游仰韶文化中半坡、姜寨村落遗址以壕沟为外围的布局形成鲜明对照”③。天然河道是自然形成的；壕沟借助于天然河道，进行了人为改造——二者对于当地先民来说具有全然不同的意义：龙南遗址“枕河而居”，半坡先民却用壕沟来御敌。相对来看，半坡、姜寨等仰韶文化的主题并不是以壕沟为外围，而是它本身“并非”中轴结构。其基本形式是，“村落的中心有一个周围高中间低的广场，全部房屋环绕广场而向中心的方向开门。广场周围五座大房子的附近，各有十到二十座中小型的房屋。壕沟的东边有三片氏族墓地，墓坑排列整齐，头部向西，均系仰身伸直的成人葬，随葬有陶器等生活用具。至于幼儿的瓮棺葬，则葬在房屋的周围”④。然而，仰韶文化却更接近于所谓“中轴”布

① 敦煌文物研究所考古组：《敦煌莫高窟北朝壁画中的建筑》，《考古》1976年第2期，第111页。

② 李遇春、姜开任：《汉长安城遗址》，《文物》1981年第1期，第90页。

③ 钱公麟：《吴江龙南遗址房址初探》，《文物》1990年第7期，第31页。

④ 安志敏：《中国西部的新石器时代》，《考古学报》1987年第2期，第136页。

局的母体。为什么所谓“中轴”布局不以“中轴”为母体，反以“中心”为母体？这要看“中轴”一词如何解释——所谓的“中轴”，究竟是要走向圣坛，登上台榭，还是日常民居，自然而然。姜寨的“五座大房子”，与其他房屋之间的等级关系，表明的是一种秩序；所有建筑的门朝向中心，是一种更为强烈的秩序；更何况墓地、墓葬的分区管理。这隐含着政治权力下制度文化的缩影。中轴在哪里？台榭的阶陛就是中轴，此“道”也。自然河道旁的枕河而居，多带有因自然而形成的去政治化意味——自然河道不是笔直的，不可纵贯，分居河道两岸，亦无对称的“规定”。所以，即便这是另一种中轴的母体的话，它也只会导向因水成渚、成岸、成崖的江南水岸文化。此“中轴”，必然只是江南的“中轴”。

伴随着方圆而来的，中国古代建筑的方位感多与文王八卦有关。《易》之坤卦有“西南得朋，东北丧朋，安贞吉”句，王弼注曰：“西南致养之地，与‘坤’同道者也，故曰‘得朋’。东北反西南者也，故曰‘丧朋’。阴之为物，必离其党，之于反类，而后获安贞吉。”① 西南坤位，缘起何处？文王八卦。在伏羲八卦方位图中，坤卦在北，对面是乾。在文王八卦方位图中，坤卦在西南，对面是艮。这一说法并不难理解，难在如何具体解释中国古代建筑的这种方位感。王弼把西南坤位视为阴，以阴诣阴，得朋俱阴，不获吉；同时，王弼把与西南之坤相反的东北之艮视为阳，以柔顺之道往诣于阳，丧失阴朋，故获吉。王弼强调的是什么？是对比。然而，事实上，文王八卦，也即中国古代建筑所依据的八卦图，更强调生命的节奏与韵律。在这一点上，王振复先生解释得很清楚：“天地万类生于震卦，震卦象征东方。齐长共荣于巽卦，巽卦象征东南方。所谓齐长共荣，是说一切生命都合于时宜而长势整齐合一。离卦象征光明而美丽。天地万类的美相互映对，光辉灿烂，离卦是位于南方的卦。圣人坐北面南，听政于天下，好像丽日朗照，他以仁智清明治理天下，都取之于离卦的喻义。坤卦象喻大地。生命、万物，都孕育、蓄养于大地。因此说，生命、万物都从大地母亲获得充足的养分。兑卦，象征生命、万物正处在正秋这一大好时机之中，万物成熟所以喜悦。因此，兑卦象征成熟的喜悦。乾卦象征生命阳刚之气的交合功能。乾卦，是

① 王弼、韩康伯、陆德明、孔颖达：《周易注疏》（卷二），中央编译出版社 2016 年 1 月版，第 41 页。

位于西北方位的卦，这说的是乾阳与坤阴两者阴阳交合、相互亲近。坎卦象征水，它是位于正北方的卦，又是象征生命劳倦、衰颓的卦，象征万物闭藏回归。所以说，万物经过春生、夏长、秋熟而必然走向冬藏，万物劳倦、衰颓于坎卦。艮卦，是位于东北方位的卦，象征万物的终了，但是终了之时又孕育生机的种子，因此说，生命、万物完成了一个周期，又初始于艮卦。”① 文王八卦究竟说的是什么？时间，一种周而复始，生命由萌出至于消歇的时间，一种在四季的轮回中万物自然发生、发展、成熟、归藏、孕育的过程。这一时间过程，无关理性，不是静止的一潭死水，而自有其高低、起伏、彼此，有流行的生命律动。更难能可贵的是，正是在如斯生命图景中，诞生了中国古代的建筑。美吗？美，至于伟大！美或许用一个离卦就能“解决”，而此处实则是对生命万物整体性抽象的理解与构画。在这一理解与构画的过程中，时间与空间真实地合二为一了——空间本身就是时间，时间本身就是空间。这种“合一”之“合”，不是拼贴，不是加法，不是减法，亦不是乘法除法平方立方，它们本来就是“一个”——“合”于“体”，这个“体”，就是“真实”，就是“本质”。所以，“体”最重要，“体式”最重要！建筑所提供的宇宙，恰恰是一种流动的空间，一种生命的体式。

具体而言，值得注意的仍旧是西南——西南是难点。② 坤卦中提到了西南，晋卦“上九”有“晋其角”的讲法，孔颖达的解释中亦有“西南”之说。其曰：“‘晋其角’者，西南隅也。上九处进之极，过明之中，其犹日过于中，已在于角而犹进之，故曰‘进其角’也。”③ 这段话似乎是在表达“明入地中”的含义，相当于紧跟晋卦之后的明夷卦象——“晦其明也”——大势已去，犹进不止，过亢不已。如果是这样，那么所谓的西南，也就相当于文王八卦的坤位了。那么，如何理解“角”？不仅晋卦有“晋其角”，姤卦“上九”亦有“姤其角”

① 王振复：《周知万物的智慧——〈周易〉文化百问》，复旦大学出版社 2011 年 3 月版，第 85～86 页。

② 南方，本是文明之所。《易》之明夷卦“九三”有“明夷于南狩，得其大首”句，孔颖达的解释就是：“南方，文明之所。”［王弼、韩康伯、陆德明、孔颖达：《周易注疏》（卷六），中央编译出版社 2016 年 1 月版，第 209 页。］据文王八卦，南方为离，为火，为日，自是光明之地、文明之所。

③ 王弼、韩康伯、陆德明、孔颖达：《周易注疏》（卷六），中央编译出版社 2016 年 1 月版，第 207 页。

的讲法，孔颖达释曰：“‘姤其角’者，角者，最处体上，上九进之于极，无所复遇，遇角而已，故曰‘姤其角’也。”① 意思是，“角”是最后的“极点”、“终点”、“句号”，除此之外，“无所复遇”。其内涵的逻辑，与晋卦“上九”一致。在比附的意义上，有一种流行的说法，把“角”当作兽角，晋“上九”之行即钻牛角尖，笔者深不以为然。如果“角”是“兽角”，跟“西南隅”有什么关联呢？角与西南隅的关联，恰恰是一种中国古代建筑文化的“语言”。“西南隅”乃建筑之特殊方位，这从仰韶文化地穴式、半地穴式建筑中我们就已经知道——西南为寝位，是封闭的，需要区隔的，屋主人的入睡的地方——相当于“死角”。说“兽角”，人要钻入野兽的头颅，显然是一种后起的文辞渲染；说“死角”，人进入建筑的内部，入寝之后，复又还来，更符合《周易》的初衷。无论如何，西南作为建筑的封闭之所，业已由于此说而更加明确。不过，再往前走一步我们就会发现，即便仅就西南坤位而言，其解释仍留有巨大空间。一方面，蹇卦艮下坎上，首句便曰“利西南，不利东北”，王弼解释说：“西南，地也，东北，山也。以难之平则难解，以难之山则道穷。”② “蹇”就是难的意思，前途艰险，畏而不进。西南险，东北亦险。“利西南”，不是因为西南险已除，属无险之地，而是因为西南为坤，为平易之方，相比于东北之山那样一种阻碍之所，蹇难可解。所以，险在前，于西南可解，于东北则道穷、无解。然而另一方面，解卦坎下震上，首句亦曰“利西南”，王弼解释说：“西南，众也。解难济险，利施于众也。亦不困于东北，故不言不利东北也。”③ “解”不是解释，而是解除、解难。不过在这里，“西南，众也”却提供了关于西南的另一种知识维度，即坤是众也，“利西南”，也即施解于众。既然都要解除险难了，当然利施于众，则所济者弘，东北也就不必再言。此处之西南，重在众。一方面是平，一方面是众，二者虽可关联，但毕竟有别，所以，关于方位感的讲法实际上是根据

① 王弼、韩康伯、陆德明、孔颖达：《周易注疏》（卷八），中央编译出版社 2016 年 1 月版，第 247 页。

② 王弼、韩康伯、陆德明、孔颖达：《周易注疏》（卷七），中央编译出版社 2016 年 1 月版，第 220 页。

③ 王弼、韩康伯、陆德明、孔颖达：《周易注疏》（卷七），中央编译出版社 2016 年 1 月版，第 223 页。

言说者的语境而有所“发明”、有所适应的，并无定解。①

第二节　从道德诉求到权力欲望

一、践履道德的处所

《论语·里仁第四》：“子曰：‘里仁为美。择不处仁，焉得知?’”② 其中的“里”，是一个建筑学概念，指的是里弄、弄堂。“仁”不是无限延展、无边无际的真理，“仁”是有限的，在一定条件下成立；所谓的“边际”，在这句话里，便是“里”；正是在这一范围内，孔子提到了“美”。荒野上有美吗？不需要讨论，孔子只说了“里仁为美”。为什么“里仁为美”？朱熹解释说：“里有仁厚之俗为美。”③ 里有里俗，仁厚之俗，所以美。“美”生发的“土壤”、“来由”，是在建筑体内形成的一种社会“生态”——社会组织之肌理、脉息。由此可知，孔子所谓之“美”与建筑有着密不可分的联系。那么，孔子的意思是不是只要居于“里”，便可了结一切？非也。孔子说：“君子怀德，小人怀土。”④ 朱熹对“怀土”的说明十分清楚：“怀土，谓溺其所处之安。”⑤ 用孟子的话来说，也就是能够养气的“安居”了。在孔子看来，君子不可以像小人一样沉溺在个人的安居里，正所谓居安思危，君子怀“德”之“德”乃固有之善，乃圣德。这句

① 后世唐宋之人之于方位所涉及的权力意味深有体验。杭州西湖有保俶塔，乃吴越王俶于宋太平兴国元年（976）所造，张岱曾经记录过关于王俶造塔的故事，其中有一处细节颇值得玩味。“俶为人敬慎，放归后，每视事，徙坐东偏，谓左右曰：‘西北者，神京在焉，天威不违颜咫尺，俶敢宁居乎?!’”［张岱：《西湖梦寻》（卷一），江苏古籍出版社2000年8月版，第7页。］宋人王俶所紧张的内容、对象是权力——对于权力的恐惧渗透在他的方位感里，使他莫敢于西北居。据白居易《香山寺新修经藏堂记》记载，开成五年（840）九月二十五日，增修改饰的香山寺经藏堂，就位于寺的西北隅。［参见白居易：《香山寺新修经藏堂记》，董浩等：《全唐文》（卷六百七十六），中华书局1983年11月版，第6904页。］

② 朱熹：《论语集注》，《四书章句集注》，齐鲁书社1992年4月版，第30页。

③ 朱熹：《论语集注》，《四书章句集注》，齐鲁书社1992年4月版，第30页。

④ 朱熹：《论语集注》，《四书章句集注》，齐鲁书社1992年4月版，第33页。

⑤ 朱熹：《论语集注》，《四书章句集注》，齐鲁书社1992年4月版，第33页。

话与《论语·宪问第十四》“子曰：‘士而怀居，不足以为士矣’”[①] 基本上同义。建筑是范围，但建筑不是“终点”，不是“了局”，建筑更类似于一种场域，是“仁”发挥其道德力量的场所。质言之，居是一种德化。[②]《论语·子罕第九》：“子欲居九夷。或曰：‘陋，如之何？’子曰：‘君子居之，何陋之有？’”[③]德化的力量无不被及，何必在乎陋不陋?！只不过，我们可以了解一种更为复杂的情境。《论语·述而第七》：“子之燕居，申申如也，夭夭如也。”[④]“申申”是“容舒”，“夭夭”是“色愉”，这只是一种情态，是“子之燕居”所实现的情境，程子便说，这种情境，“严厉时著此四字不得”，“怠惰放肆”亦不得。如何得之？圣人固有“中和之气”，这便又回到了孟子的安居养气那里。所以，建筑对于人来说，不同的人有不同的态度、不同的结果；无论怎样，建筑首先必须假设为“存在”。站在建筑的“反面”的，是禹——禹“卑宫室而尽力乎沟洫，禹，吾无间然也”[⑤]。禹作为道德垂范的形象，之所以能够被树立，与其“卑宫室”之“卑”的态度不无联系。若无宫室，何卑之有？而宫室“天然”地隶属

① 朱熹：《论语集注》，《四书章句集注》，齐鲁书社 1992 年 4 月版，第 139 页。

② “里仁为美”之训，在后世建筑的立意里是常见的。张荣培《乔荫别墅记》所记乔荫别墅为阙念乔所居，其中，“竹篱花坞”之主屋“铸仁堂”便取意于“孔子曰‘依于仁’，又曰‘里仁为美。择不处仁，焉得知’，阙君盖深知其理，日加陶铸之功而藉以自勖也”。（张荣培：《乔荫别墅记》，王稼句：《苏州园林历代文钞》，上海三联书店 2008 年 1 月版，第 135 页。）此处“勖”，也即“勉励”之义。园林跟善有关。金鹏《棣圃小记》曰：“凡园所以供游览也，而实无不可以纪善，盖事之巨细，惟善可名园，虽事之细者，而揆之古人牖铭户赞之义，则纪善诚有余矣。”（金鹏：《棣圃小记》，王稼句：《苏州园林历代文钞》，上海三联书店 2008 年 1 月版，第 171 页。）这显然是把园林道德化的案例。建筑的善恶在《宅经》的论调中非常明确，其曰：“凡人所居，无不在宅，虽只大小不等、阴阳有殊；纵然客居一室之中，亦有善恶。”[王玉德、王锐：《宅经》（卷上），中华书局 2011 年 8 月版，第 147 页。] 此处之“善恶”并非完全对应于道德情操的善恶，而是在某种程度上接近于吉凶，是虚设于吉凶之上的“表象”。即便如此，这一维度也仍然存在。

③ 朱熹：《论语集注》，《四书章句集注》，齐鲁书社 1992 年 4 月版，第 88 页。

④ 朱熹：《论语集注》，《四书章句集注》，齐鲁书社 1992 年 4 月版，第 62 页。

⑤ 朱熹：《论语集注》，《四书章句集注》，齐鲁书社 1992 年 4 月版，第 81 页。

于家庭。①

孔子的语言里，建筑的“身影”无处不在。子曰：“德不孤，必有邻。”② 这个“邻”，可以做抽象化的理解，但就像朱熹说的一样：“有德者必有其类从之，如居之有邻也。”③ 居而有邻，是德而有邻的“原发”现象。另如，子曰：“谁能出不由户？何莫由斯道也？”④ 出不由户，由牖吗？不由道，由野吗？孔子的意思是，道路摆在面前，有谁会放弃正确的选择？可见，孔子仍旧是用户、道来说

---

① 以儒家伦理为基础的家庭的存在无法绝对化。《太平寰宇记·岭南道五·贺州》之“桂岭县”有“歌山”：“冯乘有老人，少不婚娶，善于讴歌，闻者流涕。及病将死，邻人送到此，老人歌以送之，余声满谷，数日不绝。”［乐史、王文楚：《太平寰宇记》（卷之一百六十一），中华书局2007年11月版，第3086页。］这是“为艺术”超越了“为人生”的范例——艺术本是“老人”的世界，世俗家庭之于所谓完满“人生”的界定，在“老人”的世界里，苍白无力。是不是拒绝家庭的力量只能来自艺术？《太平寰宇记·岭南道十·贵州》提到“贵州”风俗时说，“男女同川而浴，生首子即食之，云宜弟。居止接近，葬同一坟，谓之合骨，非有戚属，大墓至百余棺。凡合骨者，则去婚，异穴则聘。女既嫁，便缺去前一齿”。［乐史、王文楚：《太平寰宇记》（卷之一百六十六），中华书局2007年11月版，第3178页。］首子即食，居葬合骨，无论如何是不能用艺术来解释的，如斯社会组织结构同样存在。与之类似，据《方舆胜览·广西路·宾州》之“博扇为昏”条，《图经》云：“罗奉岭去城七里，春秋二社，士女毕集。男女未昏嫁者，以歌诗相应和，自择配偶，各以所执扇帕相博，谓之博扇。归日，父母即与成礼。”［祝穆、祝洙、施和金：《方舆胜览》（卷之四十一），中华书局2003年6月版，第740页。］“聚会作歌”的习俗还可见于《方舆胜览·广西路·高州》。［祝穆、祝洙、施和金：《方舆胜览》（卷之四十二），中华书局2003年6月版，第752页。］陆游《老学庵笔记》亦云辰、沅、靖州之俗：“嫁娶先密约，乃伺女于路，劫缚以归。亦忿争叫号求救，其实皆伪也。……夜疲则野宿，至三日未厌，则五日或七日方散归。”［陆游、李剑雄、刘德权：《老学庵笔记》（卷四），中华书局1979年11月版，第45页。］另如《方舆胜览·福建路·漳州》有“义冢”条，据危稹记载，当地有“不葬之俗”，为子若孙者，“其亲死，往往举其柩而置之僧寺。是盖始于苟简，中则因循，久则忘之。呜呼，已则忘之矣，而不知虚廊冷殿之间，寒声泣霜，弱影吊月，其望于子孙一旦之兴念者，犹未已也”。［祝穆、祝洙、施和金：《方舆胜览》（卷之十三），中华书局2003年6月版，第225页。］棺柩总不能一直置放在寺院里，这才有了僧人始倡之“义冢”——以“其入如窦”的“土室”来完成殡葬。与之类似的是西南地区的“大石墓”，四川、云南一带，有大量人骨，仅为头骨、肢骨，集中掩埋，通常每墓所葬为数具、数十具、上百具尸体，乃“二次葬”的结果。（张增祺：《西南地区的“大石墓”及其部属问题》，《考古》1987年第3期，第258页。）此种种形态之于中原，固有陌生之感，却不一定是“蒙昧”、是“原始”，只能说是一种异样的存在。

② 朱熹：《论语集注》，《四书章句集注》，齐鲁书社1992年4月版，第37页。

③ 朱熹：《论语集注》，《四书章句集注》，齐鲁书社1992年4月版，第37页。

④ 朱熹：《论语集注》，《四书章句集注》，齐鲁书社1992年4月版，第55页。

明其选择的——他认为他所设定的道路是理所当然的选择，而这种选择形象地体现于建筑的文化基因中。再如《论语·先进第十一》："子曰：'由之瑟，奚为于丘之门？'门人不敬子路。子曰：'由也升堂矣，未入于室也。'"① 以升堂、入室来譬喻道之次第，则建筑的意味更为浓厚。这一逻辑，孔子一再重复使用过，"子张问善人之道。子曰：'不践迹，亦不入于室'"② 类同于此。

孟子在谈到"里仁为美"这一命题时，他的解释里也充满了建筑的意味。他说："夫仁，天之尊爵也，人之安宅也。"③"仁"就是人的"安宅"——他用"宅"来解释"仁"。《孟子·滕文公章句下》中更提到："居天下之广居，立天下之正位，行天下之大道。得志，与民由之；不得志，独行其道。"④ 在朱熹看来，"广居"就是"仁"，"正位"就是"礼"，"大道"就是"义"；也就是要居天下之仁，立天下之礼，行天下之义。"仁"依旧是与"居所"对应的，这绝非巧合。《孟子·离娄章句上》中再次提到："仁，人之安宅也。义，人之正路也。旷安宅而弗居，舍正路而不由，哀哉！"⑤"仁义"，在原始儒家思想里，它并不是一种绝对的道德律令，虽然它也涉及应当如何的必然性的训诫、督导，但它不完全等于西方文化意义上的理性，甚至不是通过个人自由意志完成的；它更像是一间房子，一个孕育生命的母体，人居于此，处于斯，便身心安宁。仁义像建筑一样，提供给人以一种空间，一种结构，一种场域，它不绝对地迫使、责令，却依然能够影响、感化，乃至规训生命——如果"我"仍旧拒绝、不接受，呜呼哀哉！所以孟子云："君子深造之以道，欲其自得之也。自得之，则居之安。居之安，则资之深。资之深，则取之左右逢其原。故君子欲其自得之也。"⑥ 此处之"造"，即"诣"，"深造之"乃进而不已之意。一个人当如何深造？以道行之。"道"，就是前文所述及的"正路"，正确的方向。一个人只有在正确的方向上深造不已，才能够自得，才能够安居。安居恰恰是行道的结果。即便是后世的释家净土世界，亦不过"安居"而已——"曷云菩提树间，必能七日成道？切

---

① 朱熹：《论语集注》，《四书章句集注》，齐鲁书社1992年4月版，第107页。
② 朱熹：《论语集注》，《四书章句集注》，齐鲁书社1992年4月版，第109页。
③ 朱熹：《孟子集注》，《四书章句集注》，齐鲁书社1992年4月版，第46页。
④ 朱熹：《孟子集注》，《四书章句集注》，齐鲁书社1992年4月版，第80页。
⑤ 朱熹：《孟子集注》，《四书章句集注》，齐鲁书社1992年4月版，第100页。
⑥ 朱熹：《孟子集注》，《四书章句集注》，齐鲁书社1992年4月版，第114页。

利天上，可以三月安居而已哉！”[1] 所谓之“居”，安与不安，又能怎样？能养“气”！《孟子·尽心章句上》：“孟子自范之齐，望见齐王之子，喟然叹曰：‘居移气，养移体，大哉居乎！夫非尽人之子与？’孟子曰：‘王子宫室、车马、衣服多与人同，而王子若彼者，其居使之然也。况居天下之广居者乎？’”[2] 居于宫室，不代表“居”就是宫室，“居”实际上是一种“处”的行为；但无论怎样，“居”都直接地相关于建筑，而“安居”，更影响到“气”的流行——一个在汉代“大行其道”的范式。

“礼”，在落实过程中所涉及的两个主题，皆与建筑有关。《孟子·离娄章句下》中，孟子在解释他所理解的“行礼”时便说：“朝廷不历位而相与言，不逾阶而相揖也。”[3] 这句话中的两个关键词“位”、“阶”，都是建筑中的单元、术语。《孟子·万章章句下》中又提到：“夫义，路也；礼，门也。惟君子能由是路，出入是门也。”[4] 二者异曲同工。《孟子·离娄章句下》：“颜子当乱世，居于陋巷，一箪食，一瓢饮，人不堪其忧，颜子不改其乐，孔子贤之。”[5] 这和《论语·雍也第六》中的表述几乎是一样的。[6] 原始儒家很少质疑，为什么颜回没有走向荒野？既然已经居于陋巷，为什么不隐遁山林，逃避于荒野？颜回落魄，只能以一瓢、一箪来解决他的饮食，但他似乎从来没有，也并不打算离开陋巷——离开人类社会及其建筑；因为一旦离开了人类社会及其建筑，颜回便无法实践其道德理想。这个世界上除了人之外，有没有神？有没有鬼？或许有，或许没有——说没有，是因为他们是无形的；说有，是因为他们是人祭祀的对象。这样一种无经验形式，却有价值属性的存在，无论其有还是没有，皆与建筑有着密不可分的关联。按照《周礼·春官宗伯第三》中的讲法，“大宗伯”乃当仁不让的礼官之属，他所举行的祭拜的实质是什么？“大宗伯之职，掌建邦之天神、人鬼、

① 李邕：《国清寺碑》，董浩等：《全唐文》（卷二百六十二），中华书局 1983 年 11 月版，第 2661 页。

② 朱熹：《孟子集注》，《四书章句集注》，齐鲁书社 1992 年 4 月版，第 201 页。

③ 朱熹：《孟子集注》，《四书章句集注》，齐鲁书社 1992 年 4 月版，第 121 页。

④ 朱熹：《孟子集注》，《四书章句集注》，齐鲁书社 1992 年 4 月版，第 152 页。

⑤ 朱熹：《孟子集注》，《四书章句集注》，齐鲁书社 1992 年 4 月版，第 122 页。

⑥ 参见朱熹：《论语集注》，《四书章句集注》，齐鲁书社 1992 年 4 月版，第 53 页。

地示之礼，以佐王建保邦国。”① 这里，尊的是鬼神，重的是人事。所谓人事，重点在于“建保邦国”——言“邦”，是针对王而言的，言“国”，是针对诸侯而言的，“邦国”连称，则一体上下，通贯于各阶层的建筑形制。所谓的国家，是以国为家。那么，这个国家的大事是什么？小事又是什么？《周礼·春官宗伯第三》：“凡国之大事，治其礼仪，以佐宗伯。凡国之小事，治其礼仪而掌其事，如宗伯之礼。”② 这个国家的大事小事，都可以用一个词来概括：“礼仪”。郑玄可以把“礼仪”的“仪”化为“义”，甚至对应为“谊”，把礼仪的形式、规训所积淀而成的道德归属感强化出来了。这个国家的大事小事，宗伯的各种礼仪，终究是在“国”内发生和完成的。建筑是对礼仪的维护、围合，也就自然而然地带有了制度含义乃至道德的价值。建筑给人带来的道德的安全感、教化的安全感、存在的安全感，从来没有衰减过。《曹子建孔子庙碑》有言：“天下大乱，百祀堕坏，旧居之庙毁而不修，褒成之后绝而莫继。阙里不闻讲诵之声，四时不睹烝尝之位，斯岂所谓崇化报功，盛德百世必祀者哉。”③ 面对乱局，怎么办？祭祀。怎么祭祀呢？条件是设“庙”而有“阙”。人在建立与彼岸世界之联系时，建筑是一种围合、守护，更是一种价值的导向与象征。“祀”之实践必须在建筑体内完成，唯其如此，生命才会感到安全。

在原始儒家那里，“居”是一种类似于“存在”的“处”的概念，“居所”则与建筑有着潜在的关联，换句话说，建筑可被视为居所的现实经验。《论语·为政第二》：“子曰：‘为政以德，譬如北辰，居其所而众星共之。’”④ 如果北辰离开了北辰的居所，众星还会“共之”吗？历史是无法假设的，北辰必然且只能处于其居所，北辰与其居所是不可分割的。正是在这一条件下，北辰发挥其影响，才有了“众星共之”的局面。可见，居所是“固定”的，更类似于“建筑”，而如是“建筑”，与道德性的存在之联系极为紧密。在某种程度上，建筑活动甚至是君王价值的落实。滕文公就问过孟子，如滕一般的小国，夹在齐楚之

① 郑玄、贾公彦、彭林：《周礼注疏》（卷第十八），上海古籍出版社 2010 年 10 月版，第 645 页。

② 郑玄、贾公彦、彭林：《周礼注疏》（卷第二十一），上海古籍出版社 2010 年 10 月版，第 731 页。

③ 高步瀛、陈新：《魏晋文举要》，中华书局 1989 年 10 月版，第 52 页。

④ 朱熹：《论语集注》，《四书章句集注》，齐鲁书社 1992 年 4 月版，第 9 页。

间，该“投奔”谁呢？孟子对曰：“是谋非吾所能及也。无已，则有一焉：凿斯池也，筑斯城也，与民守之。效死而民弗去，则是可为也。”① 孟子实则给滕文公指出了第三条道路，这条道路看上去是自我守护、自我保护，真正的意图却在“为民服务”。如何“为民服务”？“凿池”、“筑城”，筑造建筑以御来犯之敌。在这里，建筑是一种现实的行为，也是一种价值的落实。只不过这种行为、这种落实，与孟子所谓的精神理想并没有绝对的同一性、对应性。《孟子·离娄章句上》曰：“城郭不完，兵甲不多，非国之灾也；田野不辟，货财不聚，非国之害也。上无礼，下无学，贼民兴，丧无日矣。”② 把“礼”、“学”从具体的行为中抽离出去了，而这具体的行为之中，就包括筑造未完成的建筑。所以孟子给滕文公的建议，显然不是一个可以推广的道德“程序”。何能立命且不说，何能安身？《周礼·天官冢宰第一》提到过“宫正”、“宫伯”乃“上大宰至旅下士”之“上首”，主宫室之事，自“宫正已下至夏采六十官，随事缓急为先后”。那么，“宫正”、“宫伯”何能为先，何以为上首？答案很简单，“安身先须宫室，故为先也”③。此所谓“先须宫室”的“宫室”，究竟如何解释？当从“宫正”、“宫伯”的司职上来看：“宫正，掌王宫之戒令、纠禁”④；“宫伯，掌王宫之士庶子，凡在版者”⑤。“宫室”不是修建宫室的匠人之工之用，不是宫室这一建筑形式的构造本身，而是对于宫室这一建筑形式内部人事、行为操守的经营与管理。然而无论如何，“安身”之责之务，是在宫室内部完成的，这一点是可以肯定的。身不可安于宫外，命不属于荒野。

《史记·秦始皇本纪》记载过一个秦破诸侯之后的细节，亦可见于《三辅黄图·咸阳故城》⑥、《太平寰宇记·关西道二·雍州二》之“蓝田县”下“咸阳

---

① 朱熹：《孟子集注》，《四书章句集注》，齐鲁书社 1992 年 4 月版，第 29 页。

② 朱熹：《孟子集注》，《四书章句集注》，齐鲁书社 1992 年 4 月版，第 92 ~ 93 页。

③ 郑玄、贾公彦、彭林：《周礼注疏》（卷第一），上海古籍出版社 2010 年 10 月版，第 10 页。

④ 郑玄、贾公彦、彭林：《周礼注疏》（卷第三），上海古籍出版社 2010 年 10 月版，第 99 页。

⑤ 郑玄、贾公彦、彭林：《周礼注疏》（卷第三），上海古籍出版社 2010 年 10 月版，第 105 页。

⑥ 何清谷：《三辅黄图校释》（卷之一），中华书局 2005 年 6 月版，第 18 ~ 19 页。

故城”条[1]。《历代宅京记·关中一》：“秦每破诸侯，写放其宫室，作之咸阳北阪上，南临渭，自雍门以东至泾、渭，殿屋复道周阁相属。所得诸侯美人钟鼓，以充入之。”[2] 重点在于“写放其宫室”和“以充入之”。秦始皇初并天下，“收天下兵”，铸坐高三丈、重各千石之十二金人——《三辅黄图·秦宫》又有“销以为钟鐻”[3] 说，类似“铸铜为马”的做法并非仅此一件，亦可见于《太平寰宇记·河北道十八·幽州》之“蓟县”下“蓟城”条关于慕容俊的记事。[4] 无论如何，秦始皇都企图毁灭所有以金属制成的有可能带来战争威胁的兵器——铜人非兵器，《汉书·郊祀志》甚至提到甘露元年（前53）夏，铜人“活了”，长出毛发，长一寸，时人以为“美祥”。宫室则不同。秦始皇没有毁灭他业已占领的宫室，焚烧、拆除、摧毁，落得片片瓦砾的残骸与尸骨，而是把它们“拷贝”下来，在咸阳北阪之上，建造“复制品”，且充实以钟鼓、美人。在秦始皇看来，宫室是一种更为典型的文化代表，宫室是可以挪移的，可以重现于自己的“帐中”、“麾下”、“阪上”，被属于自己的国家强权所控制——这就是他心目中的“天下”，一个用宫室具象化、经验化、现实化的“天下”。不破坏宫室几乎是一种帝王的胸襟和符号，不只是秦始皇的突发奇想。周酆宫位于鄠县（今陕西省西安市鄠邑区）东三十五里，乃周文王宫，据《太平寰宇记·关西道二·雍州二》之“鄠县”记载：“崇侯无道，文王伐之，命无杀人，无坏宫室。崇人闻之，如归父母。遂虏崇侯，作酆邑。”[5] 不破坏宫室，与不掳掠当地生民、不杀人一样，是“仁政”的道德标准。

墨子以治宫室为七患之首。《墨子间诂·七患第五》：“国有七患。七患者何？城郭沟池不可守，而治宫室，一患也。”[6] 然而墨子何尝“反对”过建筑。一方面，“建筑”的所指有大小之分。在今天看来，“城郭沟池”与“宫室”一样，都属于“建筑”这一范畴；墨子的观念实则在“建筑”这一范畴的内部做

① 乐史、王文楚：《太平寰宇记》（卷之二十六），中华书局2007年11月版，第557页。

② 顾炎武：《历代宅京记》（卷之三），中华书局1984年2月版，第40页。

③ 何清谷：《三辅黄图校释》（卷之一），中华书局2005年6月版，第46页。

④ 参见乐史、王文楚：《太平寰宇记》（卷之六十九），中华书局2007年11月版，第1399页。

⑤ 乐史、王文楚：《太平寰宇记》（卷之二十六），中华书局2007年11月版，第555页。

⑥ 孙诒让、孙启治：《墨子间诂》（卷一），中华书局2001年4月版，第23页。

了区分。另一方面，墨子反对的是“治宫室”，而不是“宫室”。宫室是物，是人造的；墨子反对的是人，是营造宫室的行为、过程。而且，墨子是把城郭沟池之“守”与宫室之“治”对立起来的——“守城”和“居国”实为两翼。他无法接受的是，城郭沟池尚且无法坚守，还去营造宫室的冲动与措施——城郭沟池所涉及的是都城中的“人民”，墨子要求统治“人民”的君王俭省，放弃自身关于占有、关于享乐、关于炫耀、关于权力的侈欲，体恤百姓，这恰恰符合“兼爱”的本意。所谓的君王，“苦其役徒，以治宫室观乐，死又厚为棺椁，多为衣裘，生时治台榭，死又修坟墓，故民苦于外，府库单于内，上不厌其乐，下不堪其苦”①。只不过需要强调的是，墨子的诉求绝不是要让所有人都舍弃建筑，全住到山洞里。墨子一再强调国之具者有三，为食，为兵，为城——他非常重视城池的价值，《墨子》一书卷十三、卷十四基本上都是在说如何守城御敌。后世不要说底层民众，就是靖康之变，亦有人从建筑上挖掘其根因。张端义《贵耳集》：“秦相奏云：‘先朝政以崇建宫观，致有靖康之变。内庭有所营造，岂容不令外臣知之？中贵自专，非宗社之福。’即日罢役，改为都亭驿。后三年，思陵谕秦相，以孤山为四圣观。殿宇至今简陋。”② 说到底，这还是墨子的逻辑，建筑的奢靡是一种权力，更是一种符号，它与道德有关，更与因果报应的“潜台词”有千丝万缕的联系——建筑逾制，往往被认为是民怨、亡国的由头、标志。《博物志·杂说上》曰：“昔有洛氏，宫室无常，囿池广大，人民困匮，商伐之，有洛以亡。”③ 类似表述不胜枚举。历史的叙述者总会把历史单纯的面相展示在世人面前，似乎历史中蕴含着理性，受理性驱使，且业已被把握。而道德沦丧的画面里，建筑逾制总会“首当其冲”地成为主体。

究竟何谓“道德”？死者入土寻安，需要殉葬，那么活人呢？“道德”为了维护死者生前的社会地位及其体面尊严，同时埋葬的却是无辜的“他者”。据1979年河南安阳后冈遗址发掘报告称，其“在建房过程中，往往以儿童作奠基

---

① 孙诒让、孙启治：《墨子间诂》（卷一），中华书局2001年4月版，第29页。

② 张端义、李保民：《贵耳集》（卷上），《鸡肋编　贵耳集》，上海古籍出版社2012年8月版，第91页。

③ 张华、王根林：《博物志》（卷九），《博物志（外七种）》，上海古籍出版社2012年8月版，第37页。

牺牲，埋在房址下。或在房基下及其附近埋有完整河蚌，并且多个重叠”①。今天，我们已经无法获悉用作牺牲的儿童与房屋主人之间有何种社会关联，不过可以确定的是，生者的居所在原初的“立场”、“立法”、“立意”上，并不拒绝死亡，反倒“召唤”、“驱使”亡灵。该发掘报告一再提到，“这些儿童墓与房屋建筑有密切关系，有的埋在房基下，有的埋在室外堆积或散水下，有的埋在墙基下，有的埋在泥墙中。埋在室外堆积或散水下的一般头向房屋；埋在墙基下或泥墙中的，墓圹方向一般都和墙平行。它们大都是在建房过程中埋入的”②。这些儿童被埋入的基本“程序”是，先垫房基土，再埋入儿童，然后在其上筑墙；抑或是在建房的生土层上首先埋入儿童，再垫一层房基土，再埋入儿童，又垫一层房基土，最后垒墙。无论如何，如是做法显然不是无意为之，而是带有明确的目的性和系统的操作性。用于奠基牺牲的不只是儿童，亦有成人。河南孟庄遗址，“于一座建筑的夯土台中发现一具人骨架（M4），死者是一位 17 ~ 18 岁的女性，是被捆绑着手脚被活埋在夯土台中的。此可证实建造房屋时使用活人奠基的现象，在我国至少在商代前期已经存在了。在废窖穴或文化层中重复地出现人骨架的现象，在我国新石器时代末期已经存在，如客省庄第二期文化。到了商代前期，这种现象比以前显然更为普遍”③。在考古实绩中，还存在大量类似案例。“在商代遗址中曾发现大量的奠基现象。郑州商代遗址中，曾发现一座房基下埋有两个儿童、一只狗，另一房基下埋三个儿童、三个成人，死者方向与房基方向一致。河北藁城台西村商代遗址中，曾发现有些房子的四周、门旁、地基内、柱础下埋有牲畜骨架、被砍下的人头骨和幼儿遗骸。在殷墟宫殿区的房基下曾发现大量的奠基遗迹。1937 年春季发现的一组大型宫殿基址中（乙组），就曾在基址的门旁、基址下及其附近发现大量的奠基牺牲，其中有成人，有小孩，有牛羊狗等牲畜。1976 年春在小屯北地的发掘中，曾在一座房址的室内柱洞下发现一幼

① 中国社会科学院考古研究所安阳工作队：《1979 年安阳后冈遗址发掘报告》，《考古学报》1985 年第 1 期，第 42 页。

② 中国社会科学院考古研究所安阳工作队：《1979 年安阳后冈遗址发掘报告》，《考古学报》1985 年第 1 期，第 51 页。

③ 中国社会科学院考古研究所河南一队、商丘地区文物管理委员会：《河南柘城孟庄商代遗址》，《考古学报》1982 年第 1 期，第 69 页。

童，头向上，脚朝下，站立在柱洞中。"① 另如河南安阳市孝民屯商代环状沟东部熟土二层台填土中，发现有殉葬的人骨与狗骨；② 位于山东长清县城东南20千米处五峰山之阳的南大沙河北岸，仙人台遗址的房址柱洞底部、居住面下，亦有置幼兽和埋童现象。③ 这一现象不只流行于陕西、河南、河北、山东等商周文化聚集区。楚都纪南城位于今湖北江陵北5千米处，即楚郢都故城，因在纪山之南，又名纪南城。这座城的南垣水门遗址木构建筑下，亦发现"人骨架一具，麻鞋三双，木篦、木梳各一，绳纹长颈罐一件，附近还发现有马头一具，以及其他兽骨"④。人骨架所在的坑形，宽3.2米，距河底深1.2米，为奠基坑。

信仰的崇拜是否可能造成建筑的逾制和过度？答案是肯定的。据《洛阳伽蓝记》载，洛阳城内永宁寺为熙平元年（516）灵太后胡氏所立，胡太后为世宗元恪妃，肃宗母，安定临泾司徒胡国珍之女。永宁寺是杨衒之记录洛阳城内的首座寺庙，该寺中有九层浮屠，高九十丈，上有刹柱，复高十丈，合并计算，距离地面一千尺。对于如此恢宏的建构，"太后以为信法之征，是以营建过度也"⑤。胡太后显然是在有意为之——她无视"营建过度"之过，反倒认为唯有此过，方才是可信之征。可见，夹杂在政治权力的话语表述里，魏晋浮屠的营造正在使得建筑作为个人心性、意念乃至族群信仰的表达的成分逐步提高。以建筑来树立的信仰从来都不是恒定的，即便其所树立的是道德的信仰。据《方舆胜览·浙西路·平江府》之"吴延陵季子庙"条，可知萧定有《改修庙记》，首句便曰："有吴之兴也，太伯让以得之；有吴之衰也，季子让以失之。为让之情同，而兴衰之体异。何哉？太伯之让，让以贤也，故周有天下，而吴建国焉。季子之让，贤以让也，当周德之衰，而吴丧邦焉。或曰：非所让而让之，使宗祀泯绝而不血

① 中国社会科学院考古研究所安阳工作队：《1979年安阳后冈遗址发掘报告》，《考古学报》1985年第1期，第84页。

② 参见殷墟孝民屯考古队：《河南安阳市孝民屯商代环状沟》，《考古》2007年第1期，第40页。

③ 参见山东大学考古系：《山东长清县仙人台遗址发掘简报》，《考古》1998年第9期，第771页。

④ 湖北省博物馆：《楚都纪南城的勘查与发掘（上）》，《考古学报》1982年第3期，第347页。

⑤ 杨衒之、周祖谟：《洛阳伽蓝记校释》（卷一），上海书店出版社2000年4月版，第18页。

食，岂曰能贤？斯可谓知存而不知亡者矣。”① 依照萧定的逻辑来推理，“让”与“贤”并不是两个等值的范畴，“让”只是一个动作，“贤”才是价值判读的标准与结果——遇事则“让”，并不一定可称为“贤”德。也就是说，遇事“让”与“不让”，是有现实条件的，是要看当时的时运情势的——浊乱之世，理当召力胜之戎，不让，反争，谋求进取、必胜之决心。在萧定看来，一味退让，只知退让，不仅愚昧，而且“知存而不知亡”——自以为是，对历史不负责。萧定“义正词严”的“反驳”，无疑是要把江南文化的让度心胸、虚纳情怀暴露在道德困境面前，胁迫其接受现实条件的检省。这一逻辑实质上是一种效用逻辑，一种仅以结果论“英雄”的理性。千百年后，唐朝的萧定公然站在季子庙前对季札的行为提出了质疑与否定，这使我们清醒，也使我们对建筑的体性有了更深的理解——建筑的意义，如果维护的是信仰，如是信仰，一定会遵循解释主义的应变原则，应时而变，应机而变，无论这信仰指向的是道德，还是真理。

中国古代建筑在大的“都城”概念上需不需要“墙”，须视具体情况而定。已有学者指出，于远古三代，都邑与城墉是有严格区分的——“‘郭’（墉）是建有城垣之城郭，而‘邑’则是没有城垣的居邑。甲骨文有‘作邑’与‘作郭（墉）’的不同卜事，‘作郭（墉）’意即筑城，而‘作邑’则是兴建没有城垣的居邑。殷都大邑商称‘邑’，并无墙垣；文王所都丰邑称‘邑’，西周成王所建洛邑为‘邑’，至今也都没有发现城垣。足证‘邑’为本无城垣的居邑，而‘邑’所从之‘口’也即壕堑或封域之象形。”② 简言之，居邑或以壕沟为“天堑”，却无“城墉”之墙垣。墙垣对于都邑与城墉的统称“都城”来说，不是必需的，而要依据“都城”具体的“功能”来加以确定——如有君王所在之“京邑”，以及用于军事防御、拱卫王室的“仆墉”，后世乱序，才导致了“邑”与“墉”的合一。

中国古代建筑在以中轴为主干的建筑布局的基础上，还可以看到中心的力量，例如陕西扶风法门寺唐代地宫的构型。塔基中心的方形夯土台基构成的中心方座边长约 10.5 米，面积约 106 平方米，地宫的后室基槽就位于此中心方座的中心。“地宫位于塔基的正中部位，南端超出塔基范围。从地宫的中心线到东、

---

① 祝穆、祝洙、施和金：《方舆胜览》（卷之二），中华书局 2003 年 6 月版，第 44 页。

② 冯时：《“文邑”考》，《考古学报》2008 年第 3 期，第 279 页。

西两侧石条边围的距离为13.2和12.6米；基槽北端距石条11.6米，南端北距石条7.6米。”① 这座地宫由踏步漫道，至于平台，至于隧道，至于前室，至于中室，至于后室，至于后室秘龛，在整体上，是一个纵深的“甲”字——其踏步漫道，总长21.22米，宽度却在2到2.55米不等，是一个非常狭长的通道；隧道更窄，长5.1米、宽1.2～1.32米、高1.62～1.72米，盝顶，南北落差0.42米。如果说“中轴”，一定是这“甲”字中心的“一笔”。然而，此中轴最终突出的却是后室，后室秘龛实为整体建筑之中心、核心。无论是从唐代塔基上来看，还是从明代塔基上来看，这一形式都极为明显。换句话说，中轴的两端并不是无限延长的，中轴的轴线必然有所终结，有一个终点，这个终点，就成为整体建筑的中心。

二、塑造权力的符号

中国古代关于“美”的观念，本就是“尊位”的“附属品”，饱含着权力意味。《易》之姤卦“九五”《象》曰：“九五‘含章’，中正也。”孔颖达的解释是：“‘《象》曰，中正’者，中正故有美，无应故‘含章’而不发。若非九五中正，则无美可含，故举爻位而言‘中正’也。”② 此处的语境主要是指“以杞匏瓜”，意思是既得九五之尊位，却不遇其应，命未流行，无物发起。即便如此，九五中正也是“美”至关重要的先决条件——“中正故有美”，“若非九五中正，则无美可含”。“美”字与迁都有着不解之缘。盘庚迁殷，《尚书》、《史记》以及《括地志》中多有记载，《汉书·翼奉传》录翼奉上疏，存于《历代宅京记·总序上》中，其曰：“臣闻昔者盘庚改邑以兴殷道，圣人美之。”③ 疏中即用“圣人美之”来认同盘庚迁都以立社稷的举动。此非孤证。《魏书·李冲传》中载魏高祖曹丕之圣谕，曰：“朕仰惟远祖，世居幽漠，违众南迁，以享无穷之美。”④ 南

① 陕西省法门寺考古队：《扶风法门寺塔唐代地宫发掘简报》，《文物》1988年第10期，第5页。

② 王弼、韩康伯、陆德明、孔颖达：《周易注疏》（卷八），中央编译出版社2016年1月版，第246页。

③ 顾炎武：《历代宅京记》（卷之一），中华书局1984年2月版，第11页。

④ 顾炎武：《历代宅京记》（卷之二），中华书局1984年2月版，第18页。

迁之徙，亦有"无穷之美"。这一传统素来有所延续。据《洛阳伽蓝记》所载，洛阳寿丘里追先寺为侍中尚书令东平王元略之宅，元略曾经对萧衍说过一句话："至于宗庙之美，百官之富，鸳鸾接翼，杞梓成阴，如臣之比，赵咨所云，车载斗量，不可数尽。"① 这句话中透露出一个细节，"美"是用来修饰宗庙的专有名词，正如"富"是用来描述百官的。《后汉书·王景传》提到，其"作《金人论》，颂洛邑之美，天人之符"②。可见，"美"是"属于"洛邑的。这一点，在《魏书·东阳王丕传》中亦有提及。③

墨子对于建筑的正面意见究竟是什么?《墨子·辞过第六》："子墨子曰：古之民未知为宫室时，就陵阜而居，穴而处，下润湿伤民，故圣王作为宫室。为宫室之法，曰：'室高足以辟润湿，边足以圉风寒，上足以待雪霜雨露，宫墙之高足以别男女之礼。'谨此则止，凡费财劳力，不加利者，不为也。"④ 墨子反复提到过这个问题，其《节用上第二十》再曰："其为宫室何？以为冬以圉风寒，夏以圉暑雨，有盗贼加固者，芊䱉不加者去之。"⑤《节用中第二十一》三曰："然则为宫室之法将奈何哉？子墨子言曰：其旁可以圉风寒，上可以圉雪霜雨露，其中蠲洁，可以祭祀，宫墙足以为男女之别，则止。诸加费不加民利者，圣王弗为。"⑥ 综合以上三条文献，可以总结出墨子对于建筑的基本看法。第一，墨子所推崇的建筑实则为建筑的"原型"，也即圣人之作——他一再追溯这一圣人最初的行为，带有浓重的"复古"意味。换句话说，他是在要求现世之君王以圣人之作为原则而律己——其所言是有固定指向的，不是普适的，并非真理。第二，圣人之作是有来由的，也即穴居伤民，因为民有所伤，所以才有了圣人之作。这一前提不可或缺，圣人之作的理由并不是满足自己的权力欲望，而是体恤人民的表现。第三，圣人之作的真正意义在于立法，立宫室之法。此"宫室之法"并不是在规定筑造宫室的技术要领，也不是在规定建筑体量的形制规模，而

---

① 杨衒之、周祖谟：《洛阳伽蓝记校释》(卷四)，上海书店出版社2000年4月版，第168页。

② 顾炎武：《历代宅京记》(卷之一)，中华书局1984年2月版，第12页。

③ 参见顾炎武：《历代宅京记》(卷之二)，中华书局1984年2月版，第19页。

④ 孙诒让、孙启治：《墨子间诂》(卷一)，中华书局2001年4月版，第30~31页。

⑤ 孙诒让、孙启治：《墨子间诂》(卷六)，中华书局2001年4月版，第160页。

⑥ 孙诒让、孙启治：《墨子间诂》(卷六)，中华书局2001年4月版，第168页。

是在预设建筑意义的价值边界。这一价值边界，如果用一个词来概括，即“利”——无利不为，其“利”为民利。第四，建筑之“利”，落实下来，即“维护”。关于建筑之“利”，墨子罗列了五条，御寒、避雨、防盗、祭祀、性别。此五条之中，御寒、避雨，维护的是人的身体，重复率最高，三次均有提到，建筑最重要的职能在于此。重复提到过两次的是建筑可以宫墙高度来实现男女之别。因为男女有性别差异，区隔同样是一种维护。后来，《白虎通》中就有一句话说：“一夫一妇成一室”——“一昼一夜成一日，一夫一妇成一室。”① 为什么是一夫一妇？匹夫匹妇，这个“匹”，就是“偶”，就是“匹配”的意思，一夫一妇可以成为家庭单位，所以有“一室”的可能。可见，建筑有维护人群或族群之性别属性、道德尺度、社会身份的责任。最后，只提到过一次的是建筑可以防盗和祭祀。防盗可视为宫室中含有城池之雏形——后世城池分化了宫室原有的防御功能；祭祀则关乎以社会仪式为表象的鬼神崇拜——宫室满足了享堂、祠堂、社稷、宗庙等家族、宗族行礼的需要。总体来看，墨子的建筑观始终围绕着一个词而展开，即“民”——建筑一定要维护“民”的生命存在与价值。墨子对一句话特别偏爱——到此为止。他拒绝、禁止建筑增设、炫耀属于君王个人的权力、色彩。

建筑本来就带有“阶级性”，这一点，早在《周礼·天官冢宰第一》中就有所体现了。其曰：“大丧，则授庐舍，辨其亲疏贵贱之居。”② 何谓大丧？王丧也，臣子们为之“斩衰”，此乃同；但庐舍之间，却含异。庐舍相对者——庐者倚庐，倚木为庐；舍即垩室，“两下为之”——庐是庐，舍是舍，印证了亲疏贵贱之别，和社会“族群”在文化质地上存在的分野。一个由权力威慑而杂糅的世界究竟是怎样的？《三辅黄图·秦汉风俗》有着明确写照：“五方错杂，风俗不一，贵者崇侈靡，贱者薄仁义，富强则商贾为利，贫窭则道贼不禁。闾里嫁娶，尤尚财货，送死过度，故汉之京辅，号为难理，古今之所同也。”③ 汉高帝建都长安后，“徙齐诸田，楚昭、屈、景及诸功臣于长陵。后世世徙吏二千石、

① 陈立、吴则虞：《白虎通疏证》（卷一），中华书局1994年8月版，第22页。

② 郑玄、贾公彦、彭林：《周礼注疏》（卷第三），上海古籍出版社2010年10月版，第105页。

③ 何清谷：《三辅黄图校释》（卷之一），中华书局2005年6月版，第70页。

高资富人及豪杰兼并之家于诸陵，强本弱末，以制天下”①。此“二千石”之数，多与建阙有关——“二千石”之上，可建阙。制度的天下，是需要营造的，古今同理。建筑参与了这一营造过程，它把“五方错杂”的各色人等收纳在一起，裁剪拼贴，强弱势力、物质化符号的对比与兼并便自然成为构造这一“新世界”的法宝和理性。建筑能够反映、印证、烘托意义，但并不能引领和制造意义。建筑乃至山水，必然会被意识形态化。《太平寰宇记·河南道十八·青州》有一座“齐桓公冢”，冢东有一条“女水”，当地的齐人有谚曰：“世治则女水流，乱则女水竭。”② 如是讲法，与礼乐所表现的“盛世之音”、“乱世之音”，解释逻辑基本无别。③ 天子住在哪里？《三辅黄图·三辅治所》中反复出现过一个词：“京兆”。京兆即京师、京都，《春秋公羊传·桓公九年》以及蔡邕《独断》中都提到了“师”者众也，故谭其骧曰：“‘京’，意即大；‘兆’，意即众；首都为大众所聚，故称‘京兆’。”④ 天子所居之地，似乎有着某种“磁场效应”，它吸引着

① 何清谷：《三辅黄图校释》（卷之一），中华书局2005年6月版，第70页。

② 乐史、王文楚：《太平寰宇记》（卷之十八），中华书局2007年11月版，第357页。

③ 谶纬作为一种符号逻辑，其最显著的特色，即所指与能指的“决裂”，所指对能指的“驱逐”，以及人强加在所指上的解释成见、个人冲动和历史“文本”。《酉阳杂俎·忠志》：“贞观中，忽有白鹊，构巢于寝殿前槐树上，其巢合欢如腰鼓，左右拜舞称贺。上曰：‘我常笑隋炀帝好祥瑞。瑞在得贤，此何足贺！’乃命毁其巢，鹊放于野外。”［段成式、许逸民：《酉阳杂俎校笺》（前集卷一），中华书局2015年7月版，第6页。］隋炀帝好祥瑞，不代表这只白鹊就是隋炀帝所好之祥瑞；如果这只白鹊不是所谓的祥瑞，还会不会被赶走；这只白鹊是不是祥瑞，由谁来判断；左右称贺的同时，业已完成了白鹊的身份认定；太宗赶走祥瑞的目的，不过是为了与隋炀帝划清界限；他自己是不是昏君，难道需要一只白鹊来证明；在那些没有触发他“灵机一动”的情思，让他觉得自己不那么像隋炀帝的祥瑞面前，他对待祥瑞，便是另一副面孔。所以，谶纬无罪，如同迷信无辜；可笑的不是愚昧，而是卖弄愚昧，推广愚昧，倚仗权力，拿愚昧来恐吓、迫害不接受所谓人为解释、政治解释、道德解释的自然世界。建筑图腾化的印迹，亦存留于唐代的野史逸闻。《朝野佥载》：“赵州石桥甚工，磨砻密致如削焉。望之如初日出云，长虹饮涧。上有勾栏，皆石也，勾栏并有石狮子。龙朔年中，高丽谍者盗二狮子去，后复募匠修之，莫能相类者。至天后大足年，默啜破赵、定州，贼欲南过。至石桥，马跪地不进，但见一青龙卧桥上，奋迅而怒，贼乃遁去。”［张鷟：《朝野佥载》（卷五），《唐五代笔记小说大观》（上），上海古籍出版社2000年3月版，第68页。］赵州桥的故事在表述上并不精确——勾栏上的石狮子与如“长虹饮涧”般的青龙究竟是什么关系？青龙是盘踞于赵州桥上的庇护神还是赵州桥本身？然而无论如何，赵州桥都被图腾化了，如是图腾虽不直接涉及族群崇拜，亦足以塑造某一戏剧化情节的注意焦点乃至正义与道德的化身。

④ 何清谷：《三辅黄图校释》（卷之一），中华书局2005年6月版，第9页。

大众聚集而来；这句话也可以反过来说，正因为大众聚集起来了，“磁场”已然形成，所以，才有了天子所居之地。“盛民”的观念被凸显出来。京兆是灵魂回忆之地吗？是精神信仰之地吗？不是。京兆可能具有的某种超验含义——人文意义的赋予，均是在现实的人民聚集而来这一基础上继而被嫁接、被树立的。在历史的“迷阵”中，究竟是人民自觉地聚集而来，还是天子刻意牧养了人民，已分散在各种版本不同的解释话语系统里，但帝王依照权力组织影响这一世界的能力，却终究以其建筑形式被印证。

《大学》里有一句话，“邦畿千里，惟民所止”，不过是道德标榜。什么叫作“止”？朱熹对此有过具体解释，其曰：“止，居也，言物各有所当止之处也。”①“止”的意思就是“居”，止于当止之处，也即居于当居之处。当止何处？“为人君，止于仁；为人臣，止于敬；为人子，止于孝；为人父，止于慈；与国人交，止于信。”② 仁就是君的居所，敬就是臣的居所，孝就是子的居所，慈就是父的居所，信就是与国人交往行为的居所。所谓的居所，已经被抽象化、精神化、意义化了，甚至脱离了现实的形式，而演变为一种立场、一种态度、一种哲学、一种操守。人以群分，人不以心性分，人以所在社会身份的族群类别分，各有各的居所。儒家所推崇的“仁”，是有专属“群”众的——这个“群”，即天下之君。换句话说，“仁”不是普世的，不是普遍的，不是普通的真理——君居于仁，不代表臣居于仁。

《白虎通》曰：“明堂上圆下方，八窗四闼，布政之宫，在国之阳。”③《礼盛德记》有更为详细的记载：“明堂自古有之，凡有九室，室有四户八牖，三十六户，七十二牖，以茅盖屋，上圆下方，所以朝诸侯，其外有水，名曰辟雍。”④为什么要以这种成组的数的形式从整体上设置建筑？因为这恰恰反映出这一建筑实乃道德律令、君王权力的典范。《白虎通》云：“天子立辟雍何？辟雍所以行礼乐，宣德化也。辟者，璧也。象璧圆，以法天也。雍者，雍之以水，象教化流行也。”⑤“法”与“教”一体两面，上法天，下教民，皆在辟雍中有所体现。

---

① 朱熹：《大学章句》，《四书章句集注》，齐鲁书社 1992 年 4 月版，第 4 页。
② 朱熹：《大学章句》，《四书章句集注》，齐鲁书社 1992 年 4 月版，第 4 页。
③ 陈立、吴则虞：《白虎通疏证》（卷六），中华书局 1994 年 8 月版，第 265 页。
④ 陈立、吴则虞：《白虎通疏证》（卷六），中华书局 1994 年 8 月版，第 265 页。
⑤ 陈立、吴则虞：《白虎通疏证》（卷六），中华书局 1994 年 8 月版，第 259 页。

辟雍作为一种宣传德化的建筑，其形制，其材质，在宇宙论中，在教化的目的上，均得到了意义化的诠解。辟雍即太庙，即明堂。《诗》疏引卢植《礼》注云："明堂即太庙也。天子太庙，上可以望云气，故谓之灵台。中可以序昭穆，故谓之太庙。圆之以水似璧，故谓之辟雍。古法皆同处，近世殊为三耳。"①

建立，建者立也，建是一种树立，如同人一般，站在大地上。值得注意的是，通常与"建"、"立"相"粘连"的不是建立的形式，不是筑造，而是建立的对象，是邑，是国。《周礼・天官冢宰第一》首句便提到四个字"惟王建国"，且于后文中一再重复，郑玄对此的解释是，"营邑于土中"②。所谓"惟王建国"之"国"，以及匠人营国之"国"，固非抽象意义上的"民族国家"概念，而是指具体的国都——建筑形式之一种。因此，营构国都、城邑，并不是精神乌托邦的向往与确认，而是在"土"中，在经验物中以经验的形式树立、造设建筑物的过程。建筑有"体"，"体"固然可与"形体"，尤其是"身体"建立联想，甚至可以联想到"兆象"——《周礼・春官宗伯下》中有一句名言，"凡卜筮，君占体，大夫占色，史占墨，卜人占坼"③，其中的"体"，郑玄就释为"兆象"。不过《周礼・天官冢宰第一》中也有四个字，贯穿始终的四个字——"体国经野"，郑玄便强调，"体犹分也"。怎么分？"营国方九里，国中九经九纬，左祖右社，面朝后市，野则九夫为井，四井为邑之属是也。"④所谓"体"国，也就是按照"国"的体制，按照建筑的形制，对国、对建筑进行规划、分区。换句话说，"体"与建筑有着密不可分的关联。在某种程度上，建筑本身亦带有超验属性，是被人膜拜的对象。《周礼・春官宗伯下》曰："大会同，造于庙，宜于社，过大山川，则用事焉；反行，舍奠。"⑤王与诸侯见曰会，殷见曰同，如是会同，必须"告庙而行"。那么，如果"非时而祭"，当如何？这就涉及

① 陈立、吴则虞：《白虎通疏证》(卷六)，中华书局1994年8月版，第261页。

② 郑玄、贾公彦、彭林：《周礼注疏》(卷第一)，上海古籍出版社2010年10月版，第2页。

③ 郑玄、贾公彦、彭林：《周礼注疏》(卷第二十八)，上海古籍出版社2010年10月版，第935页。

④ 郑玄、贾公彦、彭林：《周礼注疏》(卷第一)，上海古籍出版社2010年10月版，第5页。

⑤ 郑玄、贾公彦、彭林：《周礼注疏》(卷第二十九)，上海古籍出版社2010年10月版，第969页。

"造于庙"的"造"。此"造"并非建造，而是造次之意。人是有可能造次于庙的。如果"造于庙"，又当如何呢？"反行，舍奠。"等返回、回来的时候，还祭于庙，完成一种仪式化的"剧情"："出必告，反必面。"这其中，"造于庙"的"得罪"，不只是对于庙这一建筑形式的单纯崇拜，实则与此句前文的"造于祖"有关，但由于祖庙社稷的价值锁链业已形成，"庙堂"也就在一定意义上带有了超验的性质。

何谓制度、秩序？《尔雅·释宫第五》说得很清楚，"东西墙谓之序"①。"序"是通过建筑来建构、来定义的。为什么是东西墙？因为东西墙才有"间架"，才有"间"的问题。除了"序"以外，《尔雅·释宫第五》亦云："两阶间谓之乡。中庭之左右谓之位。"②"乡"即向度，"位"则指群臣的列席，这也关乎制度，也还是建筑。万国来朝的中心主义幻觉在中国古代文化的根性中从来没有淡漠过，始终浓稠、炽烈。《洛阳伽蓝记》里，杨衒之是以如下模式介绍菩提达摩的出场的："时有西域沙门菩提达摩者，波斯国胡人也，起自荒裔，来游中土。"③荒裔与中土的对比，似乎在冥冥之中影响着菩提达摩的选择——菩提达摩的到来，与其说是一种理念的弘扬与传播，不如说是一种现实的跻身与寄托。再说"大秦"——罗马帝国——"尽天地之西垂，耕耘绩纺，百姓野居，邑屋相望，衣服车马，拟仪中国"④，远在天边，于西域边陲之地"野居"的罗马，他们的都邑房屋衣服车马，同样是要"拟仪中国"的。

中国古代的政治体制与土地观念密不可分。顾祖禹《读史方舆纪要·历代州域形势一》曾经引述过古之土地皆为天子吏治而未属诸侯版图，然而，"周季诸侯，始擅不朌之利，齐干山海，晋守郇、瑕、桃林之塞，宋有孟诸，楚有云梦，皆不入于王官。此诸侯所以僭侈，王室所以衰微也欤"⑤！如是矛盾总会让人想起中央集权与地方诸侯藩王镇守各地的分权，于土地而言的博弈。这种博弈在中

① 胡奇光、方环海：《尔雅译注》，上海古籍出版社2004年7月版，第204页。

② 胡奇光、方环海：《尔雅译注》，上海古籍出版社2004年7月版，第210页。

③ 杨衒之、周祖谟：《洛阳伽蓝记校释》（卷一），上海书店出版社2000年4月版，第26~27页。

④ 杨衒之、周祖谟：《洛阳伽蓝记校释》（卷四），上海书店出版社2000年4月版，第173页。

⑤ 顾祖禹、贺次君、施和金：《读史方舆纪要》（卷一），中华书局2005年3月版，第9页。

国古代历史上持续了几千年，双方终究一致地以道德为依托，强调在复古的基础上“建牧规模”，树立组织、族群的存在感与责任感。而这一切，又都是以土地为基础的。土地从来都不是自由的、自在的，即便搁置它所应当提供的农作物不谈，土地也依然是政治的筹码、权力的符号、道德的面具，同样带有自我身份认同的焦虑与批判。如斯“心理空间”的特质，会间接地“传递”、“推导”到建筑的体制中来。“地”必然是被统摄的。《周礼·地官司徒第二》在述及制域、封沟时有言：“乃分地职，奠地守，制地贡，而颁职事焉，以为地法，而待政令。”① 人对“地”是有要求的，“地”是有职分的，有事业的，有法令的，是要听命于人的安排筹措的，是被动的，被客体化、对象化了的。这一点，与《周礼·地官司徒下》中的“载师”之职相对应：“载师，掌任土之法，以物地事，授地职，而待其政令。”② 关于“任土”，郑玄的解释是，“任其力势所能生育，且以制贡赋也”③。如果土地无力孕育生养产物，无法提供贡赋，也就违背了“任土之法”，失去了存在价值。

客观的情形究竟如何，不妨从另一种角度来看待，看看汉长安城门的实例。汉长安城的城门，“全未用砖，和后世砖筑的城门不同，没有圆弧形的券顶，而是两壁垂直的阙口，在两侧沿边密排几对柱础，础上立木柱，再在其上筑门楼。石础和木柱遗迹的存在，都证明了这一点。这种形制和构筑的方法，是与汉画像上所见的城门一致的。画像石上的函谷关东门，显然是在城阙上筑门楼的”④。“阙”的含义有两种，除门阙之“阙”外，另有一义：“缺”。阻断环绕围合密闭之城墙墙体的，是城墙的“缺口”，是为“阙”。汉长安城的城门，门道宽度在8米左右，门道深度与城墙厚度基本一致，约16米。在这样一种条件下，即便城墙的最前方平铺一列方石，以作门槛，以置门扉，其坚固的程度仍非有券顶的砖筑城门所可比拟。仅从防御的角度来考虑，这一“缺口”的确是守城的“软

① 郑玄、贾公彦、彭林：《周礼注疏》（卷第十），上海古籍出版社2010年10月版，第360页。

② 郑玄、贾公彦、彭林：《周礼注疏》（卷第十四），上海古籍出版社2010年10月版，第465页。

③ 郑玄、贾公彦、彭林：《周礼注疏》（卷第十四），上海古籍出版社2010年10月版，第465页。

④ 王仲殊：《汉长安城考古工作的初步收获》，《考古通讯》1957年第5期，第108页。

肋”。无论如何，门阙在实质性上所具有的积极意义往往来自于它的开合功能，来自于它的社会价值。《史记·高祖本纪》中有“萧何治未央宫，立东阙、北阙、前殿、武库、太仓”，之后刘邦怒斥其过度营造宫室，这段对话亦出现在《历代宅京记·总序上》中。萧何当时的回复是：“天子以四海为家，非令壮丽无以重威，且无令后世有以加也。”① 此条亦可见于《三辅黄图·汉宫》。② “以四海为家”，重点不在四海，不在家，而在“以之为”。“以之为”表明的是一种权力，一种收摄乃至控制的欲望和能力。身为王者，为了实现这种政治的威权，或德仁广被，或横征暴敛，但至关重要的是他能够以“壮丽”的建筑“重威”。建筑的意义是什么？是象征，象征一个帝国的王室威权业已被树立，无以复加而无可匹敌。在这样一种意义上，无所谓太甚与过度的质疑，一切皆顺理成章。门在建筑中地位显赫。《周礼·冬官考工记下》曰：“门阿之制以为都城之制。”③那么，何谓“门阙”之“阙”？《尔雅》说得很清楚，“观谓之阙”；《说文》讲得很明白，“阙，门观也”；而《白虎通》则强调：“门必有阙者何？阙者，所以饰门，别尊卑也。”④ 显然，从《尔雅》，到《说文》，再到《白虎通》，阙与门的关系，确切地说，阙之于门的依赖性、装饰性愈加强烈——阙的定义越来越“依附”于门，以至于最终成了门的“饰品”。阙存在的意义究竟是什么，本然是一则历史命题，是由历史中解释主体决定而不断变换的；时值秦汉，门阙的紧密联系恰恰体现出一种建筑单元之间的秩序安排。有趣的是，如是取向终究在魏晋的建筑文化中被消解。《洛阳伽蓝记》里有句，“人才凡鄙，不度德量力，长戟指阙”⑤。亦有言，“庄帝肇升太极，解网垂仁，唯散骑常侍山伟一人拜恩南阙”⑥。“阙”便又是单独出现的。无论如何，门阙喻示的是等级、次第。“门户”一词的内部是有“等级”的。《易》之节卦的“节”，乃“止”义，是一种

① 顾炎武：《历代宅京记》（卷之一），中华书局 1984 年 2 月版，第 10 页。

② 参见何清谷：《三辅黄图校释》（卷之二），中华书局 2005 年 6 月版，第 112 页。

③ 郑玄、贾公彦、彭林：《周礼注疏》（卷第四十九），上海古籍出版社 2010 年 10 月版，第 1671 页。

④ 顾炎武：《历代宅京记》（卷之八），中华书局 1984 年 2 月版，第 135 页。

⑤ 杨衒之、周祖谟：《洛阳伽蓝记校释》（卷一），上海书店出版社 2000 年 4 月版，第 31 页。

⑥ 杨衒之、周祖谟：《洛阳伽蓝记校释》（卷一），上海书店出版社 2000 年 4 月版，第 33 页。

以制度明礼的做法。所谓生命“节律”，并不是纯粹的、客观的自然“规律”，乃节制之律，节度之律。再看节卦的“初九”和“九二”。“初九：不出户庭，无咎。《象》曰：‘不出户庭’，知通塞也。九二：不出门庭，凶。《象》曰：‘不出门庭，凶’，失时极也。”① “节”有时——确立制度之初，要慎密不失，“躲”在户内，以免泄露“天机”；等制度已造，则要敞开大门，走出门去，宣布其制。此“节制”，必为社会之“节制”。户庭、门庭，以及门庭之外的世界，事实上构成了这个世界的三个圈层，人的“小我”走向“大我”，恰恰是把自我漫延于如是圈层的经历。四门本身不仅有通达之需，更有和睦之意，《广成集·贺新起天锡殿表》“包九土以君临，辟四门而敦睦”② 可为证明。所谓“四达”，即四门指向四通，指向八达，不过另有一种“四达”的讲法，《老子》就有句话说：“天门开阖，能无雌乎？明白四达，能无为乎？”③ 其中的“明白”，不一定是上承“天门”之“门”而说的，王弼就指出，“言至明”。

再来看另一种建筑——台。从文化的观念上来讲，“台”实乃一种“执持”。《墨子间诂·经说上第四十二》：“必，谓台执者也。”高注云：“台犹持也。”《释名·释宫室》云“台，持也，筑土坚高，能自胜持也”，《庄子·庚桑楚》篇云“灵台者有持，而不知其所持，而不可持者也”，《释文》云：“灵台，谓心有灵智，能任持也。”④ 看来，台确是一种执持之作。台的兴起大概就来自于如是“执持”的执念，这在释家必然被解构的业力、欲念，却是台的“基础”。商周至春秋时期，台榭建筑“崇高”现象的历史并不漫长。傅熹年即指出，“在已发现的商、周建筑遗址中，夯土基尽管入地很深，高出地面却不多，二里头、盘龙城、殷墟宫殿的殿下台基都是这样。召陈的 F3、F8 比上述各建筑开间都大，台基也不高。看来这时建筑的台基还未超出‘堂崇三尺’的水平，春秋以后盛行的高台建筑在这时还没有出现”⑤。笔者曾经提到，F3 的柱墩最深可达 2.4 米，

① 王弼、韩康伯、陆德明、孔颖达：《周易注疏》（卷十），中央编译出版社 2016 年 1 月版，第 316 页。

② 杜光庭、董恩林：《广成集》（卷之三），中华书局 2011 年 5 月版，第 35 页。

③ 王弼：《老子道德经》（上篇），《百子全书》（下卷），浙江古籍出版社 1998 年 8 月版，第 1338 页。

④ 孙诒让、孙启治：《墨子间诂》（卷十），中华书局 2001 年 4 月版，第 342 页。

⑤ 傅熹年：《陕西扶风召陈西周建筑遗址初探》，《文物》1981 年第 3 期，第 42 页。

然而我们也应注意到，柱墩虽深，整体台基却并不一定“崇高”；柱墩越深，说明房屋的结构性越差——这或多或少与黄土的湿陷性有关。春秋士子所批判的崇高的台榭，历史并不久远，相反，它可能是一种“新现象”。

台并非短暂停留之地，仅片刻上下，帝王实可居于台上，长期驻扎。居于台上的帝王，胸怀天下，一如《穆天子传》所言：“天子居于台，以听天下之。”①台可以是极为华丽而“崇高”的，如商纣王自焚之所——“鹿台”。据《太平寰宇记·河北道五·卫州》之“卫县”所载，此县西二十里即鹿台，别称“南单之台”。《帝王世纪》云：“纣造，饰以美玉，七年乃成。大三里，高千仞。”②“千仞”或非实数，乃虚指，但其“崇高”的程度，一定曾经给行至人生末路的商纣王以些许片刻的温存与可以“弥留”的安全感。死于台上，绝非一名昏君的突发奇想。据《太平寰宇记·河北道六·澶州》之“濮阳县”载，此县东南三十里有一座高三丈的“瑕丘”，按照《礼记·檀弓》的讲法，卫大夫文子在登上这座“瑕丘”时便说：“乐哉，斯丘也！死则我欲葬焉。”③ 可见，想死在丘台上的，绝非纣王一人——台这一建筑形式本身给了人以有所寄托的欲念。台是否可以表达个人的思绪？答案是肯定的。《太平寰宇记·河南道三·陕州》之“夏县”有“夏禹台”，《土地十三州志》云：“禹娶涂山氏女，思本国，筑台以望。今城南门台基犹存。”④ 涂山氏怀念的究竟是国？是家？还是亲？是怨？不可知。“筑台以望”，是重点；登台远眺而化解涂山氏思之意绪，是重点。如是思绪固然可以是个人的，乃至私属的。《太平寰宇记·河南道九·郑州》之“管城县”有“望母台”，即郑庄公为与母之誓而悔所筑。⑤ 事实上，所谓“台”不仅是帝王祭祀望气的场所，也同样与女性，尤其是与曲折复杂甚至意外、不伦的婚姻有关。例如，《太平寰宇记·河南道十一·颍州》之“汝阴县”西北一里有“女郎台”，乃“昔胡子之女嫁鲁昭侯为夫人，筑台以宾之”⑥。《太平寰宇记·河南道

① 佚名、郭璞、王根林：《穆天子传》（卷五），《博物志（外七种）》，上海古籍出版社2012年8月版，第62页。

② 乐史、王文楚：《太平寰宇记》（卷之五十六），中华书局2007年11月版，第1157页。

③ 乐史、王文楚：《太平寰宇记》（卷之五十七），中华书局2007年11月版，第1181页。

④ 乐史、王文楚：《太平寰宇记》（卷之六），中华书局2007年11月版，第105页。

⑤ 参见乐史、王文楚：《太平寰宇记》（卷之九），中华书局2007年11月版，第168页。

⑥ 乐史、王文楚：《太平寰宇记》（卷之十一），中华书局2007年11月版，第209页。

十四·濮州》之“鄄城县”东北十七里有“新台”，《诗》曰，卫宣公“纳伋之妻，作新台于河上而要之”①。此条亦可见于《太平寰宇记·河北道六·澶州》之“观城县”条。② 同在濮州，毗邻鄄城县的有雷泽县，有“重壁台”，《穆天子传》云：“天子游于河、济，盛君献女，天子为造重壁台以处之。”③《太平寰宇记·河南道十四·济州》之“郓城县”又有“青陵台”，《郡国志》云：“宋王纳韩凭之妻，使凭运土筑青陵台。”④“台”最合“理”合“法”的意义指向是什么？《白虎通》曰：“天子所以有灵台者何？所以考天人之心，察阴阳之会，揆星辰之证验，为万物获福无方之元。”⑤ 灵台是元，是本原。“考天人之心，察阴阳之会，揆星辰之证验”，需要高度，所以灵台是高高在上的。这种建筑的“本能”，固然是要凌驾在日常民居的生活基础之上的。

汉代建筑艺术之翘楚，除阙之外，是楼。在已发掘的汉墓中，随葬的陶楼为我们展现了在各种建筑形式中，楼的高超的构造艺术。楼可谓汉代木作构造的杰出代表。随着东汉末年佛教的传入，佛教建筑的两大形式——塔与窟——当中的塔，“演化”为了楼。1984 年 3 月，位于河北省阜城县后安乡桑庄村西南约 400 米处，一座东汉墓得以发掘，随葬器物中便有一座陶楼。这座陶楼在历史、考古史上并不出名，寻常可见，正因为它普通，而具有真实性。它现实地代表了楼这样一种建筑最起码的两大“优势”。其一，内外套叠。这座陶楼呈方形，通高 216 厘米，“从外观看，以腰檐平座栏杆间分陶楼为 5 层。从内观察，在外观第 4 层以下的每层腰檐下都有夹层，实际上陶楼的内部空间可分为 9 层”⑥。外五层而内九层，外简而内繁，内外不同。这种内外套叠的模式显著地区别于汉代建筑所流行的“复壁”——亦为“套叠”，在夯土“墙间”留置或凿出空垣、空腔，“隔道”也，“夹道”也，但“复壁”乃屋侧密闭的“小室”，以便藏匿。⑦ 塔作

① 乐史、王文楚：《太平寰宇记》（卷之十四），中华书局 2007 年 11 月版，第 274 页。

② 参见乐史、王文楚：《太平寰宇记》（卷之五十七），中华书局 2007 年 11 月版，第 1178 页。

③ 乐史、王文楚：《太平寰宇记》（卷之十四），中华书局 2007 年 11 月版，第 277 页。

④ 乐史、王文楚：《太平寰宇记》（卷之十四），中华书局 2007 年 11 月版，第 281 页。

⑤ 陈立、吴则虞：《白虎通疏证》（卷六），中华书局 1994 年 8 月版，第 263 页。

⑥ 河北省文物研究所：《河北阜城桑庄东汉墓发掘报告》，《文物》1990 年第 1 期，第 26 页。

⑦ 参见王子今：《汉代建筑中所见“复壁”》，《文物》1990 年第 4 期，第 69 ~ 71 页。

为“楼”，不仅仅是为了凭栏远眺，如玉树临风，以赏心悦目，除此之外，还对楼之结构的内在逻辑有所印证。其二，斗拱承托。“陶楼底部四角缝上各跳出钉头拱（插拱），45 度挑二跳承托一斗二升，再上承托两面三层较细的仿小方木垒砌成的斗拱，其上为 3 根支条与斗拱垂直。整个斗拱结构的布局形成转角铺作，用来承托陶楼的平座栏杆以上部位。”① 这座陶楼内部没有自下而上起贯穿、支撑作用的主材，完全依靠斗拱来完成其层叠效应，以维持中部镂空的长方菱形格子窗、四阿式楼顶、密排之瓦垅以及卷云纹的圆形瓦当。中国古代建筑的主调是“平铺直叙”，贴合于大地，楼却凌空而起，它之所以能够耸立，正在于木作、木构的组合效应。楼之内外错层之所以出现的原因之一，就技术层面而言，在很大程度上是它受到了先秦时期台榭建筑的影响。台榭是一种在夯土上完成的土木工程，本来就有错层。“整个台榭以夯土台及都柱、辅柱为骨干，上建两层楼房，如算上夯土台四周的底层回廊，外观看上去为三层。”② 底层回廊虽看上去是台榭的底层，实则为夯土所筑；其在功能上，类似于阶梯，但却是围合的。

另外，凌云的阁在汉代建筑中已然成为鲜明的标志，这一点可由汉代墓葬的随葬明器中窥探一二。通过 1956 年 4 月至 10 月在河南陕县（今河南省三门峡市陕州区）出土的东汉墓葬可见，其中水阁的形式繁难而复杂，多为三层，或四壁通透，或四壁密封；斗拱四角或为熊形角神，或不见熊形角神；梁枋头上或升起一斗三升的斗拱，或杂用一斗二升、一斗二升重拱及大栌斗诸法。③ 显然，“阁”式的技术非常成熟。“廷”，以及“庭”，事实上来自于甲骨文字，这个字，从宀从听。根据赵诚的解释，这个字“意为听政之处，即商王办公、处理政事的地方，也是祭祀、祈祷的处所”④。后来，才有了“朝廷”之“廷”，“庭院”之“庭”。所以，廷、庭的本义当不是“平”，而是“听”——是从其职能，而非形式来定义的。厅堂乃至庭院本身带有道德意涵。《太平寰宇记·河南道六·陕

---

① 河北省文物研究所：《河北阜城桑庄东汉墓发掘报告》，《文物》1990 年第 1 期，第 27 页。

② 傅熹年：《战国中山王𰯼墓出土的〈兆域图〉及其陵园规制的研究》，《考古学报》1980 年第 1 期，第 102 页。

③ 参见黄河水库考古工作队：《一九五六年河南陕县刘家渠汉唐墓葬发掘简报》，《考古通讯》1957 年第 4 期，第 12 页。

④ 赵诚：《甲骨文简明词典：卜辞分类读本》，中华书局 1988 年 1 月版，第 210 页。

州》之“平陆县”有“闲原”，引《诗》之虞、芮与文王事，毛苌注云：“虞、芮之君，相与争田，久而不平，乃相谓曰：‘西伯，仁人，盍往质焉?’及境，见行让路，耕让畔，咸相谓曰：‘我等小人，不可以履君子之庭。’”① 何谓“履君子之庭”？恰可谓道德践履。且不论“庭”是否仅为君子所有，小人有否，仅据此条所注来看，即可知“庭”不应当由既定的建筑形式“囿限”，其所指，实是“行让路，耕让畔”的仁举。因此，建筑形式必然是可以被抽象化、意义化，乃至道德化，而体现威权的。

① 乐史、王文楚：《太平寰宇记》（卷之六），中华书局2007年11月版，第99页。

第三章
开放：魏晋时期建筑美学的胸襟

魏晋时期建筑之美可以被视为魏晋风度、玄学、丹药、酒与山水结合的结果。其时，一个人可以选择继续信赖、投靠名教，或不再信赖、投靠名教，自然的怀抱始终是敞开着的。人们开始借助玄佛，对现实的生死境遇加以思考，继而把这种种体悟用建筑的方式表达出来。

第一节 在乎山水间

一、魏晋士子的“岩栖”

建筑作为“起点”和“终点”，共同构筑起魏晋士子折返于自然的存在形态。《世说新语·任诞第二十三》记录过一个脍炙人口的故事：“王子猷居山阴，夜大雪，眠觉，开室，命酌酒，四望皎然。因起彷徨，咏左思《招隐诗》。忽忆戴安道。时戴在剡，即便夜乘小船就之。经宿方至，造门不前而返。人问其故，王曰：‘吾本乘兴而行，兴尽而返，何必见戴？’”[①] 王子猷在这个故事中，俨然是“男主角”，他乘兴而来，兴尽而返，在这个大雪纷飞的夜晚，既彷徨、孤独，又自恃、自在。“每一相思，千里命驾”[②] 之诚并不罕见，嵇康、吕安亦曾

① 刘义庆、刘孝标、余嘉锡、周祖谟等：《世说新语笺疏》（下卷上），上海古籍出版社1993年12月版，第759页。

② 刘义庆、刘孝标、余嘉锡、周祖谟等：《世说新语笺疏》（下卷上），上海古籍出版社1993年12月版，第769页。

有过。然而，这是一个关于两座建筑的“故事”——王子猷之所，是“起点”；戴安道之门，是“终点”。值得注意的细节是，王子猷是站在自己山阴居所的室门前，开始萌生、酝酿、积淀他需要用一场长途夜行来成就其“兴”的。事后，人们已经无法揣测和忖度，如果王子猷“经宿方至”戴安道之所，看到戴安道就坐在门前，又该是怎样的局面。掉头就走吗？还是不走了，坐下来，酌一壶酒？不得而知。但无论如何，戴安道闭合的家门，构成了此行的“终点”，以及使得王子猷重返“自然”，“折返”于自然的媒介。如果这个故事发生在欧洲，发生在中世纪，王子猷有几分可能站在教堂的大门前兴尽而回？这样的假设是没有意义的，因为只有在“这里”，建筑才是“平等”的，它们同是人的居所，而不构成价值观念链条中的“落差”、“级别”，乃至“救赎”与“审判”——你可以来，也可以走，我可以等，也可以空，你来不来，走不走，我等不等，空不空，都是“兴”起的结果，没有捍卫，没有责任感，却有着浓稠的非对象化的与生命之自然呼吸同一步调的存在感、拥有感。

谢灵运无疑是“山水”文化的“始祖”，他在《山居赋》中提到过四种“居”：“古巢居穴处曰岩栖，栋宇居山曰山居，在林野曰丘园，在郊郭曰城傍。”① 谢灵运“卧疾山顶”，并不是卧在山顶的草丛里、松树上，而只是一种“栋宇居山”的处所表达。所谓“言心也，黄屋实不殊于汾阳；即事也，山居良有异乎市廛”②，然而无论岩栖、山居，还是丘园、城傍，“居”者都不脱离于建筑而存在，故有“敞南户以对远岭，辟东窗以瞩近田”③。既然要远离尘嚣，为什么还要住在房子里，不直接睡在地上？又果真如此吗？谢灵运《初至都》中就有句话说，“寝憩托林石，巢穴顺寒暑”④，他便睡在了“林石”上，不过这终究不是长久之计，他随即又住进了“巢穴”里——因为“栉风沐雨，犯露乘星”，所以，这才需要“剪榛开径，寻石觅崖。四山周回，双流逶迤。面南岭，

① 陶渊明、谢灵运：《陶渊明全集（附谢灵运集）》（卷一），上海古籍出版社 1998 年 6 月版，第 43 页。

② 陶渊明、谢灵运：《陶渊明全集（附谢灵运集）》（卷一），上海古籍出版社 1998 年 6 月版，第 43 页。

③ 陶渊明、谢灵运：《陶渊明全集（附谢灵运集）》（卷一），上海古籍出版社 1998 年 6 月版，第 47 页。

④ 陶渊明、谢灵运：《陶渊明全集（附谢灵运集）》（补遗），上海古籍出版社 1998 年 6 月版，第 115 页。

建经台。倚北阜，筑讲堂。傍危峰，立禅室。临浚流，列僧房”①。建筑的各种元素，台、堂、室、房，在“山居图”中可谓无一不具，百备不缺。建筑所在地不同，时在山阴，时在田园，却能够营造出不同的意境，恰恰说明建筑本身是多元的，其适应程度高，适应对象丰富、复杂——它“镶嵌”甚至“熔铸”在了穴处、山体、林野、郊郭里，合而为一，了无痕迹。

谢灵运曾自述其“岩栖”经历，《诣阙上表》：“臣自抱疾归山，于今三载。居非郊郭，事乖人间。幽栖穷岩，外缘两绝。”② 他素来自称为“山栖之士”。这一点，不仅是奏表，就是《与庐陵王笺》、《又答范光禄书》中亦有表述。③ 嵇康《述志诗二首》亦言：“岩穴多隐逸，轻举求吾师。”④ 可见当时岩栖之流行。嵇康紧接着说道：“晨登箕山巅，日夕不知饥。玄居养营魄，千载长自绥。”⑤ 何谓“玄居”？玄者，深也，隐也，远也——可知，岩栖与玄居，也即深居、隐居、远居，是“对等”的实践形式。“玄居养营魄”，业已说明，营魄是可以通过玄居来滋养的，是玄居萌生的后果。类似的说法又可见于《郭遐周赠三首》。⑥ 而据《方舆胜览·利州西路·龙州》“风俗”可知，其俗“岩居谷处，多学道教，罕有儒术”⑦。

嵇康所谓的“栖崖”，俨然是要把建筑融化在天地中。其《答难养生论》中描述过这样一种状态：“含光内观，凝神复璞，栖心于玄冥之崖，含气于莫大之涘者，则有老可却，有年可延也。”⑧ 在中国思想史上，嵇康是个难点，他同时也是一个具有历史意义的折返点。以“玄冥之崖”来说，它究竟还算不算是建筑？它可能经过了人为加工，但它更有可能是非人工的自然之物。当一个人栖息

① 陶渊明、谢灵运：《陶渊明全集（附谢灵运集）》（卷一），上海古籍出版社 1998 年 6 月版，第 51 页。

② 陶渊明、谢灵运：《陶渊明全集（附谢灵运集）》（卷一），上海古籍出版社 1998 年 6 月版，第 69 页。

③ 参见陶渊明、谢灵运：《陶渊明全集（附谢灵运集）》（卷一），上海古籍出版社 1998 年 6 月版，第 70 页。

④ 嵇康、戴明扬：《嵇康集校注》（卷第一），中华书局 2015 年 1 月版，第 55 页。

⑤ 嵇康、戴明扬：《嵇康集校注》（卷第一），中华书局 2015 年 1 月版，第 55 ~ 56 页。

⑥ 参见嵇康、戴明扬：《嵇康集校注》（卷第一），中华书局 2015 年 1 月版，第 86 页。

⑦ 祝穆、祝洙、施和金：《方舆胜览》（卷之七十），中华书局 2003 年 6 月版，第 1229 ~ 1230 页。

⑧ 嵇康、戴明扬：《嵇康集校注》（卷第四），中华书局 2015 年 1 月版，第 278 页。

乃至栖心于这样一个自然物中，他是否仍然身处于建筑体中？这就是嵇康解构的重点。算不算？什么是算什么是不算？在不在？什么是在什么是不在？算、不算，在、不在，类似命题“背后”已然潜藏着一种理所应当的质性的约束与界定。而嵇康作为一种文化现象，他的核心意义，就在于他的“去符号化”过程——“去符号化”就是他的解构——他“禁止”对方发出如是提问。事实上，他抹消了符号对于自然本身的比附与限制，他要回到一种带有本体论色彩的自然的万物的生命意境。为了实现这样一种意境，他拒绝道德绑架，他否定占验操弄，他甚至不惜用无意义的反意义的带有逻辑悖谬的个人语言来冲刷胶着在本真生命之上的符号污垢。在这样一种努力之下，建筑和音声一样，无所谓哀乐的寄托，无所谓人工与非人工的预设。如果一定需要一个答案的话，建筑是一种空间，仅此而已。

麻衣葛巾，逸民之操，是魏晋士子的雅趣。是时，“濠上之客，柱下之史，悟无为以明心，托自然以图志。辄以山水为富，不以章甫为贵，任性浮沉，若淡兮无味”①。“纯朴”是一种人生况味——自然山水，已然寄寓着明心而任性的价值观念，无痕有味，无味有得，若得若失，浮沉如水。“岩栖”走向极致，其终极意义是对自然物加以哲学化的阐释。据《云笈七签·三洞经教部·三洞》所载，“《道门大论》云：三洞者，洞言通也。通玄达妙，其统有三，故云三洞。第一洞真，第二洞玄，第三洞神。乃三景之玄旨，八会之灵章”②。洞作为穴居之穴乃至岩栖之崖的衍生品，与“通”发生勾连，也就自然与“会”、与“变”、与“达”建立了“本体论”上的联系，而孕育了“道”之实践的建筑想象。《世说新语·巧艺第二十一》：“顾长康画谢幼舆在岩石里。人问其所以，顾曰：‘谢云：“一丘一壑，自谓过之。”此子宜置丘壑中。’”顾恺之为什么要把谢鲲画在岩石里？因为他应当被放置在丘壑中。谢鲲自言：“一丘一壑，自谓过之。”这句话是解释一切的关键。《世说新语·品藻第九》中，谢鲲在回答明帝之问——“何如庾亮”时，有着更为明确的解释：“端委庙堂，使百僚准则，臣不如亮。

① 杨衒之、周祖谟：《洛阳伽蓝记校释》（卷二），上海书店出版社2000年4月版，第90页。

② 张君房、李永晟：《云笈七签》（卷之六），中华书局2003年12月版，第86页。

一丘一壑，自谓过之。”① 丘壑与庙堂是对反的概念。“自谓过之”的“之”，指的是庾亮，而不是山水。谢鲲的实际意思是，他在陶醉于山水、沉浸于丘壑这一方面，自认为是远胜于庾亮的。既然如此，顾恺之也自然要把他画在岩石里了。②

山水是建筑之心吗？建筑是天地之心吗？这要问：天地有心吗？这要看由谁来回答，怎么回答。《易》之复卦《象》中有“复其见天地之心乎”一句，王弼曰：“天地以本为心者也。凡动息则静，静非对动者也。语息则默，默非对语者也。然则天地虽大，富有万物，雷动风行，运化万变，寂然至无，是其本矣。故动息地中，乃天地之心见也。若其以有为心，则异类未获具存矣。”③ 这是玄学，王弼的玄学，他所生发的，是一个“本”字。天地有心吗？有，心即天地之本。天地有本吗？有，本即天地之无。如果不以无为本，以有为本呢？“则异类未获具存矣”。王弼把“天地之心”本体论化了，“心”不再是一种主体论话题，他所强调的是“天地之本”，以及结合其“以无为本”的论调，所推出的“天地之无”。这一本体论建构的结果，将会追溯到老庄万物等齐如一的道法自然那里去。不过，孔颖达也因此说过：“天地非有主宰，何得有心？以人事之心，托天地以示法尔。”④ “道法自然”无论是一条真理也好，一个态度也好，一种事实也好，都是人事之心“托”天地而出示的结果。至于人心，则千差万别。所以，把山水、建筑与天地之心对应起来或割裂开来并不能产生所谓积极的意义——后者本

① 刘义庆、刘孝标、余嘉锡、周祖谟等：《世说新语笺疏》（中卷下），上海古籍出版社 1993 年 12 月版，第 512 页。

② 壑谷即窟室，这是有文献直接证明的。“郑伯有为窟室而饮酒，朝者曰：‘公焉在?’其人曰：‘吾公在壑谷。’”杜注云：“壑谷，窟室也。”［乐史、王文楚：《太平寰宇记》（卷之九），中华书局 2007 年 11 月版，第 171 页。］“壑谷”与“窟室”同为处所，二者所提供给人的空间感并无区别——自然与人为的界限被“消弭”了，被一种来去有无的山居体验所“掩盖”。

③ 王弼、韩康伯、陆德明、孔颖达：《周易注疏》（卷五），中央编译出版社 2016 年 1 月版，第 152 页。

④ 王弼、韩康伯、陆德明、孔颖达：《周易注疏》（卷五），中央编译出版社 2016 年 1 月版，第 153 页。

身是一个过于复杂而不稳定的知识体系。①

中国古代并非没有完全由石而制的生活建筑。② 典籍中，时常可见“石室”。据《太平寰宇记·剑南西道一·益州》之“华阳县”载，当地“文翁学堂”又名为“周公礼殿”，《华阳国志》云：“文翁立学，精舍、讲堂作石室，一曰玉室，在城南。安帝永初后，学堂遇火，太守陈留高眹更修立，又增造一石室。”③ 这座学堂基高六尺，厦屋三间，通绘古人画像及祥瑞，构制古雅，统序有自，绝非“断章”。同样是蜀地，据《太平寰宇记·剑南西道二·永康军》之“导江县”，有“玉女房”。李膺《益州记》云：“其房凿山为穴，深数十丈，中有廊庑堂室，屈曲似若神功，非人力矣。”④ 相似的石室，另据《太平寰宇记·剑南西道七·茂州》之“汶川县”记载亦存在：“石室，冉駹夷人所造者，十余丈，山岩之间往往有之。”⑤ 可见，石室的出现多与地方性自然条件有关——蜀地多山体岩石而易于取材。凡有山之处，多有石室可见。在这里，仅以江南为例。《太平寰宇记·江南东道九·衢州》之“西安县”有“石室山”：“晋中朝时有王质者，常入山伐木，至石室，见有童子数四弹琴而歌，质因放斧柯而听之。”⑥ 这是一个我们一旦知道了开头，便一定知道结局，烂熟于胸的故事，亦可见于《太平寰宇记·岭南道三·端州》之“高要县”东三十六里之“烂柯山”、“斧柯山”条，《方舆胜览·浙东路·衢州》之“烂柯山”条。⑦ 类似情节还可见于《方舆

① 以山水比附仁智的经验几乎是通设。袁学澜《游狮子林记》中有句话说：“园中位置，东半多山，西半多水，渟峙境分智仁，动静交相为用，类有道者之所设施。”（袁学澜：《游狮子林记》，王稼句：《苏州园林历代文钞》，上海三联书店2008年1月版，第36页。）东山、西水即与仁、智、静、动交相呼应，举类为道之表现的。

② 中国各族类的文化形态之于建筑形制，本来有别。据《方舆胜览·夔州路·涪州》之“风俗”，《郡志》曰：“俗有夏、巴、蛮、夷，夏则中夏之人，巴则廪君之后，蛮则盘瓠之种，夷则白虎之裔。巴、夏居城郭，蛮、夷居山谷。”［祝穆、祝洙、施和金：《方舆胜览》（卷之六十一），中华书局2003年6月版，第1067～1068页。］居于城郭还是居于山谷，类似选择不是个人问题，不是血缘问题，甚至不是地域问题，而关乎带有文化标记的族类。

③ 乐史、王文楚：《太平寰宇记》（卷之七十二），中华书局2007年11月版，第1467页。

④ 乐史、王文楚：《太平寰宇记》（卷之七十三），中华书局2007年11月版，第1495页。

⑤ 乐史、王文楚：《太平寰宇记》（卷之七十八），中华书局2007年11月版，第1575页。

⑥ 乐史、王文楚：《太平寰宇记》（卷之九十七），中华书局2007年11月版，第1945页。

⑦ 参见祝穆、祝洙、施和金：《方舆胜览》（卷之七），中华书局2003年6月版，第125页。

胜览·浙东路·台州》之“刘阮山”条——讲述的是汉永平之刘晨、阮肇上山采药，“误入歧途”，既出，子孙已七世的故事。王质所见，则为赤松子、安期生之对弈。① 王质的经历，是在一间石室内发生的；类似建筑，密布于江南。据笔者统计，以《太平寰宇记》为底本，江南“石室”又可见于江南西道歙州休宁县白岳山②，江南西道歙州祁门县祁山③，江南西道信州弋阳县隐士石室④，江南西道信州贵溪县石堂⑤，江南西道虔州赣县赤石山⑥，江南西道虔州安远县归美山⑦，江南西道袁州宜春县桃源洞⑧，江南西道袁州宜春县石室⑨，江南西道袁州万载县陶公石室⑩，江南西道吉州永新县复山⑪，江南西道潭州湘潭县鸡头陂⑫，江南西道邵州邵阳县仙人石室⑬，江南西道澧州澧阳县大浮山⑭，江南西道朗州武陵县淳于山⑮等等。在各种民间传说中，石室里俨然住着各路神仙，如雷师，可见徐铉《稽神录》之“番禺村女”条。⑯

山居的典范，莫若道士。《太平寰宇记·河南道二十三·沂州》之“费县”

---

① 参见乐史、王文楚：《太平寰宇记》（卷之一百五十九），中华书局2007年11月版，第3058页。

② 乐史、王文楚：《太平寰宇记》（卷之一百四），中华书局2007年11月版，第2063页。

③ 乐史、王文楚：《太平寰宇记》（卷之一百四），中华书局2007年11月版，第2068页。

④ 乐史、王文楚：《太平寰宇记》（卷之一百七），中华书局2007年11月版，第2153页。

⑤ 乐史、王文楚：《太平寰宇记》（卷之一百七），中华书局2007年11月版，第2157页。

⑥ 乐史、王文楚：《太平寰宇记》（卷之一百八），中华书局2007年11月版，第2174页。

⑦ 乐史、王文楚：《太平寰宇记》（卷之一百八），中华书局2007年11月版，第2179页。

⑧ 乐史、王文楚：《太平寰宇记》（卷之一百九），中华书局2007年11月版，第2197页。

⑨ 乐史、王文楚：《太平寰宇记》（卷之一百九），中华书局2007年11月版，第2198页。

⑩ 乐史、王文楚：《太平寰宇记》（卷之一百九），中华书局2007年11月版，第2204页。

⑪ 乐史、王文楚：《太平寰宇记》（卷之一百九），中华书局2007年11月版，第2217页。

⑫ 乐史、王文楚：《太平寰宇记》（卷之一百一十四），中华书局2007年11月版，第2323页。

⑬ 乐史、王文楚：《太平寰宇记》（卷之一百一十五），中华书局2007年11月版，第2334页。

⑭ 乐史、王文楚：《太平寰宇记》（卷之一百一十八），中华书局2007年11月版，第2376页。

⑮ 乐史、王文楚：《太平寰宇记》（卷之一百一十八），中华书局2007年11月版，第2381页。

⑯ 参见徐铉、傅成：《稽神录》（卷一），《稽神录　睽车志》，上海古籍出版社2012年8月版，第14页。

西北八十里有“蒙山”，《高士传》：“老莱子隐居蒙山之阳，以蒹葭为墙，蓬蒿为室，岐木为床，蓍艾为席，衣缊饮水，垦山播殖，著书十五篇，言道家之用。”① 老莱子既改变了处所的位置，亦更换了居室的材质，但并未从本质上解构建筑的空间感——他所谓的山居，同样需要室需要墙，需要席需要床，以及安置这一切的空间。老莱子所居或可称高配精装“豪华版”，亦有普及性的“简配版”，如谢朓之谢公山。《太平寰宇记·江南西道三·太平州》之“当涂县”有“谢公山”：“齐宣城太守谢朓筑室及池于山南，其宅阶址见存，路南砖井二口。”② 在满足人的基本生存需要之外，谢朓把胸廓留给自然。天下名山，多是为得道成仙准备的。事实上，早在庄子那里，已有“岩居”的说法。《庄子·外篇·达生第十九》：“鲁有单豹者，岩居而水饮，不与民共利，行年七十而犹有婴儿之色。”③ 可见当时，这一做法之流行。据《太平寰宇记·关西道五·华州》之“华阴县”对华山的各种记载可知，这座山是被河神巨灵手擘足踏而成的，顶上有池，生千叶莲花，服之即可羽化。这座山上，万物生华。秦始皇三十一年九月庚子，盈濛在华山上乘云架龙，白日升天。鲁女生初饵胡麻，即可绝谷八十余年，色如桃花。中山卫叔卿乘云车，驾白鹿，见汉武，不言而去。华山上甚至有明星玉女，“手持玉浆，得服之，则仙矣”④。人们愿意相信“仙迹”，更愿意把这些“仙迹”安顿在山水间，使得自己所想象的那个缥缈的神仙世界，既神秘，却又不是完全无迹可寻。凿穴而居，是时人的现实选择，并不罕见。《十六国春秋》云：“王昭，字子年，隐于东阳谷，凿穴而居。弟子受业者百人，亦皆穴处。”⑤ 据《太平寰宇记·关西道五·华州》记载，王昭穴居之处，即“渭南县”之“倒兽山”，又名“玄象山”。以地域文化的视角来看待，岩穴之居，是一种风俗。《太平寰宇记·岭南道十二·宜州》记录“宜州”风俗云：“礼异俗殊，以岩穴为居止。”⑥ 本是自然而然的道理。一个人住在山里、山洞里，真能

① 乐史、王文楚：《太平寰宇记》（卷之二十三），中华书局2007年11月版，第482页。

② 乐史、王文楚：《太平寰宇记》（卷之一百五），中华书局2007年11月版，第2082页。

③ 郭象、成玄英、曹础基、黄兰发：《南华真经注疏》（卷七），中华书局1998年7月版，第373页。

④ 乐史、王文楚：《太平寰宇记》（卷之二十九），中华书局2007年11月版，第619页。

⑤ 乐史、王文楚：《太平寰宇记》（卷之二十九），中华书局2007年11月版，第624页。

⑥ 乐史、王文楚：《太平寰宇记》（卷之一百六十八），中华书局2007年11月版，第3215页。

变成神仙吗?《太平广记·神仙二·彭祖》中提到:“人苦多事，少能弃世独往。山居穴处者，以道教之，终不能行，是非仁人之意也。”① 以彭祖的视角来看，“山居穴处”的“可行性”极为有限，至多不过是行道的条件，道教的法门之一。

谈起陶渊明心中的自然，人们无不提及他的《归园田居五首》，继而被他那种性爱丘山之本，却误落尘网之中的悖谬、无奈与愤懑所感染——在陶渊明看来，生命理不应当久在樊笼里，而应当复归、返回造化自然。问题是，何“自然”之有?一方面，所谓“山泽游”、“林野娱”的结果，当他带着他的子侄，“披榛步荒墟”之后，终于发现那丘、那陇不过是昔人的居处、遗留和残朽，是人生生死死的证明，幻化而归于空无的意境，并非全然异在于人的荒凉场所;另一方面，无论陶渊明是把自己比作羁鸟还是池鱼，他最终践履的“自然”，仍旧是“开荒南野际，守拙归园田。方宅十余亩，草屋八九间”②。“幽居”于自然在逻辑上与“归园田居”是一致的。陶渊明的“自然”不脱离于自然界，却不可泥“实”，实乃自然而然之“态”——无物所累、无尘所染的“精神生态”，这一切都将在广义的建筑体内加以实践，予以完成。“自然”，就在陶渊明那个关于田园的梦里。提到陶渊明，脍炙人口的莫过《饮酒二十首》中的那两句话:“结庐在人境，而无车马喧。问君何能尔?心远地自偏。”③ 这短短的二十个字，给我们提供的信息是，首先，陶渊明的乌托邦一定不是要绝尘而去，逃离此处，奔赴他乡，他说的是“人境”，不是神墟，不是仙山，不是鬼域，不是不知其始不知所终而不知身在何处的彼岸世界，而是人世。其次，他要在人境“结庐”，所谓理想国，便藏之于这“结”的过程中——“吾庐”，自然是由“吾”自己“了结”。另外，此庐在世间，却又与他者保持充分的距离——他接受“人”这样一种族群的存在，却在尽量回避众生的喧嚣与躁动。最终，君何能者，心远而偏——这已然不是动力的问题，而是能力的问题——我所能做到的，是心远，是自偏，此一精神境界的理想国仍旧“溶解”于我的生命性活动，如盐在水——

① 李昉等:《太平广记》(卷第二)，中华书局1961年9月版，第11页。

② 陶渊明、谢灵运:《陶渊明全集(附谢灵运集)》(卷二)，上海古籍出版社1998年6月版，第7页。

③ 陶渊明、谢灵运:《陶渊明全集(附谢灵运集)》(卷三)，上海古籍出版社1998年6月版，第17页。

"结庐"。因此，魏晋士子之于山水、之于田园的向往，非但没有脱离中国建筑美学的语境，反倒是以更为深刻、更为细腻的笔触把中国建筑美学内在化了，心性化了。

一个身居自然的"自然人"，究竟能给这个世界留下什么？据《方舆胜览·京西路·襄阳府》之"庞德公"条可知，庞德公为后汉南郡襄阳人，居于岘山南广昌里，"未尝入城府，夫妻相敬如宾。时刘表延请不能屈，乃就候之。曰：'先生苦居畎亩，而不肯官禄，后世何以遗子孙？'公曰：'世人皆以危，今独遗之安。'后遂携妻子登鹿门山，采药不返"①。"何以遗子孙？"能留下什么？"安"——"安"是可以留的。身居自然的自然态是属于个人的体验，庞德公却以亲历者的身份告诉我们，这种心安理得的情状可以遗传——并不是所有身居自然的身心皆可安然，但身居自然毕竟提供了身心安然的环境与条件，使得人与山水更近，与喧嚣更远。

陶渊明《桃花源记》之"桃花源"，"有小口，舍舟从口入，豁然开朗"②。它所蕴含的"本义"是"吞吐原型"，是"肚子哲学"，同样也是一种以叙事影响建筑的典型形态。类似于桃花源的叙事结构寻常可见。③《太平寰宇记·淮南道四·庐州》之"合肥县"有"焦湖庙"，引《搜神记》、《幽明录》："焦湖庙有一柏枕，或名玉枕，有小坼。时单父县人杨林为贾客，至庙祈求。庙巫谓曰：'君欲好婚否？'林曰：'幸甚。'巫即遣林近枕边，因入坼中，遂见朱门琼室，有赵太尉在其中，即嫁女与林，生六子，皆为秘书郎。历数十年，并无思乡之志。忽如梦觉，犹在枕傍，林怆然久之。"④我们从中关注到这样一个细节：小坼，以及小坼之后"遂见朱门琼室"的开敞。杨林在面对一座建筑时，一段崭

① 祝穆、祝洙、施和金：《方舆胜览》（卷之三十二），中华书局2003年6月版，第579页。

② 祝穆、祝洙、施和金：《方舆胜览》（卷之三十），中华书局2003年6月版，第535页。

③ 所谓桃花源般的"经过"以及境遇，是可以找到相似的"异域"案例的。童寯便说过，"走进蒂沃利的艾斯泰别墅，穿过昏暗的走廊和大厅，眼前豁然出现一片无比壮丽的风光。在所有中国园林中，游人都会获得类似体验。"（童寯：《园论》，百花文艺出版社2006年1月版，第2页。）这种昏暗与豁然鲜明而显著的对比，会给人留下深刻的挣脱与释放，甚至超越的印象。

④ 乐史、王文楚：《太平寰宇记》（卷之一百二十六），中华书局2007年11月版，第2493页。

新的生活扑面而来——新生与建筑同步、同构。小坼与朱门构成了鲜明对比，作为曲径通幽的注脚，曲径的逼仄与之后的豁然开朗成为后世江南园林必不可少的“套路”，它使人对动与静，过程与结果，咫尺之间，有了最直接最现实最丰富的体验。另如《方舆胜览·江东路·徽州》之“樵贵谷”条，“昔土人入山，行之七日，至一穴豁然，周三十里，中有十余家，云是秦人，入此避地”①。“一穴豁然”的境遇，亦可谓之“小桃源”。为什么“桃源”里总是秦人？为避秦法。秦法想避就避吗？《方舆胜览·江西路·建昌军》之“秦人洞”辑录了一首李泰伯的小诗：“秦法虽甚苛，秦吏若犹拙。山林不数里，俾尔逃得绝。”② 秦法苛刻，但秦吏笨拙，只要钻进山林里，也便逃脱了。如此看来，“桃源”并不难寻，难在“通道”的设计。文学的文本中，更可对此类“通道”加以变形、异化处理。《稽神录·军井》中，就把此一“通道”改为军井。③ 据《方舆胜览·江东路·建康府》之“乌衣巷”所载，《异闻小说》：“唐王榭居金陵，以航海为业。一日海风飘舟破，榭独附一板抵一洲，蓦见翁妪皆皂服，揖榭曰：‘吾主人郎也。何由至此？’榭以实对，乃引至其家。住月余，又引见王翁，曰：‘某有小女，年方十七，此主人家所生也，欲以奉君。’乃择日备礼成婚。因询其国，曰：‘乌衣国也。’女忽阁泪曰：‘恐不久睽别。’王果遣人谓榭曰：‘君某日当回。’命取飞云轩来，令榭入其中，戒以闭目，不尔即坠大海。榭如其言，但闻风声涛响。既久开目，已至其家，四顾无人，惟梁上有双燕呢喃，乃悟所至盖燕子国也。”④ 这是一个结构极为完整的“类桃源”故事，我们关注的焦点仍然是贯穿这一故事的“通道”。在这里，所谓“通道”共出现过两次，一为“榭独附一板”的“一板”，另一则为“命取飞云轩”的“飞云轩”——虽然“小坼”出现了“变异”，但“功能”并无二致。此一“板”一“轩”，共同点在于“窄小”，在于“密闭”，人运行其间而无知觉，或被屏蔽——多为被动——并与运行之后的目的地形成巨大反差，体现为此岸与彼岸，现实与梦境的转换。这一转

① 祝穆、祝洙、施和金：《方舆胜览》（卷之十六），中华书局2003年6月版，第284页。

② 祝穆、祝洙、施和金：《方舆胜览》（卷之二十一），中华书局2003年6月版，第381页。

③ 参见徐铉、傅成：《稽神录》（卷一），《稽神录 睽车志》，上海古籍出版社2012年8月版，第16页。

④ 祝穆、祝洙、施和金：《方舆胜览》（卷之十四），中华书局2003年6月版，第252页。

换，依旧对园林“曲径”之幽深、晦暗提供了合法性的依据。类似的“航海”遇难、脱险、返归的故事，亦可见于《稽神录》之“青州客”条。① 据《方舆胜览·江东路·南康军》之“落星寺”条，黄鲁直有首诗甚好：“密房各自开户牖，蚁穴或梦为侯王。不知青云梯几级，更借瘦藤寻上方。”② 正所谓“借瘦藤”而“寻上方”。这个“上方”不一定只是一个不受苛政约束、拒绝“文明”的蒙昧世界，反而可能肩负着传承“文明”的责任。据《方舆胜览·湖北路·辰州》之“小酉山”条，《方舆记》云：“山下有石穴，中有书千卷，秦人避地，隐学于此。”③ “避地”的目的，恰恰是为书卷，为隐学。当然也有欲渡却还，回舟而去的，如《稽神录》之“洞中道士对棋”条。④

二、山水与风水

人在山水间，并非主宰者，而是观察者、领会者、体验者。《世说新语·言语第二》：“王子敬曰：‘从山阴道上行，山川自相映发，使人应接不暇。若秋冬之际，尤难为怀。’”⑤ 其中的关键词，是“自相映发”，不劳人为。山川怎么“自相映发”？峰峦叠嶂，可吐纳云雾；松栝枫柏，可擢干竦条；潭丘壑谷，可清流泻注，哪一个不能“自相映发”?! 人只要在这里，自然会被浸润、被感发。山水、山水之物与人的关系，不只是主客般你我分明，而有彼此相互的酬答在。“简文入华林园，顾谓左右曰：‘会心处不必在远。翳然林水，便自有濠濮间想也。觉鸟兽禽鱼，自来亲人。’”⑥ 不是我要亲物，而是物来亲我。我宁静，我等待，我心中有濠濮间想，万物自然会回应、酬答于我。我与万物是均衡的、流动

① 参见徐铉、傅成：《稽神录》（卷二），《稽神录 睽车志》，上海古籍出版社 2012 年 8 月版，第 26 页。

② 祝穆、祝洙、施和金：《方舆胜览》（卷之十七），中华书局 2003 年 6 月版，第 308 页。

③ 祝穆、祝洙、施和金：《方舆胜览》（卷之三十），中华书局 2003 年 6 月版，第 547 页。

④ 参见徐铉、傅成：《稽神录》（补遗），《稽神录 睽车志》，上海古籍出版社 2012 年 8 月版，第 86 页。

⑤ 刘义庆、刘孝标、余嘉锡、周祖谟等：《世说新语笺疏》（上卷上），上海古籍出版社 1993 年 12 月版，第 145 页。

⑥ 刘义庆、刘孝标、余嘉锡、周祖谟等：《世说新语笺疏》（上卷上），上海古籍出版社 1993 年 12 月版，第 120～121 页。

的、周流不息的。“自来亲人”之逻辑并不只是道家思想的延伸，而是掺杂着外来佛学的思路。《世说新语·文学第四》：“殷、谢诸人共集。谢因问殷：‘眼往属万形，万形来入眼不?’”① 这段对话，谢安有问，殷浩无答，显然是在《成实论》眼识触目见色的解说上发问的，企图探讨的是根、识、境之间的一种“同一性”关系。魏晋风度本身并不与佛教初传同流。《世说新语·轻诋第二十六》：“王北中郎不为林公所知，乃著论《沙门不得为高士论》。大略云：‘高士必在于纵心调畅，沙门虽云俗外，反更束于教，非情性自得之谓也。’”② 佛教之教性，与魏晋风度内在的情性悖反，于佛教初传之始，远未达到一体两面的水平，而甚至带有某种不屑乃至排斥、敌意的情绪。这一情形使得佛教建筑之于中土的“落地生根”倍加艰难。换句话说，魏晋时期的建筑文化虽然已铺垫了多元文化的底蕴，但其形式上的“开放”，仍旧积淀于其山居岩栖的隐逸记忆中。

在山水间的“存在者”，究竟是什么？是树木。《世说新语·德行第一》中，陈季方在回应家君太丘之功德何以为天下重时说：“吾家君譬如桂树生泰山之阿，上有万仞之高，下有不测之深；上为甘露所霑，下为渊泉所润。”③ 这一描述通常会被追溯至枚乘《七发》的“龙门之桐”，获意于通过形象的比德而寻求某种拟人化的表达——桂、桐，在本质上，是山水“酝酿”的、“造化”的，固有来处、本根。更为常见的喻指是把人比作岩石，例如王导之于太尉王衍的评价：“岩岩清峙，壁立千仞”④，以及其对刁玄亮、戴若思、卞望之的评价。⑤ 然而，如是比附在逻辑上相对于魏晋士子体验、浸润山水的风度迥然不同。“我”在山水中并不意味着“我”是山水的“产物”。不过，“树木”这一存在者，却以先验地化入山水的优先身份留存下来，渗透于山水建筑的肌理。魏晋时期，人们究

① 刘义庆、刘孝标、余嘉锡、周祖谟等：《世说新语笺疏》（上卷下），上海古籍出版社1993年12月版，第232页。

② 刘义庆、刘孝标、余嘉锡、周祖谟等：《世说新语笺疏》（下卷下），上海古籍出版社1993年12月版，第845页。

③ 刘义庆、刘孝标、余嘉锡、周祖谟等：《世说新语笺疏》（上卷上），上海古籍出版社1993年12月版，第11页。

④ 参见刘义庆、刘孝标、余嘉锡、周祖谟等：《世说新语笺疏》（中卷下），上海古籍出版社1993年12月版，第442页。

⑤ 参见刘义庆、刘孝标、余嘉锡、周祖谟等：《世说新语笺疏》（中卷下），上海古籍出版社1993年12月版，第452页。

竟如何看待树木？《世说新语·德行第一》："王祥事后母朱夫人甚谨。家有一李树，结子殊好，母恒使守之。时风雨忽至，祥抱树而泣。"① 风雨是夜晚来临的，王祥的抱树而泣，实则泣至翌日之晓。这一幕，被后母看到，"见之恻然"，但当时的王祥，不会知道，另一个夜晚，他的后母会提着刀，来到他的床前，想杀了他。王祥所抱之树，如其母怀，他大概是以为，他就是那结出的李子。此株庭中之树，虽不是建筑使用的素材，却被建筑围护，而沾溉着王祥内心最深挚的情感，记录着人与树的故事。树木给人留下的首要印象，不是其粗壮的围度与遒劲的姿态，而是这背后，人对于时间流逝、岁月无情的感悟。《世说新语·言语第二》："桓公北征经金城，见前为琅邪时种柳，皆已十围，慨然曰：'木犹如此，人何以堪！'攀枝执条，泫然流泪。"② 桓温于咸康七年（341）任琅邪国内史镇守金城，太和四年（369）伐燕，这之间，过了将近三十年。昔日的柳树，今日已有十围，让桓温"泫然流泪"，它所潜藏的不是王祥"抱树而泣"、寄身无处的无助感，却是另一种沧桑的过往"堆积"于眼前的明证。树木有灵，非仅匠人、主人语。《世说新语·术解第二十》："王丞相令郭璞试作一卦，卦成，郭意色甚恶，云：'公有震厄！'王问：'有可消伏理不？'郭曰：'命驾西出数里，得一柏树，截断如公长，置床上常寝处，灾可消矣。'王从其语。数日中，果震柏粉碎，子弟皆称庆。大将军云：'君乃复委罪于树木。'"③ 树木显然是"万物有灵论"之载体。树木可以化解灾难，也就可以制造灾难，"一体两面"。树木不是任人载持的客体，自有其生命，乃至超自然的能量。这一理念在阮宣子所言之"社而为树，伐树则社亡；树而为社，伐树则社移矣"④ 中亦有体现，而更把土木紧密联系在一起了。

树木有生命，但树木除了其本身的生命外，还是一种媒介，它能够传递"消息"，成为"道场"——它是山之"生命"的表征，同时承托着人死亡后的尸

① 刘义庆、刘孝标、余嘉锡、周祖谟等：《世说新语笺疏》（上卷上），上海古籍出版社 1993 年 12 月版，第 15 页。

② 刘义庆、刘孝标、余嘉锡、周祖谟等：《世说新语笺疏》（上卷上），上海古籍出版社 1993 年 12 月版，第 114 页。

③ 刘义庆、刘孝标、余嘉锡、周祖谟等：《世说新语笺疏》（下卷上），上海古籍出版社 1993 年 12 月版，第 707 页。

④ 刘义庆、刘孝标、余嘉锡、周祖谟等：《世说新语笺疏》（中卷上），上海古籍出版社 1993 年 12 月版，第 304 页。

体，如早期契丹人所流行的树葬风俗。根据《隋书》、《北史》、《旧唐书》、《新唐书》等多部史书中的《契丹传》记载，北朝以来，契丹人会将死者的尸体载入山林，置放在树上，三年后收起遗骸而焚化。这一习俗可追溯至其祖先乌桓与鲜卑的崇山思想，而与其固有的“黑山”崇拜有关——“契丹人死后，魂归黑山。这应该是契丹人在族人死后将其送往大山（树葬）的意图所在，即希望死者的灵魂通过尸体所寄放之山而通往灵魂的最终归宿——黑山。高大的树木无疑是通往神山或天堂的最佳媒介，所以要将死者尸体置于树上。”① 树木究竟是不是人关于山的一种远古记忆？我们不得而知，也难以证明，但树木在现实的形式上显然是一种类似于“通道”、“衢路”的存在，它们以自我的生命展现着山的生命，并以自我的生命接纳人的死亡，影射着人死亡之后的灵魂去向。

山有“生命”，如何体现？举一个有趣的例子。据《太平寰宇记·山南东道二·均州》“武当县”之“武当山”所辑，郭仲产《南雍州记》云：“武当山广员三四百里，山高垅峻，若博山香炉，苕亭峻极，干霄出雾。学道者常百数，相继不绝，若有于此山学者，心有隆替，辄为百兽所逐。”② 此条亦可见于《方舆胜览·京西路·均州》之“武当山”条。③ 这着实是一幅意趣横生的画面，将那些“心有隆替”的学者逐出山门的，不是师傅，不是门徒，甚至不是神仙道长和隆替者自己，而是“百兽”——百兽出动，使得山体似乎具有了意志，继而幻化出神秘的意味。山居之山，固非田产。《世说新语·排调第二十五》：“支道林因人就深公买印山，深公答曰：‘未闻巢、由买山而隐。’”④ 山既然是寄托，所寄托的固然是自然情怀，而绝非利诱之心和财贿的考量。谢灵运爱山，爱的不是“真山”，而是“假山”，已成“典故”。据《方舆胜览·浙西路·镇江府》之“妙高台”条，有杨廷秀《妙高台诗》曰：“初云谢灵运爱山如爱命，掇取天台雁荡怪石头，叠作假山立中流。”⑤ 谢灵运“爱山如爱命”，怎么爱？“掇取”、

---

① 毕德广、魏坚：《契丹早期墓葬研究》，《考古学报》2016 年第 2 期，第 227 页。

② 乐史、王文楚：《太平寰宇记》（卷之一百四十三），中华书局 2007 年 11 月版，第 2780 页。

③ 参见祝穆、祝洙、施和金：《方舆胜览》（卷之三十三），中华书局 2003 年 6 月版，第 594 页。

④ 刘义庆、刘孝标、余嘉锡、周祖谟等：《世说新语笺疏》（下卷下），上海古籍出版社 1993 年 12 月版，第 802 页。

⑤ 祝穆、祝洙、施和金：《方舆胜览》（卷之三），中华书局 2003 年 6 月版，第 62 页。

"叠作"——制造"假山"。杨廷秀只说谢灵运爱山，并没有说谢灵运爱水，但谢灵运的假山就立于水的"中流"——山水不可分。谢灵运在运用他的心思、他的方式，构筑一个他所认为的山水世界的本真面目①——这才是他心目中的"真山真水"。山水可以是"假"的吗？当然。建章宫中的"渐台"高二十余丈，名曰"太液"，"池中有蓬莱、方丈、瀛洲、壶梁，象海中神山龟鱼之属"②。这是典型的"造假"！它丝毫也不掩盖，反倒极度彰显自身的立意与企图，它就是要通过这假山、这假水塑造出一个虚幻无征，但却引人入胜、入道的神仙世界。"假"的重点不在于"真假"之"假"，而在乎"假借"之"假"。假山假水，纯是人为吗？不一定。庄宪臣《桃源小隐记》云："凡峙而为山，流而为泉，皆地设非人工也，而以人力为之，则必取贷地灵以不朽。"③ 地有灵，人不过是贷取——贷取不意味着人为，所谓的"人为"是有条件的。④ 葛洪作为道教文化的早期代表，其最根本的逻辑是要假物、借物，而非造物的。他并不"剿灭"、"解构"人的欲望，他"顺应"、"化导"人的欲望。如何践履？通过外物，以外物为资为益为助。《太平寰宇记·淮南道一·扬州》之"江都县"有"厉王胥冢"，《抱朴子》云："吴主时掘大冢，有崇阁彻道，高可乘马。有铜人，皆大冠执剑。棺中人鬓已颁白，面体如生，以白璧三十枚藉尸，举之有玉，形似冬瓜，从怀中堕地，两耳及鼻中有黄金如枣，此骸骨因假物而不朽之效也。"⑤ 物是实现尸身不腐，有"不朽之效"的根因——与吴主的生前德行、心性修养毫无关系，物只是间接地隐喻着死者生前的阶级地位。这里的物满足的究竟是谁的欲望？是墓主人还是埋葬他的人？这已经不重要了。重要的是，如是所借之物中，

① 凡言"居"者，常与人工有关。《风俗通义·山泽·渠》："渠者，水所居也。"[应劭、王利器：《风俗通义校注》（卷十），中华书局2010年5月版，第481页。] 水所居，亦是人工造就的——水所居者，非江河湖海，而实为渠。

② 乐史、王文楚：《太平寰宇记》（卷之二十五），中华书局2007年11月版，第537页。

③ 庄宪臣：《桃源小隐记》，王稼句：《苏州园林历代文钞》，上海三联书店2008年1月版，第224页。

④ 《世说新语·容止第十四》："刘伶身长六尺，貌甚丑悴，而悠悠忽忽，土木形骸。"[刘义庆、刘孝标、余嘉锡、周祖谟等：《世说新语笺疏》（下卷上），上海古籍出版社1993年12月版，第611页。] 何谓"土木形骸"？余嘉锡做过解释，即乱头粗服，不加修凿，如原始土木一般的样子。换句话说，土木本身是无所谓装点的，土木只是土木，不劳人意之所为。

⑤ 乐史、王文楚：《太平寰宇记》（卷之一百二十三），中华书局2007年11月版，第2445页。

建筑不仅必要，而且是其余各物填充墓冢，以“大”为形式存在的前提。

如果说人可以山居，那可不可以水居呢？没有问题。《太平寰宇记·岭南道一·广州》之“清远县”东三十五里有“观亭山”，又名“观峡山”、“中宿峡”。“晋中朝时，县人有使至洛者，使讫将还，忽有一人寄其书云：‘吾家在观亭山前石间悬藤，即其处也，但扣藤，自当有人取之，若欲急达，勿失我书。’使者依其言，果有二人出水取书，拜曰阿伯欲令君前，辞不获免，遂入泉中。室屋靡丽，精光炫目，饮食言接，无异常人。客主礼毕，乃遣其出。虽经潜泳，衣不霑濡。”① 此条亦可见于《方舆胜览·广东路·广州》之“观亭山”，谭子和之《修海峤志》。② 这是一个“送快递”的故事——“快递小哥”，就是这位使者。“靡丽”的建筑坐落于山泉流水中，宛如“水晶宫”。值得注意的细节是最后八个字，“虽经潜泳，衣不霑濡”——人虽水居，却规避了水的阴湿之气，人所选取的是水甘洌、流动、无形的属性。不过从文化层面上来讲，所谓“入水不濡”实为一种道教法术。早在《博物志·方士》那里，就有“近魏明帝时，河东有焦生者，裸而不衣，处火不燋，入水不冻”③ 的记载，而《太平广记·神仙八·刘安》在诸多罗列中也提到，“一人能入火不灼，入水不濡，刃射不中，冬冻不寒，夏曝不汗”④，类似于“绝缘体”——刀枪不入，水火不侵。但更进一步而言，到了宋人那里，“入水不濡”又可以被提升为一种心理体验。罗大经《鹤林玉露·至人》即有言，“不濡不热，其言心耳，非言其血肉之身也”⑤，俨然是一种人生境界、内心修为。不过，它真正的本源出自《庄子·内篇·大宗师第六》在对“真人”的描述中：“若然者，登高不慄，入水不濡，入火不热，是

---

① 乐史、王文楚：《太平寰宇记》（卷之一百五十七），中华书局2007年11月版，第3018～3019页。

② 参见祝穆、祝洙、施和金：《方舆胜览》（卷之三十四），中华书局2003年6月版，第606～607页。

③ 张华、王根林：《博物志》（卷五），《博物志（外七种）》，上海古籍出版社2012年8月版，第25页。

④ 李昉等：《太平广记》（卷第八），中华书局1961年9月版，第52页。

⑤ 罗大经、孙雪霄：《鹤林玉露》（乙编卷三），上海古籍出版社2012年11月版，第101页。

知之能登假于道者也若此。”①“登假于道”是关键，此乃“真人”的实质。

山水间的自然物本身是“交换”自如的。《太平寰宇记·岭南道二·恩州》之“阳江县”西有“罗洲”，《图经》云：“海中有鱼，形如鹿，每五月五日夜，悉登岸化为鹿，小于山鹿。”② 鱼化为鹿，不是真假的问题，不是科学的问题，是文化的问题。这样一则传说，传递着一种消息：在山水间，物本然是等齐的、如一的，没有属别的阻隔，没有种类的差异。这更像是给人展示的某种典范，既然鱼可以化为鹿，人为什么不可以?！建筑的“身份”能否自由“变换”?《世说新语·任诞第二十三》：“刘伶恒纵酒放达，或脱衣裸形在屋中，人见讥之。伶曰：‘我以天地为栋宇，屋室为裈衣，诸君何为入我裈中?’”③ 刘伶纵酒而裸形，素来为文人雅士之谈资，为魏晋风流之逸事。刘伶在天地、建筑、服装之间所建立的“对等”、“置换”关系，使“建筑”作为文化观念，自然而然地嵌入自我波及于外在于自我之宇宙的“涟漪”、“波形”图中。于魏晋言，以建筑喻指身体亦有例证。④ 在刘伶的生命世界里，最为显著的特色是这外在于自我之宇宙的“弹性”以及由此而带来的变动气质，建筑在如是变动过程中恰恰具有极为重要的“中介”职能。

后世沈复曾经非常详细地记录过其与芸娘构造蓬莱的过程。《浮生六记·闲情记趣》曰：“乃如其言，用宜兴窑长方盆叠起一峰，偏于左而凸于右，背作横方纹，如云林石法，巉岩凹凸，若临江石矶状，虚一角，用河泥种千瓣白萍。石上植茑萝，俗呼云松。经营数日乃成。至深秋，茑萝蔓延满山，如藤萝之悬石壁。花开正红色，白萍亦透水大放。红白相间，神游其中，如登蓬岛。置之檐下，与芸品题：此处宜设水阁，此处宜立茅亭，此处宜凿六字曰‘落花流水之间’，此可以居，此可以钓，此可以眺；胸中丘壑，若将移居者然。一夕，猫奴

① 郭象、成玄英、曹础基、黄兰发：《南华真经注疏》（卷三），中华书局1998年7月版，第136页。

② 乐史、王文楚：《太平寰宇记》（卷之一百五十八），中华书局2007年11月版，第3039页。

③ 刘义庆、刘孝标、余嘉锡、周祖谟等：《世说新语笺疏》（下卷上），上海古籍出版社1993年12月版，第730页。

④ 可见于《世说新语·排调第二十五》：“祖广行恒缩头。诣桓南郡，始下车，桓曰：‘天甚晴朗，祖参军如从屋漏中来。’”［刘义庆、刘孝标、余嘉锡、周祖谟等：《世说新语笺疏》（下卷上），上海古籍出版社1993年12月版，第823页。］

争食，自檐而堕，连盆带架，顷刻碎之。余叹曰：‘即此小经营，尚干造物忌耶！’两人不禁泪落。”① 这段极为完整地记录了从选盆，到叠石，到埋泥，到植物，到植物长成，到品题，到顷刻碎之的全过程。拟造之初，人凌驾于物之上，无论是其宜兴方盆、云林石法，还是千瓣白萍、茑萝云松，皆由人所经营。造成之后，人是置身于物之中的，何处可以居，可以钓，可以眺，人之心把自己投入于这一经营。最终，当一切皆被毁灭时，人也便等同于物。造物有造物的禁忌，人不是神，怎么可以营造一个哪怕只是提供“虚度”的“世界”？“一夕”二字，体现的是“刹那生灭”的佛理。“我”与这个被称作蓬莱的世界的关系究竟是什么？造了也就造了，造了也等于没造，造了没造，终将毁灭，全都体现在这里——一盆景。盆景瓶插剪裁之法透露出的必然是文人之蓄意，油然之诗情，一如沈复提到的“折梗打曲之法”：“锯其梗之半而嵌以砖石，则直者曲矣。如患梗倒，敲一二钉以管之。即枫叶竹枝，乱草荆棘，均堪入选。或绿竹一竿配以枸杞数粒，几茎细草伴以荆棘两枝，苟位置得宜，另有世外之趣。”② 何来“世外之趣”？用铁丝缠起来，“扭来扭去”好吗？“若留枝盘如宝塔，扎枝曲如蚯蚓者，便成匠气矣。”③ 依笔者管见，此法不出二门：一为“形”。面对眼前这个微缩的世界，文人的心是苍茫的，几经劫难，几近颓废，疑难已去而趋于悟解，所以，他们尤喜老干，疏离的，瘦硬的，甚至古怪的虬枝，其节有一二新条萌出而已。二为“势”。枝条与枝条之间，枝条与盆，与盆唇，与瓶，与瓶口之间，多有形势之比。这种种形势之比或许可以用阿恩海姆、贡布里希的视知觉理论来做构图上“力”的形式分析，但其实质，则是“我”与生命“姿势”的对话与共生。无论如何，盆、瓶里的自然一定不是“纯粹”的“野性”自然，而是由“逍遥”的“我”裁定的“人类中心主义”的后果。万物自适，在逻辑上，与其“自来亲人”悖反。蒋堂《北池赋并序》中有句话说：“鱼在藻以性遂，龟游莲而体轻。禽巢枝而自适，蝉得荫而独清。”④ 鱼必在藻，龟必游莲，禽必巢枝，蝉必得荫，才有其各自顺应的遂、轻、适、清，与人何干？不过，一方面，所谓

① 沈复：《浮生六记》（卷二），江苏古籍出版社 2000 年 8 月版，第 23～24 页。

② 沈复：《浮生六记》（卷二），江苏古籍出版社 2000 年 8 月版，第 21 页。

③ 沈复：《浮生六记》（卷二），江苏古籍出版社 2000 年 8 月版，第 21 页。

④ 蒋堂：《北池赋并序》，王稼句：《苏州园林历代文钞》，上海三联书店 2008 年 1 月版，第 1 页。

的藻、莲、枝、荫，都在园中，皆在眼前，全是园主一目可及的画面；另一方面，所谓的遂、轻、适、清，脱去了唐人的稚气、冲动、好奇，与疆场厮杀气，而即宋人心里那份平和、恬淡、温婉、古雅而肃穆的宁静——“自来亲人”的“人”，指的是人心，而非人之身体。

山水在逻辑上再往前说一步，则是风水。中国古代建筑的布局往往与周易、与八卦、与这背后卜筮测算的巫术有关。据《太平寰宇记·江南东道八·越州》之“会稽县”下“雷门”所辑录，《郡国志》云：“雷门，勾践所立。以吴有蛇门，得雷而发，表事吴之意。吴以越在辰巳之地，作蛇门焉。有蛇象如龙，象越以鼓威于龙也。”① 建筑是一种语言，既可以是相互敌视、剑拔弩张的语言，也可以是相互酬答、惺惺相惜的语言。无论哪种语言，都是中国古代文化之根上生出的树、花、果。为什么越要立雷门？因为有吴；为什么吴要立蛇门？因为有越。这一切又都是奠定在“辰巳之位”的信仰之上的。方位即意义，这何尝不是一种巫术。② 据《太平寰宇记·关西道三·雍州三》之“武功县”下的“周城”条，《诗》中有一句话很好：“周原朊朊，堇荼如饴。爰契我龟，筑室于兹。”③ “周城”又名“美阳城”，据《汉志·美阳县》的说法，此乃周太王的居邑。“爰契我龟，筑室于兹”——土地肥沃、水草丰美是条件；“筑室”前的龟卜是重点。另据《方舆胜览·浙西路·平江府》之“吴王城”条可知，为什么有“盘门”？《郡国志》曰：“古作蟠。吴尝刻木为蟠桃之象，以厌胜越。”④ 颜色在建筑中是不是一种“信仰”？由来如此。据《方舆胜览·浙西路·平江府》之“黄堂”条，《郡志》曰：“今太守所居之宅，即春申君之子为假君之殿也。因数失火，涂以雌黄，故曰黄堂，以厌火灾。”⑤ 可知，黄色可禳灭火灾实乃民

① 乐史、王文楚：《太平寰宇记》（卷之九十六），中华书局2007年11月版，第1931页。

② 左右，过于“相对”，所以其蕴含的“价值”，远远不如东西南北。周密《齐东野语·古今左右之辨》：“古人主当阼，以右为尊而逊客，而己居左，则左非尊位也。后世以左为主位，而贵不敢当，则以左为尊也。”［周密、张茂鹏：《齐东野语》（卷十），中华书局1983年11月版，第172～173页。］那么到底是左为尊还是右为尊呢？这要看具体到哪一个时代，哪一种语境，不可一概而论。建筑的方位感亦是如此。

③ 乐史、王文楚：《太平寰宇记》（卷之二十七），中华书局2007年11月版，第584页。

④ 祝穆、祝洙、施和金：《方舆胜览》（卷之二），中华书局2003年6月版，第45页。

⑤ 祝穆、祝洙、施和金：《方舆胜览》（卷之二），中华书局2003年6月版，第35页。

间信仰。[1] 建筑，是古人巫术生活的一部分——人们生活在一个用巫术来猜度，用巫术来占验，用巫术来战胜的世界里，这个世界不仅为风水之学的到来铺垫了逻辑的基石，也为自然的圆融设定了言说的语境。长城有颜色吗？当然。崔豹《古今注·都邑第二》：“紫塞，秦筑长城，土色皆紫，汉塞亦然，故称紫塞焉。”[2] 长城是紫色的。中国的建筑是一个彩色世界。

风水之学的本义实乃趋吉避凶，趋利避害，事关屋主人的气运，更事关屋主人的身体。《太平广记·神仙十一·刘凭》：“尝有居人妻病邪魅，累年不愈，凭乃敕之，其家宅傍有泉水，水自竭，中有一蛟枯死。”[3] 类似例证在古代典籍中不胜枚举。在看似不合逻辑的超验“比附”、“对应”中，“物”服从于解释，服从于被符号化的过程。这个世界上，到底什么是吉？什么是凶？为什么会有吉？为什么会有凶？它们是怎么来的？《周易·系辞上》解释得很清楚：“天尊地卑，乾坤定矣。卑高以陈，贵贱位矣。动静有常，刚柔断矣。方以类聚，物以群分，吉凶生矣。”[4] 生命是有节律的，万物是有节律的，顺应了这种种节律，则吉，违背了这种种节律，则凶。所谓吉凶，不过是一种具体的经验性的行为导致的得失，这种结果尚且停留于分门、别类，而可认知的善恶水平，却无意介入人的内心。与之同理，建筑的吉凶不是一个人脑海里想一想就能想出来的，它更类似于一种文化模式的自我“复制”、自觉“繁殖”；既然一个人认定了建筑有吉凶，也就意味着它认同于关于这一文化范型的解读传统。

风水学所追求的“风水”，理想场域，一定不是单纯的“风”与“水”所能提供的。据《太平寰宇记·河东道九·慈州》之“吉乡县”所载，该县北三十里有一座“风山”：“山上有穴如轮，风气萧瑟，未尝暂止，当风动略不生草，故以风为名。”[5] 连草都不生了，还能住人吗？——这里有风吗？当然有，“未尝

① 中国土木建筑的“厌火”，有不同的解释。《风俗通义·佚文·宫室》：“殿堂宫室，象东井形，刻作荷菱，荷菱，水物也，所以厌火。”[应劭、王利器：《风俗通义校注》（佚文），中华书局2010年5月版，第575页。] 如是结论，也就全由形象的转换而生起了。

② 崔豹、王根林：《古今注》（卷上），《博物志（外七种）》，上海古籍出版社2012年8月版，第123页。

③ 李昉等：《太平广记》（卷第十一），中华书局1961年9月版，第74~75页。

④ 王弼、韩康伯、陆德明、孔颖达：《周易注疏》（卷十一），中央编译出版社2016年1月版，第338页。

⑤ 乐史、王文楚：《太平寰宇记》（卷之四十八），中华书局2007年11月版，第1005页。

暂止”。所以，风水学所追求的“风水”，并不是现实的有“风、水”这两样事物，而是风水藏聚所产生的“气”的场域。

必须强调的是，在南方，水是风水中不可或缺的元素。《方舆胜览·浙西路·临安府》之“海潮”条曾引王充《论衡》曰：“水者地之血脉，随气进退，率未之尽。大抵天包水，水承地，而一元之气升降于太空之中。地乘水力以自持，且与元气升降，互为抑扬，而人不觉。亦犹坐于舡中，而不知舡之自运也。”① 如是之水，既不能用抽象来概括，亦不能用不抽象来界定，甚至不能用有形与无形在形式上作逻辑的区分——它是经验物，但它作为经验物，其首要的特征是被气化了，这种气又是流动的生命之气；因此，即便它是液体，即便依据不同的视角来看，它时而有形时而无形，它也是大地之所以成为大地母亲、大地生命的“本质”——“血脉”。如果没有这“血脉”，大地将无法“自持”，更不用说与元气升降抑扬了。所以，流动着的水，既带来了生命，亦带走了生命，来去之间，它是这个生命世界的主体、“航船”。中国古代的风水之术，不能忽略中国文化逐步南迁的事实，必须重视水。白居易有句诗写道：“阖闾城碧铺秋草，乌鹊桥红带夕阳。处处楼头飘管吹，家家门外泊舟航。”② 在“人家尽枕河”的姑苏城里，风水无水，有何出路可言。天下最守信的是谁？不是人，也不是山，甚至不是天空，而是水。据《方舆胜览·夔州路·夔州》之“滟滪堆”条，苏子瞻《滟滪堆赋》有句话说：“天下之至信者，惟水而已。江河之大，与海之深，而可以意揣。惟其不自为形，而因物以赋形，是故千变万化，而有必然之理。”③ 江河湖海再大再深，终究是有形的，可以获知的，可以揣度的；水不同，水是无形的，水最根本的属性，在于“因物赋形”。水无形，但有逻辑，因物赋形就是它的逻辑。这个世界上本没有什么绝对的真理、必然的事情，却有水这样一种看似经

① 祝穆、祝洙、施和金：《方舆胜览》（卷之一），中华书局2003年6月版，第5页。

② 祝穆、祝洙、施和金：《方舆胜览》（卷之二），中华书局2003年6月版，第49页。

③ 祝穆、祝洙、施和金：《方舆胜览》（卷之五十七），中华书局2003年6月版，第1011页。

验，实则必然的真理。① 在一座封闭的院落内，堂前有水，如同庭院，早在汉代即已成型。此有大量实物证明。1967年春，在山东诸城前凉台村西发现的大型汉墓中有丰富的“凉台画像石”组群，其中就有一幅庄园庭院图，“在回廊环抱中，分为前、中、后三个庭院，后园堂下似有地下水道设备，水从堂下流出，经

① 水重要，但在某种场合，水又是最要不得的，例如墓室。作为建筑，墓室不管筑造得多么坚固，必须留有一条通路——水道。以1976年4月发现的辽宁省法库县叶茂台辽肖义墓为例，这座墓的主室和耳室均置有排水设施，沿室内围墙脚下掘成环形水沟，向外潜流，至墓室外、山坡下隐藏在暗处的出口。这条水道宽16厘米、深15厘米，上盖有石板，铺有地面方砖，全长70余米，目的明确，其工程难度可想而知。（参见温丽和：《辽宁法库县叶茂台辽肖义墓》，《考古》1989年第4期，第327页。）为了避人耳目，更常见的排水出口是水塘。例如南京隐龙山南朝墓，其“阴井口上覆漏水板，其下为7层砖砌排水沟。排水沟从墓室前部穿过甬道、封门墙，推测一直通向墓前水塘之中”。（南京市博物馆、江宁区博物馆：《南京隐龙山南朝墓》，《文物》2002年第7期，第43~44页。）无论怎样，建筑不仅要给水，还要排水。死者的墓室需要排水，生者同样需要排水。顶上有雨檐，地下有水道，脚下不仅有门槛，还有散水！散水的使用，早在商周时期就已十分普遍，以陕西岐山凤雏西周甲组宫室建筑基址为例，“在整个建筑的东、西、北三面都有台檐，东侧台檐宽1米，西侧台檐宽0.8米，北侧台檐宽1~1.1米，台檐外有宽0.2米的散水沟。所有台檐均呈缓坡向外倾斜，地面全部采用三合土涂抹”。（陕西周原考古队：《陕西岐山凤雏村西周建筑基址发掘简报》，《文物》1979年第10期，第31页。）台檐在某种程度上，起到了与散水同样的效果。后世的散水一般使用砖砌成型，例如南京梁南平王萧伟墓阙，“前（南）、后（北）、东（阙门即神道所经处）三面用一砖丁头平铺，其平面比基座底砖稍低；西面用一砖平顺砌，且离开基座砖约30厘米，但其两端要略低于并超出阙南、北两面的散水宽度，宽出部分用砖顺东西向平砌，形成阙体散水的砖包角结构”。（南京市文物研究所、南京栖霞区文化局：《南京梁南平王萧伟墓阙发掘简报》，《文物》2002年第7期，第61页。）生活在建筑中的人需要水，但建筑本身并不需要水。以现实形态的水而言，除了版筑、垛泥，如果说建筑一定是需要水的，目的只有一个，“已成”建筑的防火、灭火；“未成”之建筑，反而需要使用火——在建造过程中，自仰韶文化起，人们就开始大量使用“红烧土”。即便是夯土，其夯实的目的也是为了去除泥土中的水分，以免沉陷。真正能够起到排水作用的屋檐，重点在于曲面。例如始建于北宋仁宗年间（1023—1063）的荥阳千尺塔，所使用的反叠涩排水处理构造以及翼角起翘的做法。这座塔的一至四级，在叠涩檐的外层，砌层上部以及反叠涩部分均削去棱角，以泛水法来解决排水问题。这种做法，“使塔檐的流水在下泄时产生向外的冲击力，使水流离塔身更远，这对减少水害、增加塔的寿命有重要作用。最外叠涩层上部的泛水在距塔檐转角处约7厘米时，始渐变窄直至在转角处消失；而在相同位置的下棱角则被逐渐削去，使之在仰视时产生翼角起翘的效果”。（河南省古代建筑保护研究所、荥阳县文物保护管理所：《荥阳千尺塔勘测简报》，《文物》1990年第3期，第81页。）简言之，如是叠涩不仅在砖层上是有收放的，而且它的外沿是被削去的，从而形成了一个个微型的斜坡，使得叠涩本身的弧度更为平滑，雨水无法“停驻”、“挂搭”。

中、前院流向院外”①。引人注目的是，在后院的围墙内，这条从堂下流出的水，水中竟然有一条小船——能够载船之水，水体之大，谓之塘可也。这一院落的结构不仅是前堂后室、三院连体的复制，更是后世庭院至深，引入了风水，以谐园林之趣的雏形。此类案例甚多。四川成都西郊曾家包东汉画像砖石墓 M1 东后室后壁画像，上部为双羊图，中部为“养老图”。“养老图”的内容与“授之以玉杖，餔之糜粥”相符，刻画了一座庑殿式双层楼房，下有回廊，衣冠整齐的墓主人倚栏杆而坐，伸手接受奉来之物的景象。这幅图上另有四块水田和一个围堤水塘，塘中亦有船行。② 汉代庭院的立体构图，实是对自然世界的完整领悟与模仿。

人要不要迷信于风水？③《宣室志》讲过一个东都崇让里李氏宅的故事，此宅传为凶宅，开元中，王长史购买了此宅，后发现，所谓不祥是一只猿造成的。当时王长史说了一句话：“我命在天不在宅。”④ 王长史是唯物主义者？不然，王长史仍旧是一个宿命论者。但是，王长史笃信，其所宿之命来自于天，而非宅。天“大于”宅，这便是把宅放在了一个更为廓大的语境，以谋求某种无形的天命感。罗大经《鹤林玉露·风水》亦言：“人之生也，贫富贵贱，夭寿贤愚，禀性赋分，各自有定，谓之天命，不可改也，岂冢中枯骨所能转移乎？若如璞之说，上帝之命反制与一抔之土矣。”⑤ 王长史所言命不在宅，罗大经所道命不在家，辞不同理同，共同“承托”了天，解构了过度诠释、偏执于风水的成见。风水风水，具体到“风”与“水”，本身并无一定之理。庄绰言：“世谓西北水善而风毒，故人多伤于贼风，水虽冷饮无患。东南则反是，纵细民在道路，亦必

① 任日新：《山东诸城汉墓画像石》，《文物》1981 年第 10 期，第 15 页。

② 参见成都市文物管理处：《四川成都曾家包东汉画像砖石墓》，《文物》1981 年第 10 期，第 26 ~ 27 页。

③ 风水的“反义词”，实乃“意”思。沈复《浮生六记·浪游记快》曾经记录过其与鸿干赴寒山登高，由寒山至高义园之白云精舍，后上沙村的经过，其中有一处细节提到：“土人知余等觅地而来，误以为堪舆，以某处有好风水相告。鸿干曰：‘但期合意，不论风水。’”[沈复：《浮生六记》（卷四），江苏古籍出版社 2000 年 8 月版，第 50 页。] 这是一段很偶然的“插入语”，却无意间说明了一个道理，也即“合意”之“意”思，足以“破解”风水。

④ 张读、萧逸：《宣室志》（卷八），《宣室志　裴铏传奇》，上海古籍出版社 2012 年 8 月版，第 58 页。

⑤ 罗大经、孙雪霄：《鹤林玉露》（丙编卷六），上海古籍出版社 2012 年 11 月版，第 208 页。

饮煎水，卧则以首外向。”① 为什么西北之水可冷饮而东南之水需煎服？为什么西北之风伤人而东南之风无恙？“风水”是具体的，地方性的范畴；不是抽象的，逻辑性的预设。更何况，风水学中所谓的“风水”又与此处多有不同——并非两种单纯的物质，无论这物质是有形还是无形的，都实指一种由“风水”围合的环境。

嵇康提到过一个很有意思的例子。《宅无吉凶摄生论》曰：“夫一栖之鸡，一栏之羊，宾至而有死者，岂居异哉？故命有制也，知命者则不滞于俗矣。”② 一窝鸡，一群羊，从居住条件上看，没有区别。问题是客人来了，杀鸡宰羊，为什么有的死了有的没死？因为命！命有“制”——有的该死有的不该死，这就是“活该”的意思。所以，“设为三公之宅，而令愚民居之，必不为三公可知也。夫寿夭之不可求，甚于贵贱，然则择百年之宫，而望殇子之寿，孤逆魁冈，以速彭祖之夭，必不几矣。或曰愚民必不得久居公侯宅，然则果无宅也，是性命自然，不可求矣”③。用嵇康的逻辑来说，人的寿命，在实质上，与那一窝鸡、一群羊没有区别。人住在哪里，居所的吉凶如何，死亡都随时可能发生。一个人什么时候死，跟他住的是不是“三公之宅”、“百年之宫”没有半点关系。而跟此人的性命有关，都是他的性命使然。而这是自然而然的事情，又有什么可求的呢?! 那么，还要不要占、卜呢？“以其数所遇，而形自然，不可为也。”④ 其中，“形自然”的“形”，一定是动词，即“赋形”，赋予对象以形式的意思——自然的形式怎么可能，岂能，根本不可能是被赋予的。所以，如果执意于吉凶计算，则“非宅制人，人实征宅也，果有宅耶？其无宅也？似未思其本耳”⑤。“本”字很关键！宅之本，建筑之本，不是由人的价值观所能播弄、所能控制的，它自有其自身的生命。正是基于这样一种解构与还原的尝试，建筑本真的生命才被重新体验、重新定义、重新想象——建筑必然有其生命力乃至精神向度，它绝不只是政治的筹码、权力的傀儡、地位的表征、道德的器具。正因为如此，建筑才终于

① 庄绰、李保民：《鸡肋编》（卷上），《鸡肋编　贵耳集》，上海古籍出版社 2012 年 8 月版，第 13 页。

② 嵇康、戴明扬：《嵇康集校注》（卷第八），中华书局 2015 年 1 月版，第 421 页。

③ 嵇康、戴明扬：《嵇康集校注》（卷第八），中华书局 2015 年 1 月版，第 420 页。

④ 嵇康、戴明扬：《嵇康集校注》（卷第九），中华书局 2015 年 1 月版，第 449 页。

⑤ 嵇康、戴明扬：《嵇康集校注》（卷第九），中华书局 2015 年 1 月版，第 449 页。

走入了人的心灵。

世人多信祥瑞，但周密的一句话恐怕会让人的心理产生些许不适。《齐东野语·祥瑞》：“世所谓祥瑞者，麟凤、龟龙、驺虞、白雀、醴泉、甘露、朱草、灵芝、连理之木、合颖之禾皆是也。然夷考所出之时，多在危乱之世。”① 祥瑞出于乱世。盛世不需要祥瑞。所以祥瑞出，则必为乱世。《中庸》里就有句话说：“国家将兴，必有祯祥。国家将亡，必有妖孽。”② 难就难在一个“将”字，“将”字无法落实——“将”与“必”，是有弹性的，只是一种事实缔结了、完成了，之后的、后来的解释。所以，任何一种符号，其能指与所指都是有限的，其所处的语境亦是特定的，放大这种特定的有限，必然会带来令人尴尬的推论。一个人超出了自己的能力范围，具有了超能力，甚至能够介入超验的世界里，是福是祸？《裴铏传奇》有一个故事，叫《王居贞》，说王居贞与一位尽日不食、习咽气术的道士同行。道士有一张皮，披上皮人就消失了，五更天才回来。之后道士告诉王居贞，这皮是张虎皮，披之可夜行五百里。王居贞想家，也想披一披。“居贞去家犹百余里，遂披之暂归。夜深，不可入其门，乃见一猪立于门外，擒而食之。逡巡，回，乃还道士皮。及至家，云：‘居贞之次子夜出，为虎所食。’问其日，乃居贞回日。自后一两日甚饱，并不食他物。”③ 这看上去是场意外，虎毒不食子，没想到披上虎皮，王居贞反倒把自己的儿子吃了；实则是把欲望和能力重新摆在面前，对“我”与“非我”错位之后的考验。披上虎皮的王居贞还是王居贞吗？他介入一种临界状态，正确地找到了家的位置，错误地把自己的儿子当成猪。值得注意的是文末的细节，当王居贞确认自己吃掉了自己的儿子之后，并没有忏悔、自杀，告诉家人真相，追究道士的责任，只是一两日里，饱到不想进食。他在他自己的心底里，自然而然地接受了这种错位，默默地吞下苦果。这既反映出叙述者的老辣，同时，亦是对所谓的超验的嘲讽与鞭挞。

① 周密、张茂鹏：《齐东野语》（卷六），中华书局 1983 年 11 月版，第 108 页。

② 朱熹：《中庸章句》，《四书章句集注》，齐鲁书社 1992 年 4 月版，第 21 页。

③ 裴铏、田松青：《裴铏传奇》，《宣室志　裴铏传奇》，上海古籍出版社 2012 年 8 月版，第 129 页。

第二节 在乎生死间

一、接纳生死的依托

生死如果可以被"穿戴"，建筑就是一种"穿戴"。王维写过一篇《为僧等请上佛殿梁表》："庶使大千世界，悉入盖中，六合人天，共归宇下。然后以无碍慧大化群物，将使四生皆度，岂惟比屋可封。"① "盖"字很关键！何谓"悉入盖中"？既是一种笼罩，也是一种吸纳，既是一种屏障，也是一种归宿——四生群物，皆由此得以超度。

春秋战国以来，至于汉代极为流行的斗拱做法，有其特殊的地方。这一特殊的地方就是挑檐。以战国中山王墓为例，"四角斜伸出的龙头相当于自角柱柱身45°斜挑出的插拱，拱上立蜀柱承栌斗、抹角拱、蜀柱、散斗和檐方。这种斗拱做法在东汉明器中常常见到，如北京顺义临河村东汉墓出土彩绘陶楼的第四层屋檐和河南灵宝出土东汉陶楼的望楼屋檐皆是如此。尤其是灵宝陶楼，其45°插拱也作龙头形，其上也有蜀柱，与案上斗拱的形式全同。此外，一些东汉画像石上常把四阿或攒尖方亭画成一角柱承一斗二升斗拱，也是这种做法的正投影图，只是栌斗抹角拱直接放在角柱上没有用插拱而已"②。对如是斗拱的描述中，关键词是"柱身"。挑檐所形成的压力通过以栌斗、抹角拱、蜀柱为主体的结构直接作用于插拱，作用于柱身，而不作用于柱头，因此，挑檐的组织亦与柱头上的额、檩、梁不相系属。用形象一点的话来比喻，屋檐如果是一顶帽子，这顶帽子是戴在、罩在柱身上的，而不是垫在、长在柱头上的。另外，更有人把建筑比作衣服，如《宅经》曰："人之福者，喻如美貌之人。宅之吉者，如丑陋之子得好衣裳，神彩尤添一半。若命薄宅恶，即如丑人更又衣弊，如何堪也。"③ 这里便

---

① 王维：《为僧等请上佛殿梁表》，董浩等：《全唐文》（卷三百二十四），中华书局1983年11月版，第3289页。

② 傅熹年：《战国中山王嚳墓出土的〈兆域图〉及其陵园规制的研究》，《考古学报》1980年第1期，第108页。

③ 王玉德、王锐：《宅经》（卷上），中华书局2011年8月版，第152页。

把建筑比作了衣服。当然，衣服并不构成所谓“空间”——它是贴合在身体上，附着于身体的，是人之存在的现实经验与符号。魏晋时期的门窗构造出现了各种各样趋于灵动的变形。1982年夏，在宁夏彭阳县西南的新集乡石洼村发现的两座北魏墓中，M1土圹后端有一个巨大的长方形土筑房屋模型，长4.84米、宽2.9米、最高处1.88米。这个模型，造型非常奇特。首先是内部，内部为黑褐色夯土——它只想呈现外观。其次是底部，底部呈斜坡状，前高后低，是依据地势而来的——底部居然不平。再次是顶部，顶部不仅由各13条瓦垄排成两面坡，而且它的正脊竟然是有弧度的——中间低，两边翘起，终端置鸱尾。最奇特的是它的门窗，“门在中部，高0.58、宽0.7米。左扇关闭，右扇半开，边上有宽约0.1米的门框，上有门额，门框两角向上挑起。门及框均涂朱红彩。门左右各有一直棂窗，长0.4、宽0.16米，窗框四角向外突出呈放射状，两窗各竖四根剖面呈三角形的直棂”①。门额挑起，窗框呈放射状，就像是卡通人物长长的弯弯的翘起的胡须——这诙谐夸张到大概只有在今天的动画衣饰里才见得到的“表情”，就现实地摆在北魏的古墓里。

建筑维护着生命的前后、正反、阴阳、始终，“承载”着人生的完整旅程，甚至体现在棺椁的形制上。1956年3月在四川内江第一中学操场下，曾经发掘过一座汉代砖室墓，墓中仅存石棺两具，别无他物。“石棺四周均有浮雕，在二棺的两端，一端为双阙，一端为带梯的楼房。”② 石棺的两侧，共四壁，绘制了山川树木，飞禽走兽，人物三三两两，饮宴对弈，驭马奔驰，以写实的笔调刻画着墓主隐逸而鲜活的记忆与向往。这既是他生前的世界，也是他死后的理想。不过，这样一种生活世界是被建筑“加持”着的。据图版可知，所谓“双阙”形同门楣，分为母子；而“带梯的楼房”，实际上指的是一座类似于干栏式建筑填实之后的平面结构图——它们看上去更像是以不同的视角对同一座建筑（单体建筑）、同一组建筑（院落建筑）的前后描述。同样是四川，2002年2月，于成都市新都区天回山廖家坡北麓发现的三河镇互助村东汉崖墓，其侧室东南部放置着一具画像石棺。“前端刻重檐双阙图；后端刻灵芝图；左侧刻西王母图，西王母坐于龙虎座上，位于画面中部，西王母的右侧有一老者持鸠杖面向西王母作跪拜

① 宁夏固原博物馆：《彭阳新集北魏墓》，《文物》1988年第9期，第26页。
② 陆德良：《四川内江市发现东汉砖墓》，《考古通讯》1957年第2期，第54页。

状，西王母的左侧依次为鱼、朱雀、玄武；右侧右部刻武库图，武库门前有两只仙鹤，左部刻有一亭，亭中跪坐一老者，亭外坐一犬。棺身长1.76、上宽0.53、下宽0.57、高0.56米。"① 同样是前有"双阙"，但后部则为灵芝，而非楼房。这是一株非常巨大的灵芝，它与西王母以及各种神兽组合在一起，宛如"镇守"者。右侧武库以及亭子都没有围墙，是开放式的。这说明，人的生命、生活，是被建筑所环绕所围合的；而建筑本身，亦被神灵所眷顾所看护。"双阙"的图案在汉墓石棺中多有发现，事实上，双阙以现实的形式列于墓前，就相当于陵墓前边两侧的石牌坊，是现存古代建筑遗迹中最古老的部分，多为汉代遗物。这一形制，崔豹《古今注·都邑第二》已讲得非常清楚。其曰："阙，观也。古每门树两观于其前，所以摽表宫门也。其上可居，登之则可远观，故谓之观。人臣将至此，则思其所阙，故谓之阙。"② 此阙可登、可居、可观、可思。扩充于墓制，梁思成即指出："这时期实物有若干墓前的石阙，如四川渠县冯焕阙，河南嵩山太室阙等。"③ 此形式是对生者所居的建筑形式，尤其是都城格局的模仿。据《太平寰宇记·关西道一·雍州一》之"长安县"记载，古歌辞即云："长安城西有双阙，上有双铜雀，一鸣五谷生，再鸣五谷熟。"④ 另据《太平寰宇记·江南东道二·昇州》之"昇州"记载，《舆地志》云："咸和六年使卞彬营治，七年迁于新宫。议者或患未筑双阙，后王导出宣阳门，南望牛头山，两峰礫立，东西相向各四十里，导曰此即天阙也。"⑤ 可见，在现实生活中，作为墓葬建筑的格局，双阙立意显豁——多为生者死前确立，乃其社会地位的表征。耿继斌曾提到："东汉时期厚葬之风甚炽，官阶二千石以上者，均可建阙。"⑥ 冯汉骥亦指出："在汉代官阶至'二千石'以上者墓前方可立阙，四川尚保存的汉代墓前石

① 成都文物考古研究所、新都区文物管理所：《成都市新都区东汉崖墓的发掘》，《考古》2007年第9期，第810页。

② 崔豹、王根林：《古今注》（卷上），《博物志（外七种）》，上海古籍出版社2012年8月版，第123页。

③ 梁思成：《中国建筑与中国建筑师》，《文物参考资料》1953年第10期，第56页。

④ 乐史、王文楚：《太平寰宇记》（卷之二十五），中华书局2007年11月版，第537页。

⑤ 乐史、王文楚：《太平寰宇记》（卷之九十），中华书局2007年11月版，第1773～1774页。

⑥ 耿继斌：《高颐阙》，《文物》1981年第10期，第90页。

阙，墓主均做过太守以上官吏，从一个侧面反映出立阙的人都有较高的身份。”① 敦煌莫高窟亦有阙，怎么用？“莫高窟用阙的场所大略有二：即作为佛龛用以代表天宫的，作为宫门或王城城门用以代表帝居的，都是相当隆重的场合，用作统治阶级代表尊严，壮观瞻而向人民示威的目的，与汉制是相同的。”② 事实上，不只是甘肃、四川等西北、西南地区，据《太平寰宇记·河东道一·并州》之“文水县”西北十五里之“太原王墓”记载，此墓“即唐则天父武士彟也，双阙与碑石存”③。类似情形还可见于《太平寰宇记·江南西道四·洪州》之“南昌县”南三里的“土阙”④，《太平寰宇记·江南西道七·吉州》之“安福县”的“废安福县”⑤。1955 年 8 月初，在四川省宜宾市西郊附安乡翠屏村建筑工地上发掘的东汉后期石棺葬具的南壁上，亦刻有双阙——其北壁则是伏羲女娲人首蛇身的图像。⑥ 实际上，前有阙表、后为屋舍的组合是汉代建筑常见的布局。1956 年 4 月至 7 月间，在江苏铜山县洪楼出土的画像石上，北壁整体结构分上下两层。上层有一对夫妇正倚几席地而坐，对酌倾谈，身边侍者持扇端立，另有三名高髻女子同侧相陪；下层为车马出行的场面，车马篷盖华丽，车上二人并坐，后有随行的扈从。⑦ 值得注意的是，上下两层之间，上层的宴饮场面是在开敞的屋舍内进行的，下层宾客盈门的情景里则有双阙。换句话说，上下两层，实可谓院内与院外，其中的分际线正是建筑的前后区隔；如是“散点透视”的“结构”呈现，构成了时人对建筑整体的感知与理解。四川内江石棺一端所谓“带梯的楼房”，与江苏铜山周庄一号墓于后室中部出土的陶楼，形制雷同。⑧

时值魏晋，建筑的意义正在向死亡“延伸”。元子攸乃献文帝拓跋弘之孙，

① 四川省博物馆：《四川彭县等地新收集到一批画像砖》，《考古》1987 年第 6 期，第 534 页。

② 敦煌文物研究所考古组：《敦煌莫高窟北朝壁画中的建筑》，《考古》1976 年第 2 期，第 117 页。

③ 乐史、王文楚：《太平寰宇记》（卷之四十），中华书局 2007 年 11 月版，第 849 页。

④ 乐史、王文楚：《太平寰宇记》（卷之一百六），中华书局 2007 年 11 月版，第 2107 页。

⑤ 乐史、王文楚：《太平寰宇记》（卷之一百九），中华书局 2007 年 11 月版，第 2215 页。

⑥ 参见匡远滢：《四川宜宾市翠屏村汉墓清理简报》，《考古通讯》1957 年第 3 期，第 24 页。

⑦ 参见王德庆：《江苏铜山东汉墓清理简报》，《考古通讯》1957 年第 4 期，第 34 页。

⑧ 参见王德庆：《江苏铜山东汉墓清理简报》，《考古通讯》1957 年第 4 期，第 35 页。

彭城武宣王元勰第三子，也是北魏第十位皇帝。这位皇帝在世仅四年。永安三年（530），尔朱兆攻破洛阳，囚禁了这位皇帝，送缢于晋阳三级寺。元子攸“临崩礼佛，愿不为国王。又作五言曰：‘权去生道促，忧来死路长。怀恨出国门，含悲入鬼乡。隧门一时闭，幽庭岂复光？思鸟吟青松，哀风吹白杨。昔来闻死苦，何言身自当！’”① 这首挽歌，朝野闻之莫不悲恸；即便是百姓，也掩涕而不忍听。子攸将死，其言恳切——这世间总会听闻他人诉说死亡的苦楚，哪里知道，自己临了，竟然要以如此短促、仓皇、惨烈的方式来承受。这首五言诗中提到的隧门、幽庭，使人自然而然地联想到陶渊明《挽歌诗》中的“幽室一已闭，千年不复期”——地下世界，死亡后所经历的建筑，似乎不再只是逝者的安魂之所，而在“召唤”生者。入土为安的封存之“窆”，俨然在印证两个动作的开关组合：敞露与锁闭。建筑是具有“穿透性”的，它不仅属于生者，属于死者，而且，它正在以自身的开合贯串、勾连、通达生死。正是在这一意义上，建筑已然是开放的宇宙。

人究竟如何看待尸体，例如除人之外的尸体？答案无数，并不一定需要填埋、掩盖。② 举一个反而有待暴露的特殊例证。在西域沙漠中，《太平寰宇记·陇右道七·西州》之“柳中县”有“柳中路”，据裴矩《西域记》云：“自高昌东南去瓜州一千三百里，并沙碛，乏水草，人难行，四面茫茫，道路不可准记，惟以六畜骸骨及驼马粪为标验，以知道路。”③ 在如是语境下，人们需要骸骨的暴露，感谢骸骨的暴露；人们看到这些骸骨，想到的不只是动物的死亡，还有自己的出路。在一般意义上，生与死还是有界限、有间隔的。《白虎通》中有句话说：“葬于城郭外何？死生别处，终始异居。《易》曰‘葬之中野’，所以绝孝子之思慕也。”④ 墙下“人殉”不属于普遍假设，也不是持续存在的历史现象；“享堂”虽建基于墓圹，却不直接接触棺椁，祭拜者也不会长期逗留。生死终究有

① 杨衒之、周祖谟：《洛阳伽蓝记校释》（卷一），上海书店出版社 2000 年 4 月版，第 46 页。

② 与中原地区不同，西南川蜀之地尚火葬，据《太平寰宇记·剑南西道九·嶲州》记载，当地即有“火葬而乐送，以鼓吹为送终”［乐史、王文楚：《太平寰宇记》（卷之八十），中华书局 2007 年 11 月版，第 1616 页］的习俗。

③ 乐史、王文楚：《太平寰宇记》（卷之一百五十六），中华书局 2007 年 11 月版，第 2995 页。

④ 陈立、吴则虞：《白虎通疏证》（卷十一），中华书局 1994 年 8 月版，第 558 页。

别，属于生者的城郭，从逻辑上来思考，首先要维护生者，抵御来犯之敌的“敌”里，不仅有生敌，还有死魄。中国建筑素来回避乃至拒绝人的死亡，不过，这一点却非永世不可推翻的绝对禁令。《方舆胜览·浙西路·临安府》记录过钱塘的隐逸诗人林逋，提到其“故庐在孤山处士桥，死葬于庐侧”①。这位梅妻鹤子的和靖先生，诗语孤峭澄淡，在西湖居住了二十年，未尝入于城，死便葬在自己的庐舍旁。从他的身上，我们隐约可察中国古代文人及其建筑之于死亡的“接纳”与“开放”。然而即便如此，如是结果大概也与其庐所处之“孤山”有关——设若结庐在“人间”，在“闹市”，在“宫廷”，其身后事亦未可知。

事实上，中国古人之于生死界限殊难严格区分。例如，什么是“尸体”？何以谓“尸”？晁福林指出：“甲骨文有一字多形的情况，也有一形多字的情况。有些‘尸’字其实与‘人’根本看不出区别，只能依据卜辞文意而确定。因此，‘尸’和‘人’在甲骨文中可以说是一形而二字。若一定要从形体上将‘尸’与‘人’进行区分，实际是难以做到的。”② 甲骨文中的“人”、“尸”、“妣”、“夷”的形体都非常接近。所谓尸者，陈也，所谓尸者，主也，会把我们的目光引向“神主”，而有别于后世所谓的死者遗体。人的死亡，是不是生的延续，涉及神灭不灭的问题，固有神灭论与神不灭论之争，但由于生死之间没有等第的域限和差异，生死概念本身是抽象的，模糊生死并非绝无可能。例如，山西省垣曲县古城东关遗址中的仰韶早期遗存，遗迹中发现了七座墓葬，“均分布于灰坑周围，与遗址区无明显分界”③。死者与生者的界限并不是那么明显。据悉，“1986—1987 年度在偃师二里头遗址所发现的二里头文化墓葬，虽然相对集中地形成墓区，但它们一般都分布在以前，甚至当时的居住区内，死者的葬地与人们日常的居所相距甚近。有的墓葬成排地坐落在尚在使用的房基内，婴幼儿埋葬在房屋墙根下。这类现象以前在二里头遗址Ⅳ区曾有所发现，是一种值得注意的埋葬现象”④。墓葬区与生活区的接近甚至重叠，不能只用祭祀来解释；无论出于

① 祝穆、祝洙、施和金：《方舆胜览》（卷之一），中华书局 2003 年 6 月版，第 21 页。

② 晁福林：《卜辞所见商代祭尸礼浅探》，《考古学报》2016 年第 3 期，第 344 页。

③ 中国历史博物馆考古部、山西省考古研究所、山西省垣曲县博物馆：《山西省垣曲县古城东关遗址Ⅳ区仰韶早期遗存的新发现》，《文物》1995 年第 7 期，第 41 页。

④ 中国社会科学院考古研究所二里头工作队：《1987 年偃师二里头遗址墓葬发掘简报》，《考古》1992 年第 4 期，第 301 页。

何种原因，生者对于死者显然没有绝对地排斥和极端地拒绝。陶屋在汉墓中是十分常见的随葬品，这从湖南耒阳花石坳汉魏墓葬所出土的5件陶屋①，耒花营第1号墓中的陶方屋、陶圆屋②，四川新津县堡子山崖墓中的7件陶平房、2件陶楼房③等等中均可看到。建筑本身已然是明器之作，蕴含着潜藏的装饰性和纪念功能，乃至审美诉求，寄托着世人的居住理想，是生者为死者构拟幽冥世界的有机组成。建筑工艺的应用本身并无地上与地下的限制，而只是一种应用技术。1956年4月至10月于河南陕县（今河南省三门峡市峡州区）发掘的东汉墓葬群的墓葬形制，除顶部叠涩成穹隆形的并列券式、平放对头砌起的拱券外，“新出现一种顺立对头砌起的横列券，凡墓顶采用此式者，平面都是长方形。这种券式或仅用于侧室，或遍用于各室。南北朝以后的墓中，不再见到这种券式，但隋代的赵州大石桥却正是使用这种方法砌券的”④。可见，方法无界。

人的在世而出世，究竟如何理解？可以人与建筑的“扭结”来理解。柳宗元《宋清传》末句曰：“清居市而不为市之道。然而居朝廷居官府居庠塾乡党以士大夫自名者，反争为之不已，悲夫！然则清非独异于市人也。”⑤ 市有市道，就像朝廷、官府、庠塾、乡党，各有其道；宋清居于市，却不为市道，又不独立于、异常于市人——“非独异于”，甚是关键——他出世，却又在世，他在世，却又出世的人生态度，通过他与“市”这样一种建筑所形成的文化氛围的复杂关系表露出来。中国古代文化的道德性诉求糅合在生存需要中，常比政治意识形态更持久，而与建筑有潜在关联。《易》之井卦便有“改邑不改井”的讲法。孔颖达曰：“‘井’者，物象之名也。古者穿地取水，以瓶引汲，谓之为井。此卦明君子修德养民，有常不变，终始无改，养物不穷，莫过乎井，故以修德之卦取

① 湖南省文物管理委员会：《耒阳花石坳的汉魏墓葬》，《考古通讯》1956年第2期，第68页。

② 湖南省文物管理委员会：《湖南耒阳东汉墓清理简报》，《考古通讯》1956年第4期，第23页。

③ 四川省博物馆文物工作队：《四川新津县堡子山崖墓清理简报》，《考古通讯》1958年第8期，第34~35页。

④ 黄河水库考古工作队：《一九五六年河南陕县刘家渠汉唐墓葬发掘简报》，《考古通讯》1957年第4期，第10页。

⑤ 柳宗元：《宋清传》，董浩等：《全唐文》（卷五百九十二），中华书局1983年11月版，第5983页。

譬名之‘井’焉。”[①] 邑邑迁改，井体有常，乃不变之物，这就是“差距”。不管谁做皇帝，人总需要进食，总需要饮水，此乃天经地义。井作为一种特殊的建筑形式，蕴含着比权力的翻云覆雨更为真实的道德意涵。人的解释力是无限的，人亦可把“井”解释为大地上的疮疤。杜牧《塞废井文》在提到“井”时便说：“人身有疮，不医即死；木有疮久不封，即亦死；地有千万疮，于地何如哉?”[②] 当然，杜牧说的疮疤是废井。我们也可以换一种角度来看，在废井“实之以土”，被充塞和填埋以前，杜牧尚且“为文投之”，这恰恰是一种对待建筑的尊重。值得注意的是，井卦虽为巽下坎上，但其《象》曰：“木上有水，井。”[③] 巽者为风，入也，其在水下，固有源源不断而所养无穷的井之美德，不过此处却为木在下，或多或少都隐含着些许建筑的木意在里面。不过需要说明的细节是，古井多由甃成。“六四”即曰：“井甃，无咎。”《子夏传》云：“甃亦治也，以砖垒井，修井之坏，谓之为甃。”[④] 可知井壁多由砖石垒造，木多为栏。

相宅与相墓本为二相，相宅早于相墓。“按《汉书·艺文志》形法家，有《宫宅地形》二十卷是其证也。《汉志》始以《宫宅地形》与相人相物之书并列，或其术始萌于汉，尚未涉及葬法也。《后汉书·袁安传》载访求葬地之事，或其术东汉已有之。按相宅之书，有《宅经》一种，旧本多题《黄帝宅经》。考《隋志》有《宅吉凶论》三卷，《相宅图》八卷，《旧唐书》有《五姓宅经》二卷，皆不云黄帝。考其书中称黄帝二《宅经》，及淮南子，李淳风，吕才等《宅经》，凡二十九种，则作书之时，本不伪称黄帝，乃术士之伪托。《宋书·艺文志》五行类有《相宅经》一卷，疑即《黄帝宅经》之传本。相墓之书，旧传有郭璞《葬书》一卷。考《晋书》本传，载璞前河东郭公受《青襄中书》九卷，遂洞天文、五行、卜筮之术，璞门人赵载尝窃《青襄书》为火所焚，不言其尝著《葬书》也。《唐书》有《葬书地脉经》一卷，《葬书五阴》一卷，未言璞作。惟

① 王弼、韩康伯、陆德明、孔颖达：《周易注疏》（卷八），中央编译出版社 2016 年 1 月版，第 261 页。

② 杜牧：《塞废井文》，董浩等：《全唐文》（卷七百五十四），中华书局 1983 年 11 月版，第 7816 页。

③ 王弼、韩康伯、陆德明、孔颖达：《周易注疏》（卷八），中央编译出版社 2016 年 1 月版，第 262 页。

④ 王弼、韩康伯、陆德明、孔颖达：《周易注疏》（卷八），中央编译出版社 2016 年 1 月版，第 264 页。

《宋志》载璞《葬书》一卷，方士代有增益，竟至二十卷。”① 起码在王振铎看来，《宅经》、《葬书》之流，皆为伪托，与黄帝、郭璞本人并无可靠关联，多为后世方士的“集体行为”。即便如此，相宅与相墓作为两大“理论体系”，其出现毕竟有先后，相宅在前，相墓在后。这意味着，墓穴的形制必然受到了先前宅相的启发，是对生者居所的模仿——如果把死后的世界当作某种更为抽象而纯粹的精神寄托的话，这种寄托来自生活世界现世、纷繁、复杂，肉体与灵魂错综交织的实际理解和想象。

所谓“爱情”，生则同室，死则同穴。《世说新语·贤媛第十九》：“郗嘉宾丧，妇兄弟欲迎妹还，终不肯归。曰：‘生纵不得与郗郎同室，死宁不同穴！’”② 同室、同穴与“比翼鸟”、“连理枝”有没有差异？前者更接近于一种与家庭、家族、族群发生关联的情感，而“比翼鸟”、“连理枝”或为世俗所不容而爱有不得，挣脱出去，叛离出去，放诸自然，酣畅淋漓，与同室、同穴，生死相系于沾溉着道德伦理色彩，“完成度”高，带有社会性诉求的婚姻内部的情感究竟有别。换句话说，如果说建筑是人居的宇宙，它首先维护的是人类作为种族的繁衍与存续。人们究竟如何面对一座建筑的“死亡”？永熙三年（534），也即北魏孝武帝元修即位之三年，永宁寺浮屠毁于大火。元修和他派去的羽林军莫不悲惜，垂泪而去。“百姓道俗，咸来观火。悲哀之声，振动京邑。时有三比丘，赴火而死。”③ 这座存世近二十年的浮屠，终究灰飞烟灭。殉葬的人牲或为被迫，比丘们却是自觉地“赴火而死”。累木而构的中国古代建筑，“灰飞烟灭”似乎成了它们共有的噩梦与宿命。它们固然已不再是某种外在于“我”的制度与符码，它们是一种假设，更是一种寄托。

世人皆知“叶公好龙”的“桥段”，《家语》：“叶公好龙，窗壁图画龙形，真龙为之降，叶公见而丧其魄。”④ 在这个近乎玩笑的诙谐画面里，一个细节不

---

① 王振铎：《司南指南针与罗经盘——中国古代有关静磁学知识之发现及发明（下）》，《中国考古学报》1951 年第 5 册，第 110 页。

② 刘义庆、刘孝标、余嘉锡、周祖谟等：《世说新语笺疏》（下卷上），上海古籍出版社 1993 年 12 月版，第 698 页。

③ 杨衒之、周祖谟：《洛阳伽蓝记校释》（卷一），上海书店出版社 2000 年 4 月版，第 47 页。

④ 乐史、王文楚：《太平寰宇记》（卷之八），中华书局 2007 年 11 月版，第 147 页。

容忽视，也即叶公所好之龙，是图画在窗、壁上的龙的形体——叶公把他所好之龙，涂绘在了建筑体上。世人只知嘲笑叶公，但换一种角度来思考，叶公所好，不过是审美意境。叶公为什么一定要在爱上龙之图形的同时爱上龙呢？他为什么没有选择的余地和拒绝的权利？叶公好龙之“好”，从现实性上来讲，起码说明，一方面，艺术是依附于建筑的，艺术并非以单体独立的形式出现，而建筑是允许被刻绘，乃至被雕琢的；另一方面，人与建筑、与建筑之上的装饰性图案达成的有可能只是一种单纯的审美关系，而不包含崇拜、写实、变化的因素在里面。建筑体，更像是一个能够宽容人的各种欲求的复杂体，它接纳人的一切——人的一切经历，人的一切情绪，人的一切理性，以及人莫可名状的所有生死际遇。

二、建筑与精神信仰

建筑是否应当满足个人存在，乃至个人之精神存在的预期？答案是肯定的。宿白曾将云冈石窟分为三期，其中第二期，指的是自文成帝以后以讫太和十八年（494）迁都洛阳以前的孝文帝时期，也即465年至494年之间，北魏的云冈进入了它最繁盛的时期，石窟和龛像急剧增多。这一时期，“把主要佛像集中起来的小龛的形象，表明禅观这个宗教目的尤其明显。这时窟龛不仅继续雕造禅观的主要佛像三世佛、释迦、弥勒和千佛，并且雕出更多的禅观时所需要的辅助形象，如本生、佛传、七佛和普贤菩萨以及供养天人等，甚至还按禅观要求，把有关形象联缀起来，如上龛弥勒，下龛释迦。这种联缀的形象，反映在释迦多宝弥勒三像组合和流行释迦夺宝对坐及多宝塔上，极为明显。这样安排，正是当时流行的修持‘法华三昧观’时所必要的”①。一方面，这一时期的佛教传播本身，尚未确立严格依据判教系统而分门别取的宗派，六家七宗不过是一种之于佛学义理理解上的讨论与区别，佛教弘法的过程，仍旧是以禅师、律师、经师、论师、法师等名目，贯彻以不同的修为方式而介入的，所以，禅观的对象并无类别上的选择、区分；另一方面，印度佛教般若论转向中国佛性论的变革尚未完成，时人之于佛性的理解，仍被“组织”、“交融”在对般若智慧的凝思、冥想与透悟中，

① 宿白：《云冈石窟分期试论》，《考古学报》1978年第1期，第31页。

观想依旧是禅观的主体，此观想依旧是通过外观而非内省来加以导引和践履的。正因为如此，两方面交互作用，造成了僧伽、居士对佛教龛窟之刻趋之若鹜——其立意和目的，恰恰是为了培养个人参佛的戒与定。

“和尚”也需要“建筑”。[①] 黄滔《龟洋灵感禅院东塔和尚碑》中有句话说：“和尚之道，不粒而午，不宇而禅，与虎狼杂居，所谓菩萨僧信矣。”[②] “不宇而禅”，不代表没有“建筑空间”而禅；与虎狼杂居，不代表放弃人居——石窟作为佛教僧侣的建筑空间，不仅召唤着人们对于岩居、穴居、山居的记忆，同样可与岩棺葬、石窟瘗埋建立联想。中国古人之于“隐居”是有常例、有条件的——有“待”。《易》之丰卦“上九”有“丰其屋”而“自藏”的讲法，孔颖达曰：“处于丰大之世，隐不为贤，治道未济，隐犹可也；三年丰道已成，而犹不见，所以为凶。”[③] 隐居实际上是一种对时势的判断，以及判断之后的自我选择——如果判断有误，抑或过于坚持自我选择，便会呈现凶相。无论如何，一个人隐居了，或许饱含着精神洒脱的成分，却也成就了回避政局的表态；性爱山水，只是这一表态的“附加值”，是“溢出”的部分。以个人所处的现实环境而言，“穴居”大不好。《易》之需卦“六四”有“需于血，出自穴”句，王弼的解释有言：“穴者，阴之路也，处坎之始，居穴者也。”[④] 何谓“阴之路”？“阴之路”乃幽隐之道。一个人居住在穴里，是处在“坎坷”、“坎限”、“坎险”之中的。所以，“穴居”作为隐逸之途，内含的只是隐士对于日常人生的“背叛”与思考。《世说新语·言语第二》：“庾公尝入佛图，见卧佛，曰：‘此子疲于津

① 佛教大兴土木，营造梵宫净土，亦为儒门排佛之“把柄”。李翱《去佛斋论》中便提到：“于是筑楼殿宫阁以事之，饰土木铜铁以形之，髡良人男女以居之，虽璇室象廊，倾宫鹿台，章华阿房，弗加也，是岂不出乎百姓之财力欤?!”[李翱：《去佛斋论》，董浩等：《全唐文》（卷六百三十六），中华书局 1983 年 11 月版，第 6425 页。] 谁出钱，很重要，这在李翱看来，是一种文化导向。

② 黄滔：《龟洋灵感禅院东塔和尚碑》，董浩等：《全唐文》（卷八百二十六），中华书局 1983 年 11 月版，第 8701 页。

③ 王弼、韩康伯、陆德明、孔颖达：《周易注疏》（卷九），中央编译出版社 2016 年 1 月版，第 299 页。

④ 王弼、韩康伯、陆德明、孔颖达：《周易注疏》（卷二），中央编译出版社 2016 年 1 月版，第 65 页。

梁。'于时以为名言。"[1] 把佛本人、佛弟子、与佛有关的人士比作"津梁"，寻常可见，如僧肇《答刘遗民书》。与此类似，更为常见的溢美之词是"栋梁"，如《世说新语·赏誉第八》中庾子嵩对和峤的"目测"与评价——"有栋梁之用"[2]。津为水，梁为桥，所谓津梁，无非水上之桥梁，嫁接此岸与彼岸，自度度人的意思。桥梁这一称谓本身把河道、河岸家园化、建筑化了；人经过桥梁，实则经过了建筑的单元。柳宗元《岳州圣安寺无姓和尚碑铭》中有句话说："性海吾乡也，法界吾宇也，戒为之墉，惠为之户，以守则固，以居则安，闾里不具乎?!"[3] 乡、宇、墉、户，皆为建筑学术语，与性海、法界、戒、惠，通设无碍——所谓教义，所谓宗旨，被建筑化的同时，建筑亦沾溉了思性的深蕴。

佛教文化是一种裹挟着多元质素的文化"潮流"，其于六朝建筑的影响无处不在，例如纹样。陈从周曾经提到："六朝这个时代，佛教在中国已非常昌盛，同时佛教又传入了许多的建筑艺术形式，尤其在装饰花纹方面。无疑的，柱础必然会受影响的，将实用与美观联系起来，其见于山西大同云冈石刻的有人物狮兽等形状，更有须弥座式的，而与后世关系最大的当以'复盆'、'莲瓣'二种。"[4] 柱础的意义在于分散通过柱身传递的屋顶荷重。早期地穴式建筑柱身下会有夯压捶打的土块，殷代建筑可见以石卵为础或铜础，汉代的柱础既有石卵的凸起，又有倒置的"栌斗"，以及原始的"覆盆"形状，然而，柱础饰以纹样，尤其是带有佛教意味的纹样，却是六朝以来的独特表现。这种带有艺术造型的处理方式一直延续到唐代，在河北正定开元寺钟楼、山西五台山佛光寺正殿，以及西安大雁塔门楣石刻图、敦煌壁画中均有所体现，只不过变"高瘦"为"低平"，构造也日臻复杂——"覆盆"之上已然有了"盆唇"。[5]

佛教讲观想，乃至在塔窟中面壁而思，是可与中国古代建筑的建制"对话"的。崔豹《古今注·都邑第二》："罘罳，屏之遗象也。塾，门外之舍也。臣来

① 刘义庆、刘孝标、余嘉锡、周祖谟等：《世说新语笺疏》（上卷上），上海古籍出版社 1993 年 12 月版，第 102 页。

② 刘义庆、刘孝标、余嘉锡、周祖谟等：《世说新语笺疏》（中卷下），上海古籍出版社 1993 年 12 月版，第 426 页。

③ 柳宗元：《岳州圣安寺无姓和尚碑铭》，董浩等：《全唐文》（卷五百八十七），中华书局 1983 年 11 月版，第 5938 页。

④ 陈从周：《柱础述要》，《考古通讯》1956 年第 3 期，第 92 ~ 93 页。

⑤ 参见陈从周：《柱础述要》，《考古通讯》1956 年第 3 期，第 93 页。

朝君，至门外当就舍，更详熟所应对之事也。塾之言，熟也。行至门内屏外，复应思惟。罘罳，复思也。汉西京罘罳，合板为之，亦筑土为之。每门阙殿舍前皆有焉。于今郡国厅前亦树之。”① 这毕竟不同于面壁而思。一方面，思维的主体、对象、内容、结果都不尽相同，起码一个思的是佛理，一个思的是如何在朝堂上应对；另一方面，塾、罘罳，合于建筑体内，是附属于建筑体的，与身在“荒野”的塔窟有不同。然而，即便如此，塾、罘罳，也依旧提供了人思维的场域，提醒了人需要去思维，实与塔窟之壁在功能性上有异曲同工之效。②

塔之于死亡的意涵，之于尸体的处理，之于涅槃的期待，移植中土仍旧流行，最普遍的形式如石穴瘗埋。塔常列于西南。宋齐邱《仰山光涌长老塔铭》提到，“门人具梵礼塔于山之西南隅，表至德也”③。在龙门石窟中，唐代前期龙门瘗穴有两种形式，一为塔形穴，一为龛形穴。所谓塔形穴，“是就岩壁上刻石塔一座，下凿方形瘗穴一孔，穴内安放僧人骨灰，因而这种塔下凿穴的塔应是僧人的墓塔，即舍利塔”④。这种瘗穴的高、宽、深一般都不超过 50 厘米；瘗穴之上，雕有塔的形式，在三至七层左右；塔上刻龛，即塔龛的合流。这种形式不是龙门石窟的独创，“甘肃永靖炳灵寺石窟大寺沟窟龛群的北段，中层岩面上分布着 25 个浮雕石塔，雕刻时间自北宋至明清，这些石塔的塔身部分都开凿有一个方形洞穴，其内安放着僧人的骨灰”⑤。类似形式暗含的逻辑，在本质上与塔式窟一致。塔的形制不可一律，纷繁复杂，其级数一般为单数，亦有例外。例如位于河南荥阳贾峪乡阴沟村大周山巅，始建于北宋仁宗年间（1023—1063）的荥阳千尺塔，俗称“曹皇后塔”——宋仁宗为解皇后曹氏思乡之情而建。这座塔即为八

① 崔豹、王根林：《古今注》（卷上），《博物志（外七种）》，上海古籍出版社 2012 年 8 月版，第 123 页。

② 庙本身与佛教并无关联。崔豹《古今注·都邑第二》：“庙者，貌也，所以仿佛先人之灵貌也。”［崔豹、王根林：《古今注》（卷上），《博物志（外七种）》，上海古籍出版社 2012 年 8 月版，第 123 页。］“先人之灵貌”之“先人”，并不一定指的是佛祖，而多谓人祖。正是在这一意义上，我们才能够理解何谓“太庙”，何谓“庙堂”，何谓“庙号”。

③ 宋齐邱：《仰山光涌长老塔铭》，董浩等：《全唐文》（卷八百七十），中华书局 1983 年 11 月版，第 9112 页。

④ 李文生、杨超杰：《龙门石窟佛教瘗葬形制的新发现——析龙门石窟之瘗穴》，《文物》1995 年第 9 期，第 73 页。

⑤ 李文生、杨超杰：《龙门石窟佛教瘗葬形制的新发现——析龙门石窟之瘗穴》，《文物》1995 年第 9 期，第 77 页。

级六角形楼阁式塔。[①] 塔立在哪里？在荒野中吗？塔的所立之处本来就是一个生机盎然的建筑“系统”。李讷《东林寺舍利塔铭》记录了东林寺上坊舍利塔乃宋佛驮跋陀罗禅师所立，“尔其一经地理，接化鸟之南图，一纬天文，承斗牛之北次，岗峦出没，下积风云，洲岛萦回，旁罗井邑，割东林之净壤，撰西域之神模，瀑水周轩，炉峰对溜，丹楹翠栱，标回日月之宫，宝缀珠栊，影出云霓之路”[②]。这个“系统”经纬分明，东西结合，周流环绕，对列共生，毫无死亡的肃杀之气，毫无荒野的苍茫落寞。这是一个充盈的世界，一个丰沛的世界。崔琪《唐少林寺灵运禅师塔碑》提及灵运：“始知夫心外无法，所得者皆梦幻耳，然后观大地土木，无非佛刹焉。”[③] 在这里，“心外无法”是依据，是条件，基于这一依据、这一条件，大地以及大地上的土木皆为佛刹。建筑被意义化、教义化的同时，透显为时间极速流变的瞬间，即生即灭，空无所有。此在现世的建筑，已俨如寓于当下之净土。唐以前的佛寺是以塔为中心的，以后则以殿堂为中心，由涅槃旨趣走向普济众生，其间经历过漫长的过渡与转换。始建于东魏兴和二年（540），名净观寺，后于隋开皇十一年（591）改名为解慧寺，唐开元年间又改为开元寺的河北正定开元寺，寺内砖塔、钟楼横向并立，便是这一过渡、转换的标志。[④]

人乃天地之灵，长留天地间，与天地并生，三才并立。这句话有时说明的是宇宙论，但有时，它“暗示”的是“身体美学”。商代贵族的墓葬最显著的特点，即大量的人以及牲畜的殉葬——“人牲”的数目，可以高达上百人。“殉葬人的身份和待遇各有不同，但都是墓主人的奴隶。殉葬的牲畜，以马与狗为最多。各种类型的墓，都在墓底的正中设一长方形的小型坑穴，其位置正当墓主人尸体腰部之下，故称‘腰坑’，坑内埋以殉葬的人或狗。即使是平民的墓，也往

① 参见河南省古代建筑保护研究所、荥阳县文物保护管理所：《荥阳千尺塔勘测简报》，《文物》1990 年第 3 期，第 78 页。

② 李讷：《东林寺舍利塔铭》，董浩等：《全唐文》（卷四百三十八），中华书局 1983 年 11 月版，第 4470 页。

③ 崔琪：《唐少林寺灵运禅师塔碑》，董浩等：《全唐文》（卷三百三），中华书局 1983 年 11 月版，第 3080 页。

④ 参见刘友恒、聂连顺：《河北正定开元寺发现初唐地官》，《文物》1995 年第 6 期，第 63 页。

往有埋狗的腰坑。”① 这是一个非常典型的案例，它告诉世人，宇宙是存在的——墓室顶部穹窿上所绘制的日月星象，指示出一个宇宙的存在——人的生死，皆在这个宇宙中；但是，属于人，属于墓主人的殉葬品，奴隶、牲畜，却是以墓主人的身体来布局、来安放的。此类案例甚多。1984 年秋在河南安阳苗圃北地发掘的殷墓群共43 座，有“腰坑”者30 座，未见“腰坑”者9 座，其余4 座状况不明；用狗殉葬者 13 例，约占三分之一弱；可见这一葬式的流行。② 殷墟大司空 M303 墓底中部有一“腰坑”，口长0.9 米、宽0.35 米，底部长0.75 米、宽0.3 米，坑内有殉狗一只。③ 西安老牛坡发现的38 座商代墓葬中，31 座有“腰坑”，其中，M5、M8、M11、M25 等 20 座腰坑中均有殉人，占到二分之一强，共殉葬97 人。④ 除此之外，这一现象还发现于河南安阳孝民屯商代墓主社会身份地位较低的墓葬内。⑤ “腰坑”起码说明，墓主人的身体在墓葬整体结构上具有不可估量的重要价值。中国古代建筑历来重视“腰线”，与此形制可谓不无关联。

《白虎通》中明确记载过“五祀”系统。“五祀者，何谓也？谓门、户、井、灶、中溜也。所以祭何？人之所处出入，所饮食，故为神而祭之。何以知五祀谓门、户、井、灶、中溜也？《月令》曰：‘其祀户。’又曰：‘其祀灶’，‘其祀中溜’，‘其祀门’，‘其祀井’。”⑥ 根据《曲礼》的讲法，大夫有五祀；根据《礼祭法》的讲法，天子立七祀，诸侯立五祀，大夫立三祀，士立二祀；《御览》引郑驳《异义》云王为群姓立七祀，分别为司命、中溜、门、户、国行、大厉，灶，与此亦稍有区别。为什么要有五祀？“祭五祀所以岁一遍何？顺五行也。故春即祭户。户者，人所出入，亦春万物始触户而出也。夏祭灶。灶者，火之主，人所以自养也。夏亦火王，长养万物。秋祭门，门以闭藏自固也。秋亦万物成

① 王仲殊：《中国古代墓葬概说》，《考古》1981 年第5 期，第450 页。

② 参见中国社会科学院考古研究所安阳队：《1984 年秋安阳苗圃北地殷墓发掘简报》，《考古》1989 年第2 期，第123 页。

③ 参见中国社会科学院考古研究所安阳工作队：《殷墟大司空 M303 发掘报告》，《考古学报》2008 年第3 期，第355 页。

④ 参见刘士莪：《西安老牛坡商代墓地初论》，《文物》1988 年第6 期，第23 页。

⑤ 参见殷墟孝民屯考古队：《河南安阳市孝民屯商代墓葬2003—2004 年发掘简报》，《考古》2007 年第1 期，第27 页。

⑥ 陈立、吴则虞：《白虎通疏证》（卷二），中华书局1994 年8 月版，第77 ~78 页。

熟，内备自守也。冬祭井。井者，水之生藏在地中。冬亦水王，万物伏藏。六月祭中溜。中溜者，象土在中央也。六月亦土王也。”① 空间与时间是相通的，“五祀”实则对应着一年四季的五行，春对户，夏对灶，秋对门，冬对井，六月对中溜。《白虎通》所开的对应名单还很长，例如，祀户祭脾，祀灶祭肺，祀门祭肝，祀井祭肾，祀中溜祭心。脾者土也，肺者金也，肝者木也，肾者水也，心者藏也。另外，《五行大义》引郑驳《异义》又有春祭先脾后肾，夏祭先肺后肝，季夏祭先心后肺，秋祭先肝后肺，冬祭先肾后脾的讲法，《白虎通》也还有祭户以羊，祭灶以鸡，祭中溜以豚，祭门以犬，祭井以豕的讲法，不可一概而论。无论如何，首先，建筑是需要被祭祀的。不是在建筑中祭祀，而是祭祀建筑；不是祭祀建筑的整体，而是祭祀建筑的分部与功能。其次，建筑与五行八卦这一文化母体是密不可分的。五行八卦本身蕴含的时间，会与建筑空间结合，构筑一个时间与空间相互应证的宇宙。再次，建筑不只是人经验存在的内外界限，建筑还对应着人的身体，对应着人的内脏。从某种程度上来说，建筑是一种“身体美学”。建筑的“身体”，与人的“身体”，异质同构，如同生命的涟漪不断向外扩散的圈层。最终，建筑中包含着权力的“影子”。这种权力是一种组织结构，通过五行的相生相克，相互牵扯和制衡。人在五行中，人就是五行。

① 陈立、吴则虞：《白虎通疏证》（卷二），中华书局1994年8月版，第79~80页。

第四章
程式：唐宋时期建筑美学的理性

法度与制度不同，制度需要架构，法度却是一种在具体的行为过程中提高操作之效率的标准化尺度。尺度所注重的，不再是如何塑造空间，而是如何准确地控制结构。① 唐宋时期，中国文化蕴含着“向内转”的总体趋势，之于建筑美学同样有所体现；建筑越来越心性化，是建筑“走下”庙堂，“散漫”于民间的结果。

第一节　操作的法度

一、斗拱与壁画：技术的圆熟

在构造上，斗拱的发展，至关重要的一步，在于平行与垂直的“交角”出现，即华拱的出现。华拱使一斗二升、一斗三升的平行承托伸展出垂直角度，使斗拱这一结构本身由二维平面世界“跳入”三维立体世界。在四川三台郪江崖

① 房屋的结构本身是可以充当空间分界的。1987 年 7 月于山西太原南郊金胜村发掘的唐代壁画墓中，“墓室四壁以红色粗线绘出房屋的立柱、斗拱、阑额和枋，它既象征着房屋，又兼作界格，将画面分成一个个相对独立的部分。这种做法与西安羊头镇总章元年（668）李爽墓，太原金胜村四号、六号墓的做法几乎完全一样，具有唐代前期墓室壁画的特点”。（山西省考古研究所：《太原市南郊唐代壁画墓清理简报》，《文物》1988 年第 12 期，第 58 页。）这种分界不是严格意义上的分割、区隔，但它在视觉上的确具有隔离空间的效果——独立本身是相对的，建筑中的空间尤其如此。

胡家湾1号墓后室后壁中央位置，矗立着一根通高1.9米的十二棱柱，“柱上承巨大的栌斗，栌斗呈长方形，宽0.68、高0.34米，其中耳0.22、平0.1、欹0.02米。栌斗下有皿板。栌斗前面和两侧（后侧因与室壁相连，故未雕），都伸出拱子承散斗，两侧散斗间宽1.86米，共托枋子一周，散斗上所托两根枋子呈垂直状，均出头。前方的拱子（相当于后世的华拱）再出令拱托室顶天花枋。令拱为一斗三升式斗拱，拱眼处采用透雕手法”①。据报告者称，此为“全国汉晋墓中前所未见”。重点是，“散斗上所托两根枋子呈垂直状，均出头”。平行承托的荷载是单面性的，是一个截面，是二维的；华拱的出现却打破了这一格局。华拱与令拱的交角，是转角铺作乃至柱头铺作之所以得以存在、得以发展的关键。在结构性上，华拱的意义远远高于令拱——如有“偷心”之简省。

华拱和下昂是斗拱中最为立体、最为突出的部分。1981年冬，于河北曲阳南平罗村发掘出的北宋政和七年（1117）墓，“墓室内壁用彩绘和砖雕表现出仿木结构建筑。共有6根檐柱，每根檐柱上承托一组单杪四铺作斗拱。其中华拱和下昂用砖雕构成，其他部分用红、黄、白、粉、青等颜色画出。檐柱上有米字、圆圈、菱形、斜线、半圆形等图案，各柱上的图案不同。阑额上画有家禽和飞鸟。斗拱之上有一周连续三角纹带”②。彩绘是平面的，砖雕是立体的。这样一组单杪四铺作，作为一个整体，只用彩绘来表现，是很单薄的。巧妙的是，彩绘与砖雕构成了组合。这一组合从一个侧面反映出一个问题，即华拱和下昂是斗拱中立体而突出的部分——以砖雕来呈现它们，所呈现的正是它们之于结构的意义。

“斗拱”究竟有什么用？罗哲文有过一种回答：“在梁下可以增加梁身在同一净跨下的荷载力，在屋檐之下可使出檐加远。”③ 从直观的经验来看，斗拱是房屋横竖——横材与竖材，也即梁枋、檩子与立柱的“结”、“交接”之处，更进一步观察就会发现，斗拱是用分体组合的方法来完成这个“结”、这个“交接”的。斗拱具体可以分成最起码的两部分：方斗与曲拱——有直有曲——如是

① 三台县文化体育局、三台县文物管理所：《四川三台郪江崖墓群2000年度清理简报》，《文物》2002年第1期，第37页。

② 保定地区文物管理所、曲阳县文物保管所：《河北曲阳南平罗北宋政和七年墓清理简报》，《文物》1988年第11期，第72页。

③ 罗哲文：《斗拱》，《文物参考资料》1954年第7期，第45页。

方圆的组接，不是一次性结束的，而可以层层叠叠，垒在一起，累积在一起，形成伸展、出挑，从立面的横竖线条“跳出”矩形的视野。所以，斗拱一方面解决了屋顶荷载过于集中，不均衡、不稳定的难题，一方面形成了木构建筑在审美情绪上立体的凌云飞动的特效。

斗拱的完善是唐代建筑的一大特征。完善是指出跳多，开始大量地使用昂，增设枋，补间只用一朵等。这一时期的变化表现在，“斗拱由不出跳或最多只出两跳，而且无昂等形式过渡到盛唐时期斗拱出跳增多，最外跳头绝大多数都有令拱，柱头缝以一拱一枋为一组，补间只用一朵等形式特点”①。出跳可以增加檐深，使之更廓大；令拱则以其稳定性的“本职”、“本能”，与华拱结合，提高了铺作整体组织的平衡度；昂的设置是铺作之所以构成三维立体性结构的关键步骤；补间铺作的弱化、单朵不仅会在视觉上强化柱头铺作、转角铺作，而且，会客观地使柱头铺作、转角铺作本身符合更为严格的用材、用量标准。具体而言，铺作出跳的形制在唐代，至盛唐和晚唐，已日臻成熟。常见的组合形制有“七铺作双杪双下昂、七铺作出四杪、六铺作出三杪、六铺作单杪双下昂、五铺作单杪单下昂（含单杪单插昂）、五铺作出双杪、斗口跳等”②。这种种铺作，与东汉转角初步分位，横拱的一斗二升、一斗三升，纵拱的不过一跳相比，与魏晋南北朝新出现的叉手补间，柱头尚且偷心相比，与隋至于初唐开始使用单斗支替，补间仍不出跳，柱头出跳仍偷心相比，盛唐、晚唐的斗拱铺作无疑以其豪华阵容使这一技艺造极登峰。盛唐、晚唐的斗拱铺作之所以伟大，最大的价值在于，它的组织是结构性的——其内部构件，每一构件都具有结构性的意义。“从实物看，唐代柱头斗拱后尾（里跳）皆延成纵向梁或缴背，或做成半驼峰通过斗拱支托平棊方；用下昂时，昂尾压在平槫下梁栿底处。斗拱与屋架结构紧密关联，其本身具有强烈的结构意义。所以纯装饰性的斗拱构件在唐代尚无滋生之土壤。”③ 装饰性斗拱仅仅服从于视觉需要乃至审美期待，不承重，亦未实现左右制衡。这里提到的是昂，除此之外，一方面，唐代的补间铺作仅用一朵，因为结构性斗拱的用材硕大，所以补间铺作大多在柱头铺作第二跳或第四跳的高度从柱头枋出一跳

① 张铁宁：《唐华清宫汤池遗址建筑复原》，《文物》1995 年第 11 期，第 64 页。
② 冯继仁：《中国古代木构建筑的考古学断代》，《文物》1995 年第 10 期，第 44 页。
③ 冯继仁：《中国古代木构建筑的考古学断代》，《文物》1995 年第 10 期，第 45 页。

或者二跳，基本上不用下昂。在补间不出跳的形制下，也就出现了叉手拱、蜀柱或一斗三升的隐刻。另一方面，转角铺作在盛唐以后渐趋成熟。战国转角使用45°抹角拱；北朝开始使用45°华拱；至于初唐，开始出现正、侧、45°三向出跳，却因偷心而无串束；到了中晚唐，随着计心的使用，跳头上瓜子拱、慢拱的延伸，角拱上平盘斗支高莲台以承檐枋，末跳角昂上别加由昂，上坐宝瓶以托角梁，转角铺作才终于成熟起来。① 所以，综合来看，盛唐、晚唐的斗拱铺作确已把斗拱的结构性组织能量发挥到了极致。

在斗拱的具体做法上，补间的改变是宋以来之于唐最大的变化。如有学者指出，“宋与唐斗拱更显著的差异在于补间做法。《法式》中补间与柱头铺作形制已完全一致。实物从宋初至宋末均见二者一致这种手法在流行。而在宋初，至多在宋中期以前，有的建筑虽补间、柱头不完全一致或存部分差异，但二者出跳数及始跳位置一致，跳头上横拱配置（单拱重拱、偷心计心）也一致，唯出跳时杪拱、下昂或斜拱的使用有时不尽相同。不管怎样，就占主导地位的做法来说，补间、柱头整朵铺作外轮廓多已达到统一，这使宋代斗拱在五代基础上与唐的区别加大”②。根据《法式》的讲法，当心间的补间做两朵，余各间一朵，或逐间两朵——补间朵数本身与唐就有差异，更不用说补间做法的问题。补间的增设、其形制与柱头的一致极大地改变了斗拱的视觉印象——从错落的参差之美过渡为平铺的一律之美。这为后世的明清做法奠定了基调。

转角铺作作为结构性要求的重要性大于补间铺作，从某种意义上来说，转角铺作是必需的，补间铺作则并非一定要有。如 1992 年 4 月，河南省修武县郇封乡大位村发现的金代杂剧砖雕墓，便出现过如是案例。“墓室只有转角铺作，无补间铺作，与林县一中宋墓、石家庄‘政和二年三月’宋墓相似。该墓栌斗左右置泥道拱，再上施散斗、泥道慢拱、散斗，栌斗正面置单下昂，上施交互斗，耍头。耍头作蚂蚱状，昂嘴为琴面式。并在泥道慢拱两侧各置一斗，而仅彩绘出拱的轮廓。这种斗拱结构与禹州市坡街金墓和有‘大定二十九年正月’题记的

① 参见冯继仁：《中国古代木构建筑的考古学断代》，《文物》1995 年第 10 期，第 48 页。

② 冯继仁：《中国古代木构建筑的考古学断代》，《文物》1995 年第 10 期，第 58 页。

焦作电厂金墓的斗拱结构基本相同。”① 从视觉上来看，墓室的斗拱结构并不凸显，泥道慢拱的形式“隐没”在墙体中，彩绘拱的轮廓，在一定程度上恢复了拱的视觉效应；然而在有限的空间内，转角铺作的“必然性”都与补间铺作的“可然性”构成了对比。另如河北正定开元寺钟楼，这座钟楼的铺作式样虽为五铺作双杪偷心造，里转四铺作单杪，但也仅用于柱头转角，不施补间铺作。② 如是做法，多多少少与泥道慢拱、面宽、进深有关。

在文人画流行之前，壁画是视觉艺术的主要形式，而壁画在唐代建筑中极为普遍，这不仅可从民居建筑的壁作程度获悉，亦可从绘画名家多参与了壁画的制作而变相地了解。据《方舆胜览·京西路·郢州》之“五客堂”条可知，“唐李昉尝画五禽于壁间，以鹤为仙客，孔雀为南客，鹦鹉为陇客，鹭鸶为雪客，白鹇为闲客”③。“堂”的意义是什么？正大也，光明也，迎来、送往，为的是东西南北中，八方来客汇聚一堂，李昉所绘“五禽”，恰可谓“五客堂”之基调的确立。郢州还另有“孟亭”，《唐诗纪事》：“王维过郢，画孟浩然像于刺史厅，后名以浩然。”④ 可见，当时的壁画题材非常广泛，不仅是装饰性的元素，亦有纪念性的风格，且多为名家之作，如“江州庐山西林乾明寺经藏壁间，有唐戊辰岁樵人王翰画须菩提像，世以王为与杜子美卜邻者”⑤。经庄绰考证，西林所画，乃王翰自仙州贬营道时过九江所作，“笔墨简古，非画工所能。自开元十六戊辰，逮绍兴九年己未，四百一十二年矣”⑥。——此一“常态”，直至宋代亦是如此，亦如庄绰所言：“宁州要册湫庙殿壁山水，皆范宽所画。土地堂壁有包氏画虎，

① 焦作市文物工作队、修武县文物管理所：《河南修武大位金代杂剧砖雕墓》，《文物》1995 年第 2 期，第 60 页。

② 参见刘友恒、聂连顺：《河北正定开元寺发现初唐地宫》，《文物》1995 年第 6 期，第 63 页。

③ 祝穆、祝洙、施和金：《方舆胜览》（卷之三十三），中华书局 2003 年 6 月版，第 591 页。

④ 祝穆、祝洙、施和金：《方舆胜览》（卷之三十三），中华书局 2003 年 6 月版，第 591 页。

⑤ 庄绰、李保民：《鸡肋编》（卷下），《鸡肋编 贵耳集》，上海古籍出版社 2012 年 8 月版，第 71 页。

⑥ 庄绰、李保民：《鸡肋编》（卷下），《鸡肋编 贵耳集》，上海古籍出版社 2012 年 8 月版，第 71 页。

赵评事马，皆奇笔。”①

关于壁画的民间故事，多带有更为神秘的魔幻主义色彩。据《宣室志》记载，云花寺殿宇既制，寺僧请画工作画，价钱谈不拢，画工离去。接着来了两位少年，说自己兄弟七人，未尝画于长安诸寺，想试一试。“且为僧约曰：‘从此去七日，慎勿启吾之户，亦不劳赐食，盖以畏风日侵铄也。当以泥锢之，无使有纤隙；不然，则不能施其妙矣。’僧从其语，自是凡六日，阒无有闻。僧相语曰：‘此必怪也。当不宜果其约。’遂相与发其封。户既启，有七鸽翩翩，望空飞去。其殿中彩绘，俨若四隅，惟西北墉未尽饰焉。后画工来见之，大惊曰：‘真神妙之笔也！’于是莫敢继其色者。”② 中国古人之“约”，从来都不是用来履行的，即便是人与神与鬼、与幽灵订立之“约”，也总会有意外，总会有横生的枝节。人们向往圆满，却也能敷衍由自己败坏了的结局——结局总是可以接受的。在某种程度上，中国古人更得益于如是意外的败坏，它像一个通道、道口，为人们透显出那魔幻现实的面相，一个未知的世界会在不经意之间，跌跌撞撞地被打开。这七只“望空飞去”的翩翩鸽仙，为什么要化身为人，绘制画作，叙述者并未明确交代，然而他们无疑可称得上是艺术的使者——谦逊地来，惊慌地去，不像是为了寺僧，倒像是为了云花寺，为了一座建筑而甘愿承担风险，把自己暴露于世人面前。无论如何，云花寺圣画殿的七圣画业已完成了。此言壁画的创作者，画中人物的“临显”则更为普遍。同样是据《宣室志》记载，兴福寺西北隅有隋朝佛堂，其北面墙壁画有十光佛，据说是国手蔡生的手迹。后来，此堂年月稍久，寺僧打算修葺。“忽一日，群僧斋于寺庭，既坐，有僧十人，俱白皙清瘦，貌甚古，相次而来，列于席。食毕偕起，入佛堂中，群僧亦继其后。俄而，十人忽亡所见，群僧相顾惊叹者久之。因视北壁十光佛，见其风度与向者十人果同。自是僧不敢毁其堂，且用旌十光之异也。”③ 十光佛的临显，其来去并未对现世造成任何影响；他们的乍现，只暗示了一条真理，即壁画画作中的人物是真实

① 庄绰、李保民：《鸡肋编》（卷上），《鸡肋编　贵耳集》，上海古籍出版社 2012 年 8 月版，第 18 页。

② 张读、萧逸：《宣室志》（卷一），《宣室志　裴铏传奇》，上海古籍出版社 2012 年 8 月版，第 11 页。

③ 张读、萧逸：《宣室志》（卷九），《宣室志　裴铏传奇》，上海古籍出版社 2012 年 8 月版，第 68 页。

的——这种真实是一种超验的真实，却也曲折地表现出艺术真实的原理。

1955 年发现的位于山东阳谷县东 12.5 公里阎楼乡关庄的密檐式石塔造于唐天宝年间，为一七级浮屠，在其上基座双层平台大檐须弥座的下层须弥座上，“束腰四面为内凹人面浮雕，面部表情丰富，为喜怒哀乐四相，每面四周凸起部分均线刻忍冬花纹”①。这四面人像，与上层须弥座束腰四面的伎乐人——弹琴、击鼓、拍板、弹凤首箜篌者相对，亦可与其四隅力士呼应。人像为内凹，忍冬花纹为凸起，不仅造成了凹凸有别，主体与背景的错落模式，而且在视觉上形成类似于焦点透视的纵深感。喜怒哀乐作为四种情绪“模板”，构成的是人之情绪被经典化了的“全体”——佛教由有情向有觉转识成智地度化生命，正是要从有情世间超越，植入涅槃寂静的理想，这种超越与植入的前提，正是对情绪的分析、归类与汇总。

金、元墓室多有壁画，建筑构件上一般都会上色，而卷草、缠枝为其流行的纹样。1986 年 7 月发现的山西闻喜寺底金代砖雕壁画墓室中，“墓内四壁及墓顶四面坡均彩绘壁画，先刷白灰作为画底，再以红、黄、赭、黑、绿等色作画。普柏枋用红色勾勒木理纹。拱眼壁绘制缠枝牡丹及花草。斗拱刷红色或粉红色，用白色勾边。橑檐枋用红色绘卷草纹。墓顶四面拱坡各绘一盆牡丹花。墓室四壁相交处，普柏枋下沿，墓门边缘均用红色勾勒。棺床基座刷白色，抹角柱刷红色，华板面罩白色底，用红色绘缠枝牡丹”②。虽有五色，但其主基调无非红、白，牡丹一直是北方画作的主要题材，而卷草、缠枝，固为其主流模式。大小方格状的平暗一般只在唐、辽时期的建筑中使用。宋代建筑壁画依然多见。据《方舆胜览·淮东路·淮安军》之“紫极观画壁”记载：“李伯时尝于壁间画猴戏马惊，而圉人鞭之，时称奇笔。”③ 这面画壁在当时非常著名，苏东坡、陈后山都曾为此李公麟之作题诗，并有石刻。另如《方舆胜览·成都府路·永康军》之“古迹”，《剑南诗稿》云：“青城山中有孙太古画碧落侍中范长生举手整貂蝉像，特

---

① 聊城地区博物馆：《山东阳谷县关庄唐代石塔》，《考古》1987 年第 1 期，第 48 页。

② 闻喜县博物馆：《山西闻喜寺底金墓》，《文物》1988 年第 7 期，第 70 页。

③ 祝穆、祝洙、施和金：《方舆胜览》（卷之四十六），中华书局 2003 年 6 月版，第 822 页。

妙。其诗云：'浮世深沉何足计，丹成碧落珥貂蝉。'"[1] 孙知微，字太古，正是五代后蜀及宋太宗、真宗时眉州彭山人，寓居青城白侯坝之赵村。建筑的"软装"，在宋人而言已经非常普遍。周密《齐东野语·曝日》曰："余尝于南荣作小日阁，名之曰献日轩。幕以白油绢，通明虚白，盎然终日，四体融畅，不止须臾而已。适有客戏余曰：'此所谓天下都绵襖者。'相与一笑。"[2] 这一做法在当时是十分流行的——谢无逸为此赋诗，何斯举还油然作了《黄绵襖子歌》。

二、时尚与约束法度

想起唐朝，我们总会想起一个人，玄奘。何谓"奘"？余嘉锡所案《世说新语·轻诋第二十六》曾经提及《方言》一云："京、奘、将，大也。秦、晋之间，凡人之大谓之奘，或谓之壮。"[3] 这恰恰是对玄奘之"奘"的一种解释。唐代建筑之规模，亦给人以雄奇廓大恢宏完整的印象。《旧唐书·玄宗诸子传》曰："先天之后，皇子幼则居内，东封年，以渐成长，乃于安国寺东附苑城同为大宅，分院居，为十王宅。令中官押之，于夹城中起居，每日家令进膳。又引词学工书之人入教，谓之侍读。十王谓庆、忠、棣、鄂、荣、光、仪、颍、永、延、济，盖举全数。其后，盛、义、寿、陈、丰、恒、凉六（七）王又就封，入内宅。二十五年，鄂、光得罪，忠继大统。天宝中，庆、棣又殁，唯荣、仪等十四王居院，而府幕列于外坊，特通名起居而已。外诸孙成长，又于十宅外置百孙院。每岁幸华清宫，宫侧亦有十王院、百孙院。宫人每院四百余人，百孙院三四十人。又于宫中置维城库，诸王月俸物，约之而给用。诸孙纳妃嫁女，亦就十宅中。太子不居于东宫，但居于乘舆所幸之礼院。太子亦分院而居，婚嫁则同亲王、公主，在于崇仁之礼院。"[4] 为什么要建造十王宅？为了随时探望？为了其乐融融？随时探望、其乐融融的目的背后，皆有道德表率之诉求，然而事实上，

① 祝穆、祝洙、施和金：《方舆胜览》（卷之五十五），中华书局2003年6月版，第989页。

② 周密、张茂鹏：《齐东野语》（卷四），中华书局1983年11月版，第66页。

③ 刘义庆、刘孝标、余嘉锡、周祖谟等：《世说新语笺疏》（下卷下），上海古籍出版社1993年12月版，第847页。

④ 顾炎武：《历代宅京记》（卷之六），中华书局1984年2月版，第103页。

如是做法恐怕更多的是出于权力集中的图谋和政局把控的考量。值得注意的细节是，聚居“大于”聚集。十王宅里聚居的不只是十个皇子，这些皇子也要婚丧嫁娶，也要成家立业，也要生生死死，十王宅也必然会“成住坏灭”——据《历代宅京记·关中四》记载，唐德宗贞元十二年秋八月庚午，便增修望仙楼，广夹城十王宅。无论如何，如是十王宅，终究带入了庞大的整体的圆融的建筑观念，它涵盖了建筑作为血缘宗族的存在所映射出的原始的群落模式，亦把建筑的开放、接纳、浑整的可能性发挥到了帝王家居的水平。

唐末城池的整体性日益凸显。黄滔《灵山塑北方毗沙门天王碑》记述了当时开元寺灵山塑北方毗沙门天王一铺的景象——其膺世尊帝释锡号，居须弥山北，住水晶宫殿，领药义众为帝释外臣，护南瞻部洲。与之相因的闽越有“大城焉，南月城焉，北月城焉，周圆二十六里四千八百丈，基凿于地，十有五尺，杵土胎石而上，上高二十尺，厚十有七尺。外甃以砖，凡一千五百万片。上架以屋，其屋曰廊。其大城之廊也，一千八百有十间。自廊凸而出之为敌楼，楼之层者二十有三。又角立之楼六，其二者层复层焉，皆栏干勾连，参差焕赫。而廊之若干步一铺，铺各一鼓，而司更焉。凡三十有六，谓之更铺。其四面之门八，其南曰福安门，福安之东曰清平门，西曰清远门，其北曰安善门，安善门之东曰通远门，其东曰通津门，通津门之北曰济州门，其西曰善化门，皆铁扇铜扃，开阳阖阴。门之上仍揭以楼，三间两挟两歙，修廊双面远碧。门之左右，又引而出之，为之亭，两间一厦，又匪楼之门九，曰暗门焉。又水门三，其二树棂筛波，卸帆入舟，鸣舷柳浦，回环一郭，堤诸万户，注之以堰二，渡之以桥九，镜莹虹横，交舫走蹄，斯大城之制也”①。此城基本上是两种元素的结合，高度与广度的结合，南方与北方的结合。敌楼23层，这无论如何都算是崇高的建筑，建筑与建筑之间又有廊屋勾连，面积巨大。与此同时，四面八门，符合北方都城之礼制，门又分水陆，兼具南方之特点。所以，晚唐都城的建制可以说是相当浑整的，它将整体性建筑的现实图景推向了复杂而圆融的意境。

中国的建筑崇“高”吗？这要看语境，看具体情形。陆游《老学庵笔记》：

① 黄滔：《灵山塑北方毗沙门天王碑》，董浩等：《全唐文》（卷八百二十五），中华书局1983年11月版，第8694页。

"蔡京赐第，有六鹤堂，高四丈九尺，人行其下，望之如蚁。"[①] 且不论四丈九尺是实指还是虚指，关键词是"蚁"——凌驾的差距所能带来的威慑力，因高度而产生的权力的象征意义，在中国古代建筑中同样存在。封演《封氏闻见记·明堂》："垂拱四年，则天于东都造明堂，为宗祀之所，高三百尺。又于明堂之侧，造天堂以侔佛像。大风摧倒，重营之。火灾延及，明堂并尽。无何，又敕于其所复造明堂，侔于旧制。所铸九州鼎，置于明堂之下。当中豫州鼎高一丈八尺，受一千八百石。其余各依方面，并高一丈四尺，受一千二百石。都用铜五十六万七百一十二斤。"[②] 何谓"侔"？"侔"就是相称、相等齐。什么样的明堂能与武则天相称、相等齐？封演的描述直截了当——"高三百尺"。为什么要说高度？因为高度显著。复制的明堂便不再说高度，只说相侔于旧制，而犹言九州鼎。所以，属于武则天的建筑同样以高大著称。

据《旧唐书·高祖纪》，"贞观八年，阅武于城西，高祖亲自临视，置酒于故未央宫，命突厥颉利可汗起舞，又令南越酋长冯智戴咏诗，既而笑曰：'胡、越一家，自古未之有也'"[③]。未央宫原为萧何所造，李渊在此齐纳胡、越，诗、舞，并为一家，多多少少有着政治象征的意味。然而，与多元文化的碰撞、对话同步，唐代建筑美学的风范的确凝聚着圆融的胆识与气魄。唐代是一个文化交融的时代，这种交融既有彼此恶语相加的撕裂与兼并，亦有任人各取所需，复杂、多元的从容选择。这一矛盾而争执的"世相"，尤为突出地表现在人们对待崇佛与废佛的态度上。傅奕不止一次地说过，"当下"的佛教"剥削民财，割截国贮"，以华夏之资，培养蕃僧之伪众。而其《请废佛法表》更曰："臣阅览书契，爰自庖牺，至于汉高，二十九代，四百余君，但闻郊祀上帝，官治民察，未见寺堂铜像，建社宁邦。"[④] 这不是在挖历史的祖坟，而是在斥责佛教在"二十九代，四百余君"面前站不住脚。这句话，显然是写给帝王的，端正的是统治者的王权和视角。与傅奕同一时期的朱子奢，其《昭仁寺碑铭》曰："圣无自我，不背时

---

① 陆游、李剑雄、刘德权：《老学庵笔记》（卷五），中华书局1979年11月版，第63页。

② 封演、赵贞信：《封氏闻见记校注》（卷四），中华书局2005年11月版，第33页。

③ 顾炎武：《历代宅京记》（卷之四），中华书局1984年2月版，第59页。

④ 傅奕：《请废佛法表》，董浩等：《全唐文》（卷一百三十三），中华书局1983年11月版，第1345页。

以成务。仁惟济物，乃当流而义行。”① 这是当时流行的“因世”观，“因”是根据，是缘于，而“世”则指的是当下现世。朱子奢的意思很明确，自东汉末年乃至隋末以来，这个世界还不够暴力、罪恶、混乱、奄奄一息吗?! “不背时”，“乃当流”，圣仁才有实质的意义。他所强调的，正是令狐德棻所谓之“百姓之心，归信众矣”②，吕才的“以百姓心为心”③ ——佛教恰恰能够满足现世“百姓之心”的信仰需要。

佛教建筑在中国古代建筑史上，尤其是唐代建筑史上地位之高是其他建筑形式所无法望其项背的。④ 佛寺之所以是组合建筑的典型，佛殿之所以是单体建筑的典型，并不是因为佛寺、佛殿是中国古代建筑存世的最古老的例证——汉墓前的双阙、汉墓中的棺椁、先秦城墙的台基，乃至远古时期的地穴，无不早在佛教传入中土之前便已成型；这是因为，佛寺、佛殿是一种自足的完整的平行于尘世的建筑话语系统——身为异在于凡尘俗世的宗教性符号，其部署规模、结构形状与中国非宗教性的日常民间建筑的平面、结构均了无二致。质言之，佛寺、佛殿的形式、形制并不带有宗教性；其宗教性功用、职能却依旧使之得以历经千余年来政权的更迭演替、人世的劫难波折、自然的风霜雨雪。这两条似乎存在悖论的逻辑变相组合，使得我们今天能够看到如下结果——以佛寺、佛殿为代表的唐代建筑圆融了生活世界与彼岸世界的你我，而成就出了一个更为开放、更为复杂、更为弘阔的世界。

文化的交流与碰撞在建筑素材中有着明显的印迹。1974 年，河北宣化下八里村曾发掘出辽天庆六年（1116）张世卿壁画墓，1989 年，又在张世卿壁画墓的北、东两侧发现了同时期的辽金墓葬。其 M2 墓室穹顶“中央悬铜镜一件，镜

① 朱子奢：《昭仁寺碑铭》，董浩等：《全唐文》（卷一百三十五），中华书局 1983 年 11 月版，第 1362 页。

② 令狐德棻：《议沙门不应拜俗状》，董浩等：《全唐文》（卷一百三十七），中华书局 1983 年 11 月版，第 1389 页。

③ 吕才：《议僧道不应拜俗状》，董浩等：《全唐文》（卷一百六十），中华书局 1983 年 11 月版，第 1637 页。

④ 寺本身为官府之舍。《风俗通义·佚文·官室》：“寺，司也，廷之有法度者也，诸官府所止曰寺。”［应劭、王利器：《风俗通义校注》（佚文），中华书局 2010 年 5 月版，第 576 页。］这里提到的“廷”，据说是平正之义，所以有朝廷，有郡廷县廷。平均正直而有法度，乃为寺而已。

周用红、黑二色绘重瓣莲花一朵，莲花直径0.72米。莲花外绘黄道十二宫，每宫直径约0.13米。十二宫自白羊宫（西北）起，向南依次为金牛宫（西）、双子宫（西南）、巨蟹宫（西南）、狮子宫（南）、室女宫（东南）、天秤宫（东南）、天蝎宫（东）、人马宫（东北）、摩羯宫（东北）、宝瓶宫（北）、双鱼宫（西北）。十二宫外用红彩绘二十八宿星图。二十八宿以娄宿始向南排列，最后以奎宿终。此外，星图中在尾宿外用红色绘太阳，昂宿外用黄色绘月亮。十二宫与二十八宿星图均用蓝色作底，绘在一直径约1.82米的圆周内，以象征碧空。星图外轮绘一周十二生肖像。生肖像皆作人形，身着宽袖长袍，双手执笏举于胸前，每人头冠一相”①。宣化下八里村辽代墓群作为1993年全国十大考古发现之一，于1993年春，在张世卿墓西南和东南方又发现了两座辽墓，影响非同小可。根据M5的出土墓志可知，M2的墓主人为张恭诱，M5的墓主人为张世古，张恭诱为张世古之长子，张世古崇尚佛教，死于辽乾统八年（1108），与其子于天庆七年（1117）同年下葬。正因为如此，M5后室顶部壁画同样为以莲花、黄道十二宫、二十八宿、十二生肖为主题的星图。② 这些星图与张世卿墓中的星图基本相同，均是将西亚巴比伦黄道十二宫与我国的二十八宿合并绘制，只不过张世卿墓的十二宫在外，二十八宿在内，M2、M5反之。无论如何，类似星图在当时极为流行，十二宫与二十八宿两系合并绘制，且无内外严格定制，在宇宙论层面，文化的对话与互动业已形成。

不过，唐朝以来，我们必须注意一个细节，即重祭轻葬的流行，这直接导致了墓室建筑的边缘化倾向。房玄龄不仅有《蜡祭议》、《封禅议》，还有《山陵制度议》，所议主题无非“天道崇质，义取醇素”③。人们开始积极反思所谓高坟厚陇而珍物毕备的厚葬之风究竟有何意义，是故，吕才《叙葬书》曰：“近代以来，加之阴阳葬法，或选年月便利，或量墓田远近，一事失所，祸及生人，巫者

① 张家口市文物事业管理所、张家口市宣化区文物保管所：《河北宣化下八里辽金壁画墓》，《文物》1990年第10期，第8页。

② 参见张家口市宣化区文物保管所：《河北宣化辽代壁画墓》，《文物》1995年第2期，第19页。

③ 房玄龄：《封禅议》，董浩等：《全唐文》（卷一百三十七），中华书局1983年11月版，第1385页。

利其货贿，莫不擅加妨害，遂使葬书一术，乃有百二十家，各说吉凶，拘而多忌。”① 虞世南《上山陵封事》转述过魏文帝为寿陵所作之终制，曰：“为棺椁足以藏骨，为衣衾足以朽肉，吾营此不食之地，欲使易代之后，不知其处，无藏金银铜铁，一以瓦器。”② 何谓“不食之地”？“不食之地”几可等同于不毛之地、无用之地，是没有产出、不能给人提供果实的，何必苦心经营?！这带有浓烈的实用主义气息的“筹划”、“算计”，为葬仪的简化奠定了基调。张说《和丽妃神道碑铭奉敕撰》有句：“神往土清，愿承恩而入道；形归下土，期去礼而薄葬。”③ 姚崇在《遗令诫子孙文》中更直截了当地指出：“凡厚葬之家，例非明哲，或溺于流俗，不察幽明，咸以奢美为忠孝，以俭薄为悭惜。……死者无知，自同粪土，何烦厚葬，使伤素业，若也有知，神不在柩，复何用违君父之令，破衣食之资。”④ 这与其说是在放弃对死者死后世界的假设与探讨，不如说是在粉碎生者忠孝价值观念道德绑架的镣铐。白居易也持类似观点，他认为：“贵贱昧从死之文，奢俭乖称家之义，况多藏必辱于死者，厚费有害于生人，习不知非，浸而成俗，此乃败礼法伤财力之一端也。”⑤ 另，何“重祭”之有？吕温《祭说》：“寝庙虽不崇，而修除不可不严；牲物虽不腆，而享饎不可不亲；器皿虽不备，而濯溉不可不洁；礼虽不得为，而诚意不可不尽。故斋宿荐彻，致爱与恭，岂可徇流俗燕亵之常，同鄙陋不经之事?！”⑥ 可见，地面“活动”之于地下“安置”的“弥补”，推动了墓室建筑的退化趋势。

① 吕才：《叙葬书》，董浩等：《全唐文》（卷一百六十），中华书局 1983 年 11 月版，第 1641 页。

② 虞世南：《上山陵封事》，董浩等：《全唐文》（卷一百三十八），中华书局 1983 年 11 月版，第 1398 页。

③ 张说：《和丽妃神道碑铭奉敕撰》，董浩等：《全唐文》（卷二百三十一），中华书局 1983 年 11 月版，第 2336 页。

④ 姚崇：《遗令诫子孙文》，董浩等：《全唐文》（卷二百六），中华书局 1983 年 11 月版，第 2082 页。

⑤ 白居易：《六十六禁厚葬》，董浩等：《全唐文》（卷六百七十一），中华书局 1983 年 11 月版，第 6852 页。

⑥ 吕温：《祭说》，董浩等：《全唐文》（卷六百三十），中华书局 1983 年 11 月版，第 6354 页。

唐人之于建筑，拜请“安宅醮词”的形式已非常流行。[①]《广成集·安宅醮词》：“臣以庸愚，不明玄理，因时改作，随力兴修，土木之功曾无避忌，穿凿之处深有惊喧。或抵犯王方，或背违天道，致使龙神未守，居止非宜。恐迫凶衰，更延灾厄。谨归心大道，稽首三尊，按《灵宝》明科，修五帝大醮。虔恭忏谢，拜请符文。忏已往犯触之非，祈将来安宁之福。”[②] 此类形式亦可见于《军容安宅醮词》[③]、《汉州王宗夔尚书安宅醮词》[④]、《胡贤常侍安宅醮词》[⑤] 等等，其表述大都类同，以述由、忏谢、拜请、祈福为主要内容，多多少少蕴含着些许生态意味。相应于此的风水之术在宋代已经越来越形式化了。周密《齐东野语·杨府水渠》：“杨和王居殿岩日，建第清湖洪福桥，规制甚广。自居其中，旁列诸子舍四，皆极宏丽。落成之日，纵外人游观。一僧善相宅，云：‘此龟形也，得水则吉，失水则凶。’时和王方被殊眷，从容闻奏，欲引湖水以环其居。思陵首肯曰：‘朕无不可，第恐外庭有语，宜密速为之。’即退督濠寨兵数百，且多募民夫，夜以继昼。入自五房院，出自惠利井，蜿蜒萦绕，凡数百丈，三昼夜即竣事。”[⑥] 这在当时是一件震动朝野的大事，后来果然有人上疏，谏杨和王擅自引灌入于私第，只是当时皇上说，如果谁有“平盗之功”，“虽尽以西湖赐之，曾不为过”。这件事才算了结。后来，杨和王又在此基础上建立了杰阁，藏思陵御札，上揭“风云庆会”四字，取龟首下视西湖之象，自此百余年无复火灾。这似乎是一个典型案例，实则将风水泥实于形式，单纯地追求形似，对于这一学说而言，是有害的。

促使以法度约束建筑的直接“起因”是建材。宋人周密《齐东野语·梓人抡材》：“梓人抡材，往往截长为短，斫大为小，略无顾惜之意，心每恶之。因观《建隆遗事》，载太祖时，以寝殿梁损，须大木换易。三司奏闻，恐他木不

---

① 明堂的形制，时至唐代，已有各种可以参考的样本，例如孔颖达《明堂议》里提到的，明堂之“古今异制，不可恒然”——或“剪蒿为柱，葺茅作盖”，或“飞楼架迥，绮阁凌云”，或“四面无壁，上覆以茅”，或“上层祭天，下层布政”，出处不一，未可尽然。[孔颖达：《明堂议》，董浩等：《全唐文》（卷一百四十六），中华书局 1983 年 11 月版，第 1472 页]

② 杜光庭、董恩林：《广成集》（卷之十一），中华书局 2011 年 5 月版，第 155 页。

③ 杜光庭、董恩林：《广成集》（卷之六），中华书局 2011 年 5 月版，第 81 页。

④ 杜光庭、董恩林：《广成集》（卷之十二），中华书局 2011 年 5 月版，第 176 ~ 177 页。

⑤ 杜光庭、董恩林：《广成集》（卷之十三），中华书局 2011 年 5 月版，第 181 页。

⑥ 周密、张茂鹏：《齐东野语》（卷四），中华书局 1983 年 11 月版，第 68 ~ 69 页。

堪，乞以模枋一条截用。上批曰：‘截你爷头，截你娘头，别寻进来。’于是止。嘉祐中，修三司，敕内一项云：‘敢以大截小，长截短，并以违制论。’即此敕也。大哉王言，岂区区靳一木哉？是亦用人之术耳！”① 何谓“模枋”？人所不能围抱的大材，立柱可，何以用梁。这段文字中的关键词，是“顾惜”。这不是富有与贫困的对立，这是珍惜与浪费的对立。把抡材之道对应于用人，是希望从建筑身上发掘更多的价值诉求、意义空间。无论如何，宋人之于材料的用量，都是一个社会话题。“利”这个词本身是很抽象的，可以有各种意义。周密《齐东野语·汪端明》提到过其时“德寿宫”建房廊于市廛，凡门阖皆题“德寿宫”一事，汪端明便“袖出札子”，且谓：“陛下方以天下养，有司无状，亵慢如此。天下后世，将以陛下为薄于奉亲，而使之规规然营间架之利，为圣孝之累不小。”② 间架之“利”，也是“利”之一种，而直接关乎营造建构的欲望。③

除此之外，宋人的理性还表现在其对郭璞的批判上。罗大经《鹤林玉露·风水》曰：“郭璞谓本骸乘气，遗体受荫，此说殊不通。夫铜山西崩，灵钟东应，木生于山，栗牙于室，此乃活气相感也。今枯骨朽腐，不知痛痒，积日累月，化为朽壤，荡荡游尘矣，岂能与生者相感，以致祸福乎？此决无之理也。”④ 罗大经在此处对郭璞进行了全方位的质疑与批判，划分生死界限，是其否定的呼声中最有力的一击——死都死了，化成灰了，哪里还来得了“活气相感”?! 罗大经并没有彻底拒绝万物交感说，但坚持如是交感只存在于生命体与生命体之间，活物之间。这种看似带有唯物主义倾向的表述，根本的逻辑仍在于划分界限，生与死的界限，因与果的界限，此与彼的界限。

“法”的精神究竟来自于哪里？来自建筑文化。井本身就有“法”的意思。《风俗通义·佚文·市井》：“井，法也，节也，言法制居人，令节其饮食，无穷竭也。”⑤ 井田为制，不是一个虚名。《墨子间诂·天志中第二十七》：“今夫轮人

① 周密、张茂鹏：《齐东野语》（卷一），中华书局1983年11月版，第13页。

② 周密、张茂鹏：《齐东野语》（卷一），中华书局1983年11月版，第15页。

③ 桥梁之木材的用量是非常巨大的。据《方舆胜览·浙西路·平江府》之“垂虹桥”条可知，该桥“东西千余尺，用木万计”。[祝穆、祝洙、施和金：《方舆胜览》（卷之二），中华书局2003年6月版，第37页] 可谓横绝松陵，三吴绝景。

④ 罗大经、孙雪霄：《鹤林玉露》（丙编卷六），上海古籍出版社2012年11月版，第208页。

⑤ 应劭、王利器：《风俗通义校注》（佚文），中华书局2010年5月版，第580页。

操其规，将以量度天下之圆与不圆也，曰：‘中吾规者谓之圆，不中吾规者谓之不圆。’是以圆与不圆皆可得而知也。此其故何？则圆法明也。匠人亦操其矩，将以量度天下之方与不方也，曰：‘中吾矩者谓之方，不中吾矩者谓之不方。’是以方与不方皆可得而知之。此其故何？则方法明也。”① 我们今天总是说“方法”，其实不仅有“方法”，还有“圆法”，“方法”实乃“方圆之法”的简称——它内含着一种“法”的精神，这种“法”的精神，恰恰是从建筑文化中产生的。这种“法”，是一种说话双方业已事先接受的依据、尺寸、量度，乃至“制度”。秦始皇为什么要统一度量衡？真的只是技术层面的考虑吗？实际上，度量衡就是“法”，就是“法”的来源。然而，这种“法”在本义上并不是要求一个人怎么做，一个人怎么做有他的自由，但做出来的结果的得失，要以方圆之法来衡量。换句话说，如果一个人做出了不合法的方圆，如何？要么重做，要么不再进入制度的规范中。所以，在“法”的身上，更多地带有社会性，而不是真理性。它看重的是结果，不是初衷。不仅是轮人、匠人，所有的人都将以现实的规矩来丈量天下，规矩是既定的，规则是既定的，这就是“明”法——法明也。“法度”在唐代建筑上同样有所体现。据《方舆胜览·浙西路·临安府》之“题咏”，白居易《答客问杭州》一诗，其中有句：“大屋檐多装雁齿，小航船亦画龙头。”② 此“雁齿”之原意，便是排列等齐的“阶级”。这一切，正导致了《营造法式》的出现。③

宋人建筑的实物形式，今天很容易看到。1991 年 7 月发掘的山西壶关县黄山乡下好牢村的宋墓，其墓室的南北两壁斗拱结构基本相同，东西两壁斗拱结构基本相同。南北两壁的斗拱做法是：“枋上砌栌斗，栌斗口出华拱一跳，二跳作琴面昂上承令拱，令拱耍头呈蚂蚱形。耍头部绘有兽首纹。令拱之上砌出替木，替木涂朱，上砌出橑檐枋。斗拱各部绘彩画，栌斗朱红色，泥道拱、慢拱为土黄及

① 孙诒让、孙启治：《墨子间诂》（卷七），中华书局 2001 年 4 月版，第 207 ~ 208 页。

② 祝穆、祝洙、施和金：《方舆胜览》（卷之一），中华书局 2003 年 6 月版，第 23 页。

③ 在宋人那里，“居住”一词是一种“降免”。赵升《朝野类要·降免》中便有“居住”一条，指的是“被责者，凡云送甚（某）州居住，则轻于安置也”。[赵升、王瑞来：《朝野类要》（卷第五），中华书局 2007 年 10 月版，第 100 页。]“安置”之责，比“居住”重，再重，则为“羁管”、“编管”，乃至“勒停”了。可见，“居住”一词的外延在不断扩展，而易于被制度文化所熏染。

浅黄，上绘小团花。散斗、交互斗绘棱形图案。斗拱之间设有一朵一斗三升攀间斗拱，朱地上施卷草图案。斗拱之上部橑檐枋上做出方形椽头，上铺板瓦及兽首滴水。上部呈弧线形内收成顶。"① 东西两壁的斗拱做法是："普柏枋上砌栌斗，栌斗口出华拱，上承令拱，令拱出蚂蚱形耍头。令拱之上砌有替木，上承橑檐枋，枋上板瓦滴水砌法与南北壁同。屋顶上部另砌出山花，做法为中间砌脊瓜柱、叉手，上承脊椽，作成人字形屋坡。墓室四壁拱眼壁内绘黄、红色卷云图案。"② 由此可知，其南北两壁为枋上砌五铺作单杪单下昂斗拱，东西两壁为单杪四铺作斗拱。据该墓室北壁左侧"宣和五年三月十八日"的墨书题记，其时间"节点"在1123年，为北宋末年。从做法上看，同于《营造法式》之体式以及五彩遍装的彩画制度，用色却有所更改。可见，《营造法式》的推行是有效的——其立意初衷，实为对取材制式的控制。

《营造法式》在现存的宋、辽、金古建筑中多有体现，堪称"法典"。如山西朔州崇福寺的弥陀殿，其建造时间，其明间脊槫下题记为"维皇统三年癸亥……拾肆日己酉巳时特建"，可知是金皇统三年（1143）。这座弥陀殿考虑到礼佛需要，不仅使用了减柱造，使用了类似于近代工艺的人字柁架，使用了双重替木，并且，"斗拱是弥陀殿最可重视的部分，前后檐柱头铺作上用了八铺作'双杪三下昂，单拱，偷心造'，是《营造法式》中规定最大限度的做法"③。

《营造法式》的"斗拱"之法，其最为显著的特征即铺作雄大，檐出如翼，现实的案例如创建于辽开泰九年（1020）的辽西义县（今辽宁义县）奉国寺，其斗拱的做法为："栌斗施于普柏枋上，在栌斗上出四跳，下两跳为华拱，上两跳为昂，就是双杪双昂的做法。上昂上施令拱，令拱上置三个散斗托着替木，以承托橑檐槫，华拱卷杀每头四瓣，与宋营造法式的做法一样。"④ 这种做法从视觉上看，给人最直观的深刻印象是平直。它所谓的普柏枋以及阑额的出头均为平切的形制，不如明清，甚至不如元代——元明清以来，以圆、弧为主——如是斗拱基本上是以直线来呈现的，而少用曲线，"批竹昂"显然有别于明清的"霸王

① 王进先：《山西壶关下好牢宋墓》，《文物》2002年第5期，第42页。

② 王进先：《山西壶关下好牢宋墓》，《文物》2002年第5期，第44页。

③ 罗哲文：《雁北古建筑的勘查》，《文物参考资料》1953年第3期，第55页。

④ 于倬云：《辽西省义县奉国寺勘查简况》，《文物参考资料》1953年第3期，第87页。

拳”。换句话说，檐出如翼的“翼然”绝非虚指，而就像是屋顶的生命之翼在承重的条件下凌空展翅的姿态——它在翱翔。

柱础与纹样的结合，肇始于六朝，至于宋代，则全然符合工整的雕刻做工，构图十分严谨。陈从周曾把宋元时期的柱础纹样与《营造法式》相近的实例罗列如下：“（一）海石榴花——河北安平县圣姑庙（元）；（二）牡丹花——江苏吴县角直保圣寺（宋）；（三）蕙草——辽宁义县奉国寺（辽）；（四）水浪——江苏吴县角直保圣寺（宋）；（五）卷草——江苏苏州罗汉院（宋）；（六）铺地莲花——江苏吴县角直保圣寺（宋）；（七）龙水——山东长清县云岩寺（宋）；（八）宝装铺地莲花——江苏吴县角直保圣寺（宋）；（九）八边形——江苏苏州开元寺、吴县角直保圣寺（宋）；（十）宝装莲花——山西霍县旧县府；（十一）复莲——江苏吴县角直保圣寺（宋）；（十二）重层柱础（上刻合莲，下刻卷叶）——河北曲阳县八会寺（金）；（十三）仰莲带如意头——河北安国县三圣庵（宋）；（十四）盘龙写生花——河南登封县中岳庙（宋）；（十五）仰复莲而作须弥座——河南修武县文庙（明）。”①《营造法式》虽为北宋建筑之“官书”，但宋室南渡后，重刻于苏州，故可在江南古代都会建筑中找到诸多佐证。以艺术表现的素材样式来看，写生花、如意图，是这个时代的“新宠”。花草植物取代狮兽动物而成为柱础纹样的主题，所带来的影响不只是生命冲动、原欲的淡出、弱化，更多的是装饰意味的浓烈、强化——以规则的重复性植物藤蔓为主体，种种花草纹样与几何纹样相互生发，差别无几。《营造法式》的原则同样体现在仿木的墓室构造中。1953 年 11 月发掘的山西新绛三林镇桥西区西南角乾山脚下的两座砖墓中，一号墓为典型的仿木砖室墓。“柱头上承托普柏枋，枋下有栏额。柱头普柏枋之上各有斗拱一朵，转角与柱头铺作皆相同。双下昂重拱五铺作。栌头左右出泥道拱，拱上承托柱头枋，枋上隐出慢拱。第一跳上出翼形拱，第二跳跳头出耍头，令拱上托替木，以承托挑檐椽。两昂皆为琴面。它的特点是斗欹皆向内倾，拱皆两端卷杀，拱瓣很明显。另外它的材与契为 10 与 6 厘米之比，栌斗耳、平、欹为 4、2、4 厘米之比，斗拱的全高与柱高为 0.5 与 1.04 米之比。

① 陈从周：《柱础述要》，《考古通讯》1956 年第 3 期，第 97 页。

这都与宋营造法式所规定的尺寸比例基本上是相等的。”①

第二节　从工匠到文人

一、工匠的文人化与文人的建筑体验

周密《齐东野语·真西山》讲过一个有趣的故事：“真文忠公，建宁府浦城县人，起自白屋。先是，有道人于山间结庵，炼丹将成。忽一日入定，语童子曰：‘我去后，或十日、五日即还，谨勿轻动我屋子。’后数日，忽有扣门者，童子语以师出未还。其人曰：‘我知汝师死久矣！今已为冥司所录，不可归。留之无益，徒臭腐耳。’童子村朴，不悟为魔，遂举而焚之。道者旋归，已无及。绕庵呼号云：‘我在何处？’如此月余不绝声，乡落为之不安。适有老僧闻其说，厉声答之曰：‘你说寻‘我’，你却是谁？’于是其声乃绝。”② 一个该有多么伤心的道人！在这故事里的三个人物，道人、童子、老僧，分别扮演了失落者、掘墓人和哲学家三种不同的身份。失落的道人看上去是最无辜的，他既轻信了自己的童子，也只能无奈地接受老僧的劝说。老僧的哲学素养绝非寻常如道人者可比，一套“我”与无“我”论的说辞说得破、解决得了这世间所有的难题。童子还算“朴”吗？前来叩门的魔鬼怎么看，都像是童子的心魔，是童子分化出去的“影子”；而童子无论如何都不是一个虔诚的守护者，虔诚是单纯的结果，他太复杂了。这个故事里有一处细节耐人琢磨，道人在离开之际，对童子说，不要轻易触动我的“屋子”，他所说的“屋子”，其实就是他自己的身体。童子听信了魔鬼的话，认为道人已死，“举而焚之”，这个“之”，指代并不明确，从逻辑上判断，应该指的是道人的肉身；道人之后回来，“绕庵呼号”，说明“庵”还是存在的，童子并未一并烧毁。综合起来看，只有一种解释，也即“屋子”是道人现实的经验的躯体——躯体俨然成为盛装“灵魂”的“屋子”。建筑分担

① 杨富斗：《山西新绛三林镇两座仿木构的宋代砖墓》，《考古通讯》1958年第6期，第37页。

② 周密、张茂鹏：《齐东野语》（卷一），中华书局1983年11月版，第11～12页。

了自我的成分，如果躯体可以被建筑化，心灵的建筑化也就是顺理成章的事情。

建筑素来是匠人事业，由匠人操作完成。匠人与木料的关系如何来描述？有一个很美的词语，叫“知音”。符载《谢李巽常侍书》：“虽迹在丘壑，而心非长往，且山木之挺者，忧良匠之不来，室女之容者，忧士夫之不娶，某虽孱愚，材貌俱微，实求知音。”① 知音觅知己，良匠觅良材。建筑构件需要大量辅助手段，榫卯本身经历了漫长的发展过程，各种附件与之如影随形。杨鸿勋曾经提到：“在原始社会晚期，社会上最重要的公共建筑，其木构件多杆节点大约还是扎结构造。黄河流域发现仰韶文化时期的骨凿，约可证明已创造了简易榫卯；长江流域原始社会晚期干栏建筑遗存的木构，提供了直交榫卯的实物证据。估计进入奴隶制社会之初，即使奴隶主宫殿木构，可能还没有彻底废除扎结。待青铜冶炼、铸造技术和产量发展到一定阶段，才发明用铜件代替扎结以解决复杂节点的构造问题。”② 这一论断或多或少带有线性乃至单线性历史观念的“遗痕”，不过它起码表明了一种事实，即青铜金属固件在建筑的完善，尤其是榫卯的成熟过程中起到了举足轻重的作用。事实上，版筑承重墙的加固是一种直至秦汉殿堂仍在使用的做法——如使用竖向杆件壁柱、横向杆件壁带，皆为木质。建筑上釭的制作灵感与车饰、车釭相通，内部中空、穿木，而起到收纳、紧固作用的，如“簇”，实际上是一个铜版箍套，后来多被称为“列钱”，自西汉起，逐渐从构造性的构件蜕化为装饰性的构件。木构件的装饰无非三种，金饰、彩饰、雕饰；金釭的装饰意匠直至清代，也便成为“箍头”、“藻头”的处理。木作作为一种操弄的技术，于隋唐几可摄人魂魄。据《朝野佥载》传言：“将作大匠杨务廉甚有巧思，常于沁州市刻木作僧，手执一碗，自能行乞。碗中钱满，关键忽发，自然作声云‘布施’。市人竞观，欲其作声，施者日盈数千矣。”③ 杨务廉所为，“把戏”而已，但这一“把戏”却是用高超的木作构思、巧妙而精湛的技艺来完成的；“市人竞观”的对象，固然不是木刻而成的僧侣，而是能够发声之机关，或者说匠人木作的过人本领。依此为据，构造隋唐建筑的匠人木作之水平，可以想见。

① 符载：《谢李巽常侍书》，董浩等：《全唐文》（卷六百八十八），中华书局 1983 年 11 月版，第 7052 页。

② 杨鸿勋：《凤翔出土春秋秦宫铜构——金釭》，《考古》1976 年第 2 期，第 106 页。

③ 张鷟：《朝野佥载》（卷六），《唐五代笔记小说大观》（上），上海古籍出版社 2000 年 3 月版，第 81 页。

“鬼斧神工”一词本身关乎建筑的传说。在民间，建筑一日可毕、一夜可成的“神话”不绝于耳。据《方舆胜览·江西路·隆兴府》之“玉隆万寿观”条可知，“唐有道士胡惠超，有道术，能役鬼神。其创观也，以夜兴工，至晓则止。今正殿雄丽，非人工所能致”①。夜兴晓止，“不可思议”的迅疾和完成度，使得鬼神角色的加入顺理成章。胡惠超使用的是道术，而非匠工、技艺，企图宣扬的是“能役”鬼神的超自然力量。换一种角度来看，建筑手法的纯熟更易于演化出“神乎其技”的传奇。据《方舆胜览·淮西路·黄州》之“王元之”条，黄鲁直尝题其墨迹后云：“掘地与断木，智不如机春。圣人怀余巧，故为万物宗。”② 黄庭坚说得明确，“圣人”何以能成为万物之宗？正在于其所怀之机巧——如果没有种种“机巧”，人何以与物别?!

不过，技艺并不只是操作技术。据《方舆胜览·湖北路·江陵府》之“汉阴叟”条，《寰宇记》：“楚人，居汉水之阴。子贡南游，见丈人为圃凿池，抱甕出灌园，用力多。子贡教之凿木为桔槔。丈人曰：‘吾闻有机事者，必有机心也。’”③ 首先，此处之“机”，并非西方工业文明之“机械”、“机器”乃至科学理性，而更类似于技术操弄，为的是方便、省力，指的是机运，是机关，是枢纽、核心环节，它所喻示的是一种潜在的效率、结果优先论。其次，“机事”、“机心”，在这里使用，正说明了建筑、园林与技艺有着密切而深厚的关联。最终，“汉阴叟”的故事告诉我们，建筑作为文化现象，或可分为两种：其一，是以“子贡”为代表的“匠人”之谋，如何提高效率，呈现结果，是子贡之“教”的重点；其二，是以“丈人”为代表的“文人”操守，“丈人”修的不是园圃，而是心性，他造园，是为了完成自我内心的修行——类似于一种过程哲学，效率是次要的，结果是次要的，重要的是过程，重要的是筑造过程中身心所体验到的实际内容。以“机巧”为出发点，恰可应证建筑文化矛盾而抵牾的“双面性格”——建筑从来不是独立自为的，建筑的复杂性，与当时社会文化需求的不可

① 祝穆、祝洙、施和金：《方舆胜览》（卷之十九），中华书局2003年6月版，第339页。

② 祝穆、祝洙、施和金：《方舆胜览》（卷之五十），中华书局2003年6月版，第892页。

③ 祝穆、祝洙、施和金：《方舆胜览》（卷之二十七），中华书局2003年6月版，第486页。

一律相辅相成。

罗隐《二工人语》曾经讲过一个有趣的异闻："吴之建报恩寺也，塑一神于门。土工与木工互不相可。木人欲虚其内，窗其外，开通七窍，以应胸藏，俾他日灵圣，用神吾工。土人以为不可，神尚洁也，通七窍，应胸藏，必有尘滓之物，点入其中，不若吾立块而瞪，不通关窍，设无灵，何减于吾？木人不可。遂偶建焉。立块者竟无所闻，通窍者至今为人祸福。"① 此条恰可与庄子所言混沌凿窍而死对应。木人使用木材、木构了吗？没有。土人使用土坯、版筑了吗？没有。"材质"表明的"身份"不是重点——如果这是重点，报恩寺门前塑神，岂能由两个工人裁决？木人、土人实则代表着两种对待"偶像"是否需要"中空"的思路。混沌致死，死于凿取；偶像灵通，灵在中空——立意判然有别。越到"后来"，人们对于生命的"中空"越能报以同情与理解——"空"被气化的同时，更易于被心化、被灵化。

柳宗元曾经写过许多人物小传，其中最吸引人的，是《梓人传》。这篇小传，足以实现文人士大夫对建筑工匠的历史定位。梓人究竟应当具有怎样的历史定位？柳宗元做过一个总结，"审曲面势者"也。世人所谓的"都料匠"，有两个关键词，一为"审"，一为"势"。梓人盲目地接受现成的材料吗？非也，乃"审"也。如何"审"？以规矩绳墨的方圆曲直来判断。梓人盲目地接受现成的形式吗？非也，乃"势"也。何"势"之有？超越于形，涉及于气，对蕴藉着生命体态的趋向加以理解。所以柳宗元感叹曰："彼将舍其手艺，专其心智，而能知体要者欤?! 吾闻劳心者役人，劳力者役于人，彼其劳心者欤?! 能者用而智者谋，彼其智者欤?! 是足为佐天子相天下法矣，物莫近乎此也。"② 这个定位非常高！柳宗元认为，建筑工匠是"能知体要"的人——凭"心智"，不凭"力气"。梓人已经打破了劳心者与劳力者的界限，他甚至能够"佐天子相天下法"！柳宗元如此"谬赞"梓人的合法性是什么？中国文化本身就是一个"术"的世界，神乎其技之"术"通贯于社会结构、人生哲学、道德伦理，以及经验认知，极端地表述，乃有"术"无"学"。梓人、建筑工匠及其所营造的建筑，在中国

---

① 罗隐：《二工人语》，董浩等：《全唐文》（卷八百九十六），中华书局1983年11月版，第9356页。

② 柳宗元：《梓人传》，董浩等：《全唐文》（卷五百九十二），中华书局1983年11月版，第5985页。

文化的“谱系”中一定不是可有可无的，而是一种标志，一种系统，一种足以彰显中国文化之深层脉息、内在蕴奥的组织。

当一位帝王造起一座宫殿时，他内心究竟在想什么，不得而知，但他表露出来的情绪，不是得意，而是惭愧，无论这是多么的“虚伪”。贞观二十一年（647）秋七月丙申，唐太宗作玉华宫于宜君县之凤皇谷，手诏曰：“永言思此，深念人劳，一则以惭，一则以愧，何则？匈奴为患，自古弊之。十月防秋，人血丹于水脉，千里转战，汉骨皓于塞垣，当此之疲，人不堪命，尚兴未央之役，犹起甘泉之功。”① “匈奴为患”？这一年，唐以龟兹侵掠邻国为由，太宗命阿史那社尔、契苾何力、郭孝恪等率大军攻击龟兹；下一年，太宗诏以右武卫大将军薛万彻为青丘道行军大总管、右卫将军裴行方为副将，带兵三万余人及楼船战舰，自莱州泛海击高丽。帝王所谓“惭愧”，从来都是要打引号的。重点是，帝王兴立宫室与其引领、秉持道德垂范之间的错位，从来都是公开的，不需要再做解释。化解这一错位的托词显得更加“虚伪”，唐太宗说：“但以养性全生，不独在私在己；怡神祈寿，良以为国为人。”② 宫殿的“体”内，从来都纠缠着权力的塑造以及维持，践履道德以及践踏道德的悖论。有趣的是，历史即便在建筑身上亦展示出其“生死”的“轮回”。根据《高宗本纪》的记载，永徽二年（651）秋九月癸巳，仅仅四年后，高宗“诏废玉华宫为佛寺，苑内及诸曹司旧是百姓田宅者，并还本主”③。苑囿、园林却并不是帝王的“专权”、“特产”，据《方舆胜览·湖北路·澧州》之“白善将军”条，“白公胜之族，为楚将。白公欲乱其国，乃召之。将军曰：‘从子而乱其国，则不义于君；背子而发其私，则不仁于族。’遂弃其禄，筑圃灌园终其身”④。时值春秋，武将似乎更易于遭遇道德命题的两难。通过筑造、灌溉实现自我解脱，早在先秦时期就业已出现——白善将军主动“割舍”尘缘，终其一生“筑圃”、“灌园”——园圃俨然成为他拒绝世俗纷争的新世界。

至于唐末，只听得司空图凄厉的“发声”：“道之不可振也久矣。儒失其柄，

① 顾炎武：《历代宅京记》（卷之六），中华书局1984年2月版，第79页。
② 顾炎武：《历代宅京记》（卷之六），中华书局1984年2月版，第79页。
③ 顾炎武：《历代宅京记》（卷之六），中华书局1984年2月版，第79页。
④ 祝穆、祝洙、施和金：《方舆胜览》（卷之三十），中华书局2003年6月版，第543页。

武玩其威，吾道益孤，势果易凌于物，削之又削，以至于庸妄。”① 这个世界上的道理再多，落实下来，终究不过两种：一为庸妄，一为超越；庸妄者自陷，超越者自绝——凡大道理者，此两条不可或缺，而仅存其一者，也便濒临灭绝。从逻辑上说，宇宙与人的内心世界乃至道德伦理，有密不可分的关联。陶渊明《答庞参军》中有句：“欢心孔洽，栋宇惟邻。”② 此处所谓“栋宇”，实则潜藏着“里仁为美”的道德诉求。所幸的是，唐人之于流动的时空有着极为深刻的理解。刘允济《天行健赋》：“形也者大无之精，语其动兮孰知其动，语其行兮孰见其行，得不详所由稽，所以历土圭以穷妙，因浑仪而探理。左出右没，不行则何以变三辰之度，上腾下降，不动则何以为万象之始，履柔兮居常，配坤兮秉阳。”③ 此欲考其详之“考”，实则为证明——土圭、浑仪的真正意义，恰恰是为了证明已然被认定的“形”的“行”性、“动”性。在刘允济的表述逻辑里，“形”之“行”性、“动”性与其“变三辰之度”、“为万象之始”是不可分的既成的因果关系。这一逻辑与建筑所塑造的空间感须臾不可分离。圆融是需要有情绪的准备的。时值隋唐，人有了一种逐步“成熟”的情绪，那便是“怅惘”。据《方舆胜览·广东路·惠州》“赵师雄”条，《龙城录》载：“隋开皇中，赵师雄迁博罗。一日，天寒日暮，于松竹间酒肆旁舍见美人淡妆素服出。近时已昏黑，残雪未销，月色微明。师雄与语，言极清丽，芳香袭人，因与之扣酒家门共饮。少顷，一绿衣童来，笑歌戏舞，师雄醉寝，但觉风寒相袭。久之，东方已白。起视，大梅花树上有翠羽啾嘈。相顾月落参横，但怅惘而已。”④ 这个故事或许会被“神话”的氛围所“笼罩”——赵师雄在松竹间酒肆旁遇见、梦见的美人乃梅花神，绿衣孩童实为翠鸟——但却并非“怅惘”的来由。人为什么会“怅惘”？因为经历了一个完整的过程，“怅惘”是这过程结束之后的心理体验；其与对象的距离，由远及近，由近及远，来过，又走了。

① 司空图：《将儒》，董浩等：《全唐文》（卷八百八），中华书局 1983 年 11 月版，第 8500 页。

② 陶渊明、谢灵运：《陶渊明全集（附谢灵运集）》（卷一），上海古籍出版社 1998 年 6 月版，第 3 页。

③ 刘允济：《天行健赋》，董浩等：《全唐文》（卷一百六十四），中华书局 1983 年 11 月版，第 1679 页。

④ 祝穆、祝洙、施和金：《方舆胜览》（卷之三十六），中华书局 2003 年 6 月版，第 657 页。

时值唐代，“不确定性”理论正在酝酿。在世人眼中，神仙是无形的——神仙可知、可识，甚至可见，却是偶然的、不经意的，终于无形。据《太平寰宇记·河东道十·代州》“五台县”之“五台山”条所辑《水经注》云，此山“往还之士，稀有望见其村居者，至诣访，莫知所在，故俗人以此山为仙者之都矣”①。如果知其所在，也就无所谓仙不仙都了。韦处厚《兴福寺内道场供奉大德大义禅师碑铭》曰：“岂可以一方定趣决为道耶？故大师以不定之辨，遣必定之执，祛一定之说，趣无方之道。”② 如果说确定性理论必然指向宗教的话，不确定性理论则给了信徒以“播撒”自我情感和理性的空间——“定趣”往往基于预设，外在的他者的事先预设，“无方”更易于抒发个人的当下情怀。在“一定”与“不定”之间，事实上并无所谓执与破执的问题，“一定”为执，难道“不定”而放纵无端的欲望就不是执吗？同样是执，立场不同而已。从“一定”走向“不定”，并不是走向了真理，而是走向了接纳、通融，甚至审美——正因为“不定”，主体存在的意义被“放大”了。难道“一定”，主体存在的意义就会被“缩小”？晚唐来鹄《儒义说》云：“儒者无定，不约其事而制之，何必曰儒?！苟若是，则曰儒曰佛曰道，何怪耶?！”③ 如果凡事一律“约其事而制之”，自然“一定”，人的主体性何在?！“不确定性”理论的出现，使得复杂的对象和多元的思性得到更多理解，而建筑、建筑文化正是这样一种游离在各种知识谱系之间的复杂体。唐代的宗教性建筑本身，就是与民居不可分的。张说《唐玉泉寺大通禅师碑铭》中提到：“尉氏先人之宅，置寺曰报恩。”④ 所谓功德院，其中“功德”二字，首推建筑。

在建筑纷繁复杂的诸种价值意向中，最令人心驰神往的是其潜藏其间的审美诉求。建筑与审美的“同构”在历史的长河里绵延不绝，于变幻莫测的同时一脉相承。汉代画像石在墓室中所营造的艺术氛围，充分展现出时人之于建筑功能

① 乐史、王文楚：《太平寰宇记》（卷之四十九），中华书局2007年11月版，第1028页。

② 韦处厚：《兴福寺内道场供奉大德大义禅师碑铭》，董浩等：《全唐文》（卷七百十五），中华书局1983年11月版，第7353页。

③ 来鹄：《儒义说》，董浩等：《全唐文》（卷八百十一），中华书局1983年11月版，第8532页。

④ 张说：《唐玉泉寺大通禅师碑铭》，董浩等：《全唐文》（卷二百三十一），中华书局1983年11月版，第2335页。

的理解。1965年冬，南京博物院在徐州东北约20千米处的青山泉白集清理的东汉画像石墓共有画像石刻24幅，“作为后人奠祭地的祠堂，里面都布置着墓主奢侈淫逸的生活场面，以及妄图长生不老、永远富贵荣华的幻想内容。除此，尚有前呼后拥鱼贯而来祭祀的宾客，亦布置在祠堂的左右两壁和后墙上，以显示墓主生前的政治和经济地位。前室，即所谓‘前堂’，象征着住宅的门庭，都刻画有关‘车水马龙’、‘门庭若市’迎宾接客的景象。中室即‘明堂’，是代表房屋的正厅，除了奇禽、异兽、嘉禾等内容以象征‘祥瑞’降临外，主要布置宾主燕宴，并有歌舞助乐。此外，中室通往两耳室门口刻有武库（武器架），中室通往后室门口又有直棂窗，都是仿照生前住宅而设计的。耳室即便房，又称‘藏阁’，是存放兵器（武库）和车舆（车库）的地方，故没有石刻布置。后室，即所谓‘后堂’，或称‘后寝’，是放置棺具的，以象征卧室。除后壁有双头凤凰、交颈联欢以表示夫妇恩爱和睦，铺首衔环、勇士斗兽以禳厌妖魔等内容外，不再另刻其他画像”①。这座东汉墓葬的形制严格依照“中轴”原则布局，祠堂、前堂、明堂、后堂在同一轴线上，依序排列，形成纵贯而逐堂深入的格局；24幅画像石在题材上大概可分为两类，一为现实生活之模拟，一为祥瑞图案之幻想，并无异样。这座“寻常”的汉墓带给我们的启示主要有两点：其一，祠堂与墓室“链接”，说明时人之于“尸体”的隔离与拒绝十分有限——生者的活动，尤其是祭奠，与尸体的存留在空间上不可割裂。类似“结构组织”在安阳侯家庄“亚字形墓”的墓室上，安阳小屯的“妇好”墓以及大司空村的两座长方形墓坑上均可见到，即后世所谓“享堂”。② 其二，建筑的“职能”可分为两种，外向型与内向型，祠堂、前堂，甚至明堂，是外向型建筑，仅有后堂属于内向型建筑——外向型建筑更能激发时人之于艺术的感知与关注，由此而来的造型提供给他人欣赏，时值汉代，墓室壁画的创作并不具备给予其墓主人自我内心陶冶情思的初衷。

司空图在唐代美学史上的地位毋庸置疑，《二十四诗品》的价值核心正在于它提出了象外之象、味外之味的观点——关于“意境”的具象而深入的刻画与描绘。据《方舆胜览·江东路·南康军》之“白鹤观”条，《渔隐丛话》：“苏子

---

① 南京博物院：《徐州青山泉白集东汉画像石墓》，《考古》1981年第2期，第149页。

② 参见王仲殊：《中国古代墓葬概说》，《考古》1981年第5期，第450页。

瞻云：‘司空表圣自论其诗得味外味，‘棋声花院闭，幡影石幢高’，此句最善。’”① “棋声”、“幡影”皆为虚指，会弥散，会消失，是不可际遇而偶然的恍惚的时间意象；“花院”、“石幢”则皆为实指，属于空间实存的场域，会停驻，会居留。“花院”、“石幢”既是“棋声”轻重起落、“幡影”浓淡来去的“背景”，又具有独立审美的特性。此句“关节”，在于一个“闭”，一个“高”。“花院”是因为“棋声”而“闭”的吗？“石幢”是因为“幡影”而“高”了吗？不得而知。重要的是，“闭”是开敞之为动作的对立面，“高”是低矮之为性状的反义词——“闭”与“高”所形成的错落之美，才是深邃的禅悟所谓“味外之味”的实质性体会。无论怎样，这种体会是与建筑以及建筑单元有着密不可分的关联的。中国诗学的核心范畴“意境”是不可能脱离建筑而去“构想”、去“经营”的。

唐人的园林，在艺术境界上，更接近于魏晋，而非宋元明清。童寯曾曰：“盛唐时，园林别业遍布都城长安及其近郊，为官宦避暑胜地。文人雅士筑园无数，诗画家王维的‘辋川别业’声名尤高，是园地广而主自然风景。王维所作《辋川图》被后之雅士虔诚仿效，园遂美誉日增。唐代另一诗人白居易无论身居何地，即便短驻，皆营园，其作无精，但以一山一池接近自然为足。”② 其中有一个关键词，乃“自然”。人借园林接近“自然”，无可厚非，却多含有魏晋以来的山水趣味；此后，园林则多为人内心流宕与修为的场所——此与以唐文化为标志的中国古代文化“向内转”之趋势一致。

白居易造园有何景致暂且不提，单就其在任杭州的政绩来看，已见出他有多么热爱园林。张岱《西湖梦寻 · 西湖北路 · 玉莲亭》：“白乐天守杭州，政平讼简。贫民有犯法者，于西湖种树几株；富民有赎罪者，令于西湖开葑田数亩。历任多年，湖葑尽拓，树木成荫。乐天每于此地，载妓看山，寻花问柳。居民设像祀之。”③ 这就是白乐天，兴趣盎然的白乐天，自适安然的白乐天；若今日有官如白乐天，何愁生态文明难觅难建。这不是玩笑，“嘉靖十二年，县令王**钛**令犯

① 祝穆、祝洙、施和金：《方舆胜览》（卷之十七），中华书局2003年6月版，第311页。

② 童寯：《园论》，百花文艺出版社2006年1月版，第9页。

③ 张岱：《西湖梦寻》（卷一），江苏古籍出版社2000年8月版，第3页。

罪轻者种桃柳为赎，红紫灿烂，错杂如锦”①，这与白乐天不无关系。不过，张岱的描述里最快人处是八个字——“载妓看山，寻花问柳”；居民便设像祀之？恐不尽然。设像祀之实有，宋时西湖有两座三贤祠，一在孤山竹阁，一在龙井资圣院，前者供奉的三贤即林和靖、苏东坡，以及故事的主人公——白乐天。明正德三年（1508），“郡守杨孟瑛重浚西湖，立四贤祠，以祀李邺侯、白、苏、林四人，杭人益以杨公，称五贤”②。这其中还是有白居易。白居易自822年起任杭州刺史不过三年，期间修堤筑防，疏浚六井，多为百姓谋福祉。他自己，他的行政措施，皆与西湖之水有着各种各样的关联，这在历史上并不多见。据《方舆胜览·浙西路·安吉州》“五亭”条白居易之记可知，所谓的“五亭”指的是当时湖州城东南二百步，抵于霅溪、汀洲的白苹亭、集芳亭、山光亭、朝霞亭、碧波亭。记曰：“五亭间开，万象迭入，向背俯仰，胜无遁形。每至汀风春，溪月秋，花繁鸟啼之旦，莲开水香之夕，宾友集，歌吹作，舟棹徐动，觞咏半酣，飘然怳然，游者相顾，咸曰：‘此不知方外也？人间也？又不知蓬、瀛、崑、阆，复如何哉？’”③ 五亭间醺然微醉的宾朋游人酒兴半酣之时，已然觉得自己置身于蓬莱。五亭如同一个场域——“万象迭入”，“迭入”隐含的逻辑是一种山水亲人的“自来”，春风秋月，繁花啼鸟，一并到来，汇聚于此。人同样是这种到来、汇聚的成分。建筑是一种底托，更是一种笼络，乃至收摄。人在建筑中，感受到的不仅是万物的浓淡，而且是众象的本色——它们是为我所“有”的——它们原本环绕着我，如今来了。建筑的意义集中在其功能上，而非形式上；这一功能，用思想史的术语来概括，即“圆融”。

时值唐代，“我”之内心的收摄力业已非常强大，这使得中国文化的中心化、内在化转向渐趋显著。据《方舆胜览·浙西路·常州》“新泉”条，独孤及《慧山寺新泉记》曰：“夫物不自美，因人美之。”④ 独孤及说，就像这泉水一样，泉水固然发乎自然，但如果没有人的疏导、凿取，泉水又如何可能实现它的功用呢？物没有什么美与不美，由于人的作为，物才会美。这种作为或许是心的作为，或许是身的作为，但一定是人的作为。建筑以及山水之于唐人而言，已然是

① 张岱：《西湖梦寻》（卷三），江苏古籍出版社2000年8月版，第42页。
② 张岱：《西湖梦寻》（卷一），江苏古籍出版社2000年8月版，第11页。
③ 祝穆、祝洙、施和金：《方舆胜览》（卷之四），中华书局2003年6月版，第81页。
④ 祝穆、祝洙、施和金：《方舆胜览》（卷之四），中华书局2003年6月版，第88页。

属“我”的。据《方舆胜览·湖南路·永州》之“浯溪”条，陈衍《题浯溪图》云：“元氏始命之意，因水以为浯溪，因山以为吾山，作屋以为吾亭。三吾之称，我所自也。制字从水、从山与广，我所命也。三者之自，皆自吾焉，我所擅而有也。”① 所谓“三吾”，平行地涵盖了山、水、屋舍建筑之全体，这一全体，是属人的，属我的，是由“自我中心主义”、“文人中心主义”收摄而来的——三吾，不是三汝，三他，三众。无独有偶，同在永州，州西一里有“愚溪”。柳宗元《愚溪诗序》：“古者愚公谷，今余家是溪，而名莫能定。土之居者犹断断然，不可以不更也，故更之为愚溪。愚溪之上，买小丘为愚丘。自愚丘东北行六十步，得泉焉，又买居之为愚泉。愚泉凡六穴，皆出山下平地，盖上出也。合流屈曲，而为愚沟。遂负土累石，塞其隘为愚池。愚池之东为愚堂，其南为愚亭，池之中为愚岛。嘉木异石错置，皆山水之奇者也。以余故，咸以愚辱焉。”② 由此可知，一方面，柳宗元的“置地”并不是一次性完成的——从愚溪，到愚丘、愚泉、愚沟、愚池、愚堂、愚亭、愚岛，分批购买，同时自修、自建，一点一滴地累积，使之“生长”，而终于有了模样。另一方面，“以余故”，以柳宗元之故，所有的一切，皆冠名以“愚”。一个文人内心的自我以为命名等同于权力的占据、拥有？柳宗元知道，名不过是一块石头上的“苔藓”，有枯荣，在萎缩，可蔓延，他并不想用“愚”来拴系万物，但眼前的这一切又毕竟正在“属于”他——他与它们的相遇，正需要他以一种自我的生命体验来虚拟、来构画、来写定。

一个人身在建筑的群景中，究竟有何体验？不妨来看看白居易的《草堂记》：“明年春，草堂成。三间两柱，二室四牖。广袤丰杀，一称心力。洞北户来阴风，防徂暑也；敞南甍纳阳日，虞祁寒也。木斫而已不加丹，墙圬而已不加白。墄阶用石，幂窗用纸，竹帘纻帏，率称是焉。堂中设木榻四，素屏二，漆琴一张，儒道佛书各三两卷。乐天既来为主，仰观山，俯听泉，傍睨竹树云石，自辰及酉，应接不暇。俄而物诱气随，外适内和，一宿体宁，再宿心恬，三宿后颓

① 祝穆、祝洙、施和金：《方舆胜览》（卷之二十五），中华书局2003年6月版，第455页。

② 祝穆、祝洙、施和金：《方舆胜览》（卷之二十五），中华书局2003年6月版，第457～458页。

然嗒然，不知其然而然。自问其故？答曰：是居也。”① 这既是空间，又是结构，更是场域，尤以场域为重。白居易身在其中，环绕他、陪伴他的不只是建筑，更是自然，是万物。这种场域感且由人所塑造，却又显得不惹俗构，甚至“懵懂”，“不知其然而然”。白居易说到了三宿，一宿，再宿，三宿，却没有三宿之后的记述——他和他的草堂，入画一样，只是点染。一个人是可以把自己诗意化的，如果这份诗意注定无言，那便少不了他身边的建筑，所沉浸的烟雨迷蒙。一座建筑，之于周边的环境，究竟是一种“收摄”，还是一种“点缀”，不能以自身形式来看待，而是糅合了人的心灵体验的结果。据《方舆胜览·浙西路·临安府》之“冷泉亭”，白居易《亭记》曰：“东南山水，余杭郡为最。由郡言，灵隐寺为尤。由寺观，冷泉亭为甲。亭在山下、水中央、寺东南隅，高不倍寻，广不累丈，而撮奇得要，地搜胜概，物无遁形。”② 首先，白居易所描述的冷泉亭，是一种逐级推进的美；这种描述在一种由外圈凝聚、收敛为内环，层层深入的套叠中完成。其次，冷泉亭本身并不高大，白居易告诉我们的只是它所处的环境——“山下、水中央、寺东南隅”。最终，冷泉亭能够“撮奇得要”，“地搜胜概”，以至于使“物无遁形”，取决于下文所写到的，白居易于“春之日”、“夏之夜”，于此亭中所经历所体验到的山、树、云、水。因此，一座建筑于大地之上究竟是“收摄”还是“点缀”，并不是一道选择题，而是一篇命题作文——冷泉亭给予白居易的更多的是一个心灵触发的基点，一种灵魂释放于复归于自然的媒介——它并不想收拾山河，却收摄着山水；它并不想点化周遭，却点缀了这个世界，使生命的宇宙更加唯美。

二、建筑：“向内”的生命

建筑是一种制度。据《方舆胜览·湖北路·澧州》之“谯门”条，胡明仲为记云：“古之为城也，非曰必可恃也；其为门也，非曰必可键也；盖立制度焉

① 白居易：《草堂记》，董浩等：《全唐文》（卷六百七十六），中华书局 1983 年 11 月版，第 6900 页。

② 祝穆、祝洙、施和金：《方舆胜览》（卷之一），中华书局 2003 年 6 月版，第 14 页。

耳。”[①] 制度必须有，而制度如何普及，如何内在化，如何把外在的形制渗透于“民心”，是另外的问题。制度首先需要被确立。如何确立？通过建筑，借助于建筑，建筑是确立制度的有效手段之一。据《方舆胜览·江东路·徽州》之“舍盖堂”，范至能曰：“徽人顾不事华屋，虽仙佛之庐，廑支压倾，不可风雨。其能独以壮丽称者，亦莫如太守之居，而东序之正寝尤其奂焉者也。”[②] 我们不能只在“什么都有”的时候加以比较，同样应当在“什么都没有”的时候加以比较——什么都没有的时候，有什么，更能够显示出存在的地位。在“不事华屋”、“不可风雨”的背景中，有什么？“舍盖堂”，太守之居。太守之居比仙佛之庐重要。

在中国古代文化传统中，许多器物是留给自己的，例如纹样。纹样的设置不可忽略的价值之一是，它是纹给“自己”的，不是纹给“别人”、“后人”、“他者”的。1994 年 5 月至 10 月间，北京大学考古系和山西省考古研究所对北赵晋侯墓地进行了第五次发掘，清理报告中有一处极易让人忽略的细节耐人寻味：两套“缀玉覆面”——紧贴于墓主的脸部。“由 23 块形式不同的玉片缀在布帛类织物上组成。9 块带扉牙的玉器围成一周，中间由眉、眼、额、鼻、嘴、颐、髭共 14 件玉器构成一完整的人面形。出土时有纹样的一面朝下，素面向上。”[③] 最后一句话是重点。“缀玉覆面”的纹样图案精美，但有纹样的一面朝下，朝向了死者“自己”；没有纹样的另一面向上——它不需要谁来观赏。纹样并不一定只是一种展示、炫耀，或警告、提醒，作为符号，纹样附着在器物上，使器物具有

① 祝穆、祝洙、施和金：《方舆胜览》（卷之三十），中华书局 2003 年 6 月版，第 543 页。

② 祝穆、祝洙、施和金：《方舆胜览》（卷之十六），中华书局 2003 年 6 月版，第 286 页。

③ 北京大学考古系、山西省考古研究所：《天马曲村遗址北赵晋侯墓地第五次发掘》，《文物》1995 年第 7 期，第 17 页。

了更为艺术化的生命，完全有可能是一种“向内”的生命。①

把天地作为居所，所居之所，究竟出于想象，内在化意念化的成分居多，与现实的房舍有别。刘伶好酒，“唯酒是务，焉知其余”，其《刘伯伦酒德颂》即曰：“有大人先生，以天地为一朝，万期为须臾，日月为扃牖，八荒为庭衢。行无辙迹，居无室庐，幕天席地，纵意所如。”② 这其中隐含着一种悖反“逻辑”。一方面，刘伶幕天席地，把自然的日月八荒当作了他内心的建筑；然而另一方面，如是建筑却不能以现实的“室庐”来框限来圈定。建筑这一概念被“分立”的同时，被“心灵”化了——它有可能疏通、承载一个人的内心世界，无论这一世界是否有形，乃至无形。魏晋士子的理想居所，当由康僧渊来“定义”。《世说新语·栖逸第十八》：“康僧渊在豫章，去郭数十里立精舍。旁连岭，带长川，芳林列于轩庭，清流激于堂宇。乃闲居研讲，希心理味。庾公诸人多往看之，观其运用吐纳，风流转佳，加已处之怡然，亦有以自得，声名乃兴。后不堪，遂出。”③ 提起康僧渊，人莫不知其“鼻者面之山，目者面之渊”的自我调侃，而其精舍，既不在山也不在渊，却是这两者的“中介”、“中间点”——“旁连岭，带长川”。山水不只是精舍的依托与环境，二者是一体的。“研讲”、“理味”，没有山水之映衬，不成其讲，不得其味。唯一的“谜团”是，既然“已处之怡然，亦有以自得”，何来“不堪”？——怡然自得亦是不可堪受的。山水之间的精舍代表的隐逸生活，并不是一个人可以背负、承担的，它是一种带有“终极”性质的“彼岸”梦想。人必须回来，回到现世中来。问题是，建筑无法回来。建筑所承担的价值与意义，在某种程度上，也便和山水一样，超拔得带有

① 古文运动在某种意义上来说，是一种“去符号化”的过程，抑或符号所指“抽离”、“凌驾”、“超越”于能指的过程。这一倾向同样体现在了建筑文化中。韩愈《三器论》说到，有人认为天子不可或缺的“三器”，为明堂，为国玺，为九鼎；韩愈就加以反对。他说：“子不谓明堂，天子布政者耶！周公成王居之而朝诸侯，美矣，幽厉居之何如哉？”［韩愈：《三器论》，董浩等：《全唐文》（卷五百五十七），中华书局 1983 年 11 月版，第 5640 页。］同样是明堂，不同的人居住，结果、意义完全不一样；“器”不是决定性的，使用“器”的人，其具体的行为才是决定性的。韩愈事实上已经把物、器，包括建筑，抽象化了——这看上去是一种去符号化的过程，拆解了符号的经验命题，实则是以抽象的符号代替了具象的符号。

② 高步瀛、陈新：《魏晋文举要》，中华书局 1989 年 10 月版，第 94 页。

③ 刘义庆、刘孝标、余嘉锡、周祖谟等：《世说新语笺疏》（下卷上），上海古籍出版社 1993 年 12 月版，第 659 页。

了恒久的意味，而被心灵化了。时值隋唐，生死本是平行世界，此一共识自然而然地通过建筑得到了体现。《朝野佥载》记曰："周左司郎中郑从简所居厅事常不佳，令巫者观之，果有伏尸姓宗，妻姓寇，在厅基之下。使问之，曰：'君坐我门上，我出入常值君，君自不好，非我之为也。'掘之三丈，果得旧骸，有铭如其言。移出改葬，于是遂绝。"① 郑从简与其厅基之下宗姓尸体旧骸的冲突，集中体现于双方居所地址的重叠——"移出改葬"，立竿见影的收效，说明如是冲突可以由"建筑"的"迁徙"来解决。"于是遂绝"意味深长，改葬之后，郑从简继续居留于此处，宗姓尸体在此处并未形成持续性、不间断、无休止的影响；换句话说，空间并无所属权的假设，"迁徙"是实质性的，在就是在，不在就是不在，走了就是走了，这样一种带有浓郁经验色彩的实存理念，恰与建筑有着贴合的密切的对应与关联。这个世界作为平行的世界，生有宅，死有穴，各行其是，建筑实则为此平行世界之中介，以便生命在其间"穿梭"、"往复"。这就像《朝野佥载》中另一个故事提到："余杭人陆彦夏月死十余日，见王，曰：'命未尽，放归。'左右曰：'宅舍亡坏不堪。'时沧州人李谈新来，其人合死，王曰：'取谈宅舍与之。'彦遂入谈柩中而苏，遂作吴语，不识妻子，具说其事。遂向余杭访得其家，妻子不认，具陈由来，乃信之。"② 这是一则非常典型的案例。生命由死复活的条件，多半由埋葬其尸身的棺椁是否"亡坏"为前提，毕竟他只能从柩中苏醒，不能自天而降，"宅舍"是他回到人间的铺垫与依托——没有"宅舍"的"担保"，即便他可以回来，恐怕也无处可回，无家可归！

据《洛阳伽蓝记》载，洛阳开阳门内御道东景林寺西园内置祇洹精舍，"形制虽小，巧构难比。加以禅阁虚静，隐室凝邃，嘉树夹牖，芳杜匝阶。虽云朝市，想同岩谷"③。祇洹精舍原是舍卫国王波斯匿之大臣须达，以国王太子祇陀之园为佛陀所立的精舍，此精舍也理应为天竺式样。然而正是这样一座带有异域色彩的精舍，"嫁接"了两种立意、形制迥异的建筑形式——朝市之室与岩谷之

---

① 张鷟：《朝野佥载》（卷二），《唐五代笔记小说大观》（上），上海古籍出版社 2000 年 3 月版，第 25 页。

② 张鷟：《朝野佥载》（卷二），《唐五代笔记小说大观》（上），上海古籍出版社 2000 年 3 月版，第 29 页。

③ 杨衒之、周祖谟：《洛阳伽蓝记校释》（卷一），上海书店出版社 2000 年 4 月版，第 64 页。

穴——室内空间与穴内空间以虚静、以隐匿相“呼应”，使得前者在散发着越来越多的想象空间的同时，愈发心性化了。山水是家吗？据《方舆胜览·潼川府路·潼川府》之“野亭”条，杜甫《陪王侍御宴通泉东山野亭诗》中写到，“亭影临山水，村烟对浦沙。狂歌遇形胜，得醉即为家”①。凡“临”者，所谓“亭影”，凡“对”者，所谓“村烟”，皆为虚影，皆不定型；在这个恍惚而朦胧的时空里，杜甫难得地释放着他的“豪情”。问题是，“得醉即为家”，如不得醉，醒了呢？则无家，起码不再以山水为家。中国古代文人之于山水，内心的情绪从来都是矛盾的——他们太轻易地把山水精神化了，而当山水媚道之时，他们又不完全相信灵魂。魏晋伊始，人们就开始制作“假山”、“假水”。据《太平寰宇记·江南东道二·升州》“上元县”所载，该县东南三十里有“土山”，《丹阳记》云：“晋太傅谢安旧隐会稽东山，因筑像之，无岩石，故谓土山也。有林木台观娱游之所，安就帝请朝中贤士子侄亲属会宴土山。”② 谢安之作，虽以东山为本，究竟不是对东山的全盘复制，他有取舍，他模仿的是东山之质——东山作为自然物的生命本质。从广义上来讲，假山假水并非肇始于，也并不单单只属于魏晋以来兴起的山水文化，坟墓、土丘难道不是对山的模仿？据《太平寰宇记·江南东道三·苏州》之“吴县”下“虎丘山”条，《吴越春秋》云：“阖闾葬于国西北。积壤为丘，楗土临湖以葬。三日，金精上扬，为白虎据坟，故曰虎丘山。”③ 谢安所谓的“土山”与苏州的“虎丘”在筑造行为上并没有实质区别，区别只在于目的的不同——建筑的意义取向有别。

把山体想象为建筑，想象为建筑中的屋舍，这在唐人已无障碍。据《方舆胜览·浙东路·庆元府》之“四明山”条，陆龟蒙曾云：“山有峰，最高四穴在峰上，每天色晴霁，望之如户牖相倚。”④ 四明山作为三十六洞天之排行第九者，其为屋舍，超越了笼统的印象，而被具体化为屋舍的细部、单元。叠山，所叠之假山到底秉持着什么样的构造逻辑？沈复《浮生六记·闲情记趣》中有这样一

① 祝穆、祝洙、施和金：《方舆胜览》（卷之六十二），中华书局2003年6月版，第1091～1092页。

② 乐史、王文楚：《太平寰宇记》（卷之九十），中华书局2007年11月版，第1784页。

③ 乐史、王文楚：《太平寰宇记》（卷之九十一），中华书局2007年11月版，第1819页。

④ 祝穆、祝洙、施和金：《方舆胜览》（卷之七），中华书局2003年6月版，第121页。

句话，可谓一语中的：“掘地堆土成山，间以块石，杂以花草，篱用梅编，墙以藤引，则无山而成山矣。”① 这和《愚公移山》中那座被背走的山，完全是两回事——叠山一定不是把愚公移走的山再挪回来。地原本只是地，平坦而无隆起，如今，掘地堆土，利用“掘”和“堆”两个动作，完成了造山之“业力”，使本来无山之地，在人的意念下，凭空有了一座山——这座山能高到哪儿去？能大到哪儿去？但有谁能否让这就是一座山？因为这是一座山的意趣，在“我”心里，这是一座山实际拥有的“本质”，抑或“灵魂”。

为什么一定要“理水”？此水固可与山“配比”，但亦可从其与地的关系来理解。《易》之师卦，为坎下坤上，也即水下地上，《象》称“地中有水”，孔颖达的说法是：“《象》称‘地中有水’，欲见地能包水，水又众大，是容民畜众之象。若其不然，或当云‘地在水上’，或云‘上地下水’，或云‘水上有地’。今云‘地中有水’，盖取容畜之义也。”② 苏州园林的诸多水法，或可由师卦来窥探。坎下坤上，水下地上，“师”这一卦象是既定的，问题在于地与水之关系如何具体地落实。孔颖达的解释实际上包含了两种意态，一方面，地是能够包容水的，另一方面，水本身又有众大之貌，所以，此实可谓君子之卦象——君子法此师卦，容纳其民，蓄养其众。园林中的水法，是一种内心的“容畜”表达——它不仅是一种隐逸情怀，同时，亦是一种为“师”之道。与之相关，所谓谦卦，乃艮下坤上、山下地上，与师卦极为类似。如果说师卦中蕴含着“理水”的道理，那么谦卦中则必然蕴含着“叠山”的道理。其《象》曰：“地中有山，谦。君子以裒多益寡，称物平施。”③ 何谓“裒”？陆德明曰：“裒，蒲侯反。郑、荀、董、蜀才作捊，云：取也。《字书》作掊。”④ 此处表明的显然是谦道——“地中有山”，取多之与少，皆得其益。师卦是坎下坤上，如果是坤下坎上呢？坤下坎上为比卦，坤宫归魂卦。为什么称为“比”？陆德明提到：“《子夏传》云：‘地

---

① 沈复：《浮生六记》（卷二），江苏古籍出版社2000年8月版，第23页。

② 王弼、韩康伯、陆德明、孔颖达：《周易注疏》（卷三），中央编译出版社2016年1月版，第75页。

③ 王弼、韩康伯、陆德明、孔颖达：《周易注疏》（卷四），中央编译出版社2016年1月版，第113页。

④ 王弼、韩康伯、陆德明、孔颖达：《周易注疏》（卷四），中央编译出版社2016年1月版，第113页。

得水而柔，水得地而流，故曰比。’”① 地必柔，何以柔？得水。水必流，何以流？得地。地之柔、水之流均依赖于彼此，印证于彼此。说到底，从表象上看，这还是一种地与水的结合，两相依据——“地上有水，比”。孔颖达曰：“地上有水，犹域中有万国，使之各相亲比，犹地上有水流通，相润及物，故云‘地上有水，比’也。”②“比”与“师”，实际上有内在关联，可沟通。中国古人看中了如是融合，比及万物、万国，类同于此。

无形的东西可以有形。无形的东西不是没有形式，而是形式无法确定，未定形，遂不定性。宋人有一种趋势，那便是更加、特别钟情于无形之美，又更加、特别擅于并且相信他们能够把捉这种无形之美。例如云，云总是无形的，变化多端的，“只可自怡悦，不堪持赠君”。宋人不同。周密《齐东野语·赠云贡云》：“坡翁一日还自山中，见云气如群马突自山中来，遂以手掇开笼，收于其中。及归，白云盈笼，开而放之。”③ 如果做一种假设，仅仅是假设，我们不是带着笼子到山里去，而是带着房子到山里去，能不能把云收在房子里呢？没有问题。那么，再往前推一步，如果我们不是带着房子到山里去，而是把房子盖在山里，能不能把云收在房子里呢？当然可以。如果房子能够把无形的云收纳在自己的空间里，能不能把“人”无形的心、无形的灵魂收纳在自己的空间里？从逻辑上来讲，依旧成立。在这种情势下，建筑完全有可能打破有形与无形的界限，而与中国文化“向内转”的趋势同步，成为心灵化的对象、载体，乃至主体。④

宋人之于人心的不确定性有着充分了解。罗大经《鹤林玉露·大乾梦》提到过廖德明，廖德明有句话说：“人与器物不同，如笔止能为笔，不能为砚；剑

① 王弼、韩康伯、陆德明、孔颖达：《周易注疏》（卷三），中央编译出版社 2016 年 1 月版，第 79 页。

② 王弼、韩康伯、陆德明、孔颖达：《周易注疏》（卷三），中央编译出版社 2016 年 1 月版，第 80 页。

③ 周密、张茂鹏：《齐东野语》（卷七），中华书局 1983 年 11 月版，第 117 页。

④ 就堪舆之术发展的历史而言，宋代可谓一大分野，尤其体现在辨别方位的方法上。堪舆之术辨别方位的方法，宋代以前，以土圭为主；南宋以后，以罗盘为主。这一转变，多与磁针偏角的发现有关，也由此带来了“缝针”、“中针”、“正针”等做法的讨论。[参见王振铎：《司南指南针与罗经盘——中国古代有关静磁学知识之发现及发明（下）》，《中国考古学报》1951 年第 5 册，第 125 页。] 宋元后，航海业发达，使得罗盘的技术更为缜密而实用。至于明代，则水旱两种针法均已相当成熟。

止能为剑，不能为琴；故其成毁久速，有一定不易之数。惟人则不然，虚灵知觉，万理兼该，固有期为跖而暮为舜者。故其吉凶祸福亦随之而变，难以一定言。”① 人与物最大的区别，在于人的复杂性，人是“活”的，会随时改变；正因为如此，才要宣教，教化从而充实人的德性。宋人的静不是静止，不是不动，不是僵持、固化，无所作为抑或无可奈何的旁观袖手，反而蕴含着一种凝重的叹息在里面。罗大经《鹤林玉露·静重》曰：“大凡应大变、处大事，须是静定凝重，如周公之‘赤舄几几’是也。”② 因静生定，是凝重的来由，所以，所谓静，更类似于一种凝定。一个人的内心之所以能够凝定，是因其过尽千帆地坦然而波澜不惊。建筑作为山水的机体、组织，融入了文人士子的生命，于宋代，已是不争的事实。据《方舆胜览·广东路·韶州》之“韶亭”条，余安道记曰：“贤人君子乐夫佳山秀水者，盖将寓闲旷之目，托高远之思，涤荡烦绁，开纳和粹，故远则攀萝拂云以跻乎杳冥，近则筑土饬材以寄乎观望。”③ 攀萝拂云，筑土饬材，一体两面，远近而已，目有所寓、思有所托是重点。建筑的营造是被融会在人之于山水之经验之向往里的，并且，相对于“攀萝拂云”而言，它更接近于现实世界——它不把自己割舍、隔绝于现实世界。

宋人对人之精神生命的“放大”有深刻理解。据《方舆胜览·广东路·惠州》之“卓锡泉”条，唐子西记云：“人之精神，亦何所不至哉？挥戈可以退日，抟膺可以陨霜，悲泣可以颓城，浩叹可以决石，而况于得道者乎？诸妄既除，表里皆空，一真之外，无复余物，则其精神之外，又何如哉？”④ “人之精神”，不等于“人心”，却是理学走向心学的铺垫与导引。就建筑而言，城可颓，石可决，表里皆空，无复余物，又在人之精神面前有何“剩余”、“残留”?! 但人之精神生命不是固化的，而需要不断地“更新”。据《方舆胜览·淮东路·滁州》之琅琊山“醒心亭”条，曾子固曰：“以见夫群山之相环，云烟之相滋，旷

① 罗大经、孙雪霄：《鹤林玉露》（甲编卷三），上海古籍出版社2012年11月版，第36页。

② 罗大经、孙雪霄：《鹤林玉露》（乙编卷一），上海古籍出版社2012年11月版，第79页。

③ 祝穆、祝洙、施和金：《方舆胜览》（卷之三十五），中华书局2003年6月版，第637页。

④ 祝穆、祝洙、施和金：《方舆胜览》（卷之三十六），中华书局2003年6月版，第654页。

野之无穷，草木众而泉石嘉，使目新乎其所睹，耳新乎其所闻，则其心洒然而醒，更欲久而忘归也。”① 早在欧阳修的“醉翁亭”里，我们就听闻过“环滁皆山”的逻辑，滁州尤其多亭，除醉翁亭、醒心亭之外，还有丰乐亭、茶仙亭。身在亭中，举目望去，可见的不只是群山云烟旷野草木泉石，更重要的，是它们相环相滋、无穷无尽的“众生”图景——这种生机勃勃的生命感，使得自我的心灵通过耳目所获而得以更新。时值宋代，人与建筑之间的关系正可谓“心心相印”。据《方舆胜览·浙东路·绍兴府》之“观风堂”条，王龟龄有诗曰：“薄俗浇风有万端，欲将眼力看应难。但令心境无尘垢，端坐斯堂即可观。”② 这是个仅凭眼力所难以看透的世界，万端世情，纠结杂处，理不出；但这位梅溪王十朋注意于两种条件的遇合——心境与斯堂——心无尘垢，堂即可观。这里的“堂”固然不是心观的对象、媒介、依凭和通道，它更类似于一种心有开敞的境界、状态的比附。如果不在堂上端坐，身体被囚禁在幽暗逼仄的洞穴里，能否做如是观瞻？逻辑上可信，现实不可行。心与堂实为一种契合，豁然开朗是一种带有抽象成分而历历在目地经验着的身心体验的结果。

如果说建筑是一座“梦工厂”，那么，这座“梦工厂”的“典型”，莫过于“梦溪”。据《方舆胜览·浙西路·镇江府》“梦溪”条记载：“存中尝梦至一处小山，花如覆锦，乔木覆其上，山之下有水。梦中乐之，将谋居焉。”③ 谋，不是立刻的谋求。沈括在守宣城的时候，有道人来访，告诉他京口山水繁盛，且有地在售，于是，沈括“以钱三十万得之”。又过了六年，也即元祐四年（1089），沈括才来到“梦溪”，绍圣二年（1095），沈括辞世，他在“梦溪”度过了整整六年。沈括号“梦溪丈人”，他在“梦溪”隐居，写下了他最重要的，使他流芳百世的著作——《梦溪笔谈》。沈括的一生，参与变法，被弹劾，被贬谪，他曾戍守过西夏，亦兵败于永乐。当他来到“梦溪”时，已经59岁了。我们有理由相信“梦溪”对于沈括晚年的意义之大。能够在自己的梦境中过一段日子，继而离开尘世，这一生的褶皱与伤痕，也都是可以平复的了。无独有偶，除沈括

① 祝穆、祝洙、施和金：《方舆胜览》（卷之四十七），中华书局2003年6月版，第837页。

② 祝穆、祝洙、施和金：《方舆胜览》（卷之六），中华书局2003年6月版，第109~110页。

③ 祝穆、祝洙、施和金：《方舆胜览》（卷之三），中华书局2003年6月版，第66页。

外，还有一位宋人愿与溪水相伴，这便是周敦颐。据《方舆胜览·江西路·江州》“皇朝周敦颐”条可知，周敦颐“酷爱庐阜，买田筑室，退居濂溪之上。……中岁乞身老于湓城。有水发源于莲花峰下，洁清绀寒，下合于湓江。茂叔筑室于其上，用其平生所安乐，媲水而成，名曰濂溪”①。所谓“媲”者，是并，是比，是匹敌的意思，周敦颐用尽了他平生的所有所筑之室，“媲水而成”，此“濂溪”，也该不输于“梦溪”吧。

人之“主体性”在园林中是要有所驱动、有所统摄、有所驾驭的，而他所驱动、所统摄、所驾驭的，恰恰是他的内心。《方舆胜览·浙西路·平江府》之“西亭”有苏子美记曰：“噫，人固动物耳，情横于内而性伏，必外寓于物而后迁，寓久则溺，以为当然，非胜是而易之，则窒而不开，唯仕宦溺人为至深。古之才哲君子，有一失而至于死者多矣，是未知所以自胜之道。”② 苏舜钦在这里谈论的是一条非常复杂的逻辑。一方面，他承认人本来就是动物，人的内在情绪需要“假借”，“寓”于外物得以“展开”；但另一方面，他又指出，如果人过度沉溺于其所寓居的外物，则“窒而不开”了。那么，到底怎么办呢？“自胜之道”！“自胜”不是“他胜”，而是自行理解自我与外物寓与被寓的来去关系，抽离于、超越于这种关系，凌驾于必然的归属与寄寓，在一种“我”与外物更为松散也更为默契的“互文”中，放任“我”与外物各自的生命轨迹。遇即是非遇，非遇即是遇。如是之遇，之非遇，需要以强大的内心世界来面对、来经历。用王世贞的话来说，此乃“交相待”也。《越溪庄图记》：“夫山水之与人交相待者也，人不得山水无以畅，山水不得人无以著而广。”③ 人需要内心的条畅，山水因著因名而崇广，这两种需要是相互的，彼此相当。类似的表述另如张洪《耕学斋图记》：“夫人不得山水，无以畅其机，山水不得人，无以显其奇。”④ 这一逻辑也并不稀见，《宅经》即有“《子夏》云：‘人因宅而立，宅固人得存，人宅

① 祝穆、祝洙、施和金：《方舆胜览》（卷之二十二），中华书局2003年6月版，第398页。

② 祝穆、祝洙、施和金：《方舆胜览》（卷之二），中华书局2003年6月版，第36页。

③ 王世贞：《越溪庄图记》，王稼句：《苏州园林历代文钞》，上海三联书店2008年1月版，第139页。

④ 张洪：《耕学斋图记》，王稼句：《苏州园林历代文钞》，上海三联书店2008年1月版，第181页。

相扶，感通天地，故不可独信命也’”①。

宋代的建筑之于心性与工艺皆走向成熟，这一点，都城的建筑风格即有所反映，例如杭州。《方舆胜览·浙西路·临安府》所及“有美堂”为当时之郡守梅挚所建，欧阳永叔特意为这位龙图阁直学士、尚书吏部郎中写了一篇《有美堂记》，提到过一种几乎难以解决的深刻“矛盾”：“夫举天下之至美与其乐，有不得而兼焉者多矣。故穷山水登临之美者，必之乎宽闲之野、寂寞之乡，而后得焉。览人物之盛丽，夸都邑之雄富者，必据乎四达之冲、舟车之会，而后足焉。盖彼放心于物外，而此娱意于繁华，二者各有适焉，然其为乐不得而兼也。”②一静一动，一内一外，一穷达一豪奢，固然矛盾——一个人或者是孤独的，躲避了城市的喧嚣，内心澄澈地面对山水，或者是繁华的，娱意于琳琅满目的热闹，迅疾变幻于各种信息的冲兑；但欧阳修却偏偏以为，有两座城市可以同时兼具而化解这一矛盾——金陵、钱塘。这两座城市之间，金陵因历史的沉积，已显颓唐，剩下的这个，则是钱塘。以思想史、美学史的眼光来打量，由欧阳修所述的第一种人生几乎是一个文人的“影像”，他似曾经历了各种际遇的起落浮沉，终究淡然了，有知，有觉；而第二种人生却是一种民间的“想象”，他们欢迎、接受、拥抱、眷恋物以及关于物的联想，他们沉迷于此，宿醉于此，以“此在”在此吟唱。这两种人生在杭州，在这样一座远离中原却又纸醉金迷的宋朝都城里，走向了统一，叠合在一起。钱塘之美，是“有美堂”的“有美”——无不可是的两全之美。欧阳修的话里有两处细节特别需要留意，他说，“后得”、“后足”。“后”是什么？既不是原因，也不是过程，“后”指向的是一种结果，一种心灵沉淀了的意境——“后”的逻辑决定了，心境不仅要有“前提”做保障，心境还是在“前提”上经过思索、酝酿、咀嚼、回味的“结果”。它是一种“果论”，饱含着禅宗顿悟、悟解的快慰——建筑于宋有熟，绝非偶然，实乃当时文化主流脉动的折射、影响。

袁学澜《隐梅山庄记》：“人世之恩爱缠缚，轇轕中肠，直如梦幻泡影，了无真实。于是俯仰宇宙之恢廓，揽山水之清幽，浩浩乎与造物同流，挟飞仙以来

① 王玉德、王锐：《宅经》（卷上），中华书局2011年8月版，第151页。

② 祝穆、祝洙、施和金：《方舆胜览》（卷之一），中华书局2003年6月版，第13页。

往，此真所谓超乎象外，与道大适者矣。”① 这是把人世此岸化，把山水彼岸化了，其中的“连词”很关键——“于是”——人世如泡影，“于是”，“我”超乎象外，与道大适。问题在于怎么“超”？怎么“适”？俯仰吗？招揽吗？不止于此。真正的关键词，是“流”，是“来往”。“造物”二字指的是造物主还是被造之物？不清楚。“飞仙”一词说的是异在的生命还是人之进化？没有提。无论怎样，“我”与“对象”，“我”在此一场域中的形态是既定的，可以肯定的，那便是流动，那便是往来。流动与往来，无“终点”可言，却如涟漪一般弥漫，因“我”而成环。建筑作为艺术之一种，其最高境界，莫过于与心合一。《聊斋志异》里有一篇《画壁》，讲的是一个名叫朱孝廉的男子，偶涉兰若，见两壁图绘，神摇意夺，恍然凝想于东壁上，与散花天女之间艳绝垂髫女子狎好，渐入猥亵，后遇金甲使者，匿无可匿的故事。“异史氏”的忠告是：“幻由人生，此言类有道者。人有淫心，是生亵境；人有亵心，是生怖境。菩萨点化愚蒙，千幻并作，皆人心所自动耳。”② 从这个故事里，我们可以知道的起码有三点。首先，壁画与建筑不可分。在这座不具实名的寻常兰若里，“殿宇禅舍，俱不甚弘敞”③，仅有一老僧挂搭。如斯格局恰与后来波澜壮阔的故事情节形成了反衬、对比，刻意营造出某种以小见大的特效，以印证壁画与建筑之于意义层面上的贴合、默许、密契。其次，朱孝廉在壁画中所经历的一切无疑是他这一生的“高潮”。当朱孝廉返回现实世界，“灰心木立”时，老僧刚才解释过他的行踪，“往听说法去矣”。为什么这虽然起伏但不过是片段的截取能够构成朱孝廉对佛法似是而非的领悟？因为在这样一个臆想的世界里，朱孝廉被放大了的欲望经历了一场从无到有、从有到无的劫数，他的欢愉与恐惧、得到与失去，都在一种极端亢奋的心理活动中完成——此番轮回辗转，不在于遇到了谁，不在于美丑，甚至不在于淫逸放纵的快感，而在于惊心，在于动魄，在于瞬间的膨胀与爆破。建筑中的壁画，所绘之所必然不止是主人日常看惯的人间景象，它是一种浓缩，一种归

① 袁学澜：《隐梅山庄记》，王稼句：《苏州园林历代文钞》，上海三联书店 2008 年 1 月版，第 170 页。

② 蒲松龄、张友鹤：《聊斋志异》（会校会注会评本）（卷一），上海古籍出版社 1986 年 8 月版，第 17 页。

③ 蒲松龄、张友鹤：《聊斋志异》（会校会注会评本）（卷一），上海古籍出版社 1986 年 8 月版，第 14 页。

宿，乃至升腾。最终，人与建筑的关系是“互文”性的。人因为心的作用，所制造出的“幻象”，使得人与建筑之间交通无碍。朱孝廉上图、下图之间，虽如幻梦，却并无痛苦，这是心的作用，亦是人与建筑的关系决定的。经过宋代理学“洗礼”后，这个世界本然是鸢飞鱼跃活泼泼的生动世界，这个世界，也终究是格物致知的基础，而“心境”一词在《画壁》中究竟被运用起来，被运用得妥帖——“人心所自动”——使得建筑成为人心映照自身的镜像，建筑与人的存在之间，合二为一了。

第五章
雅俗：明清时期建筑美学的情调

既然建筑可以被个人化、内心化，建筑也便体现出带有自我色彩的情绪与格调，园林正是这种情绪与格调的“标本”。时值明清时期，建筑的场域感远远超出了建筑的空间以及结构主题，而力求塑造出一种饱含着“涟漪”意味的水纹效应。

第一节　园林之为建筑“标本”

一、历史的回溯

中国古人经常会发出一种感叹，即人与建筑的密合一体。冯浩《网师园序》中曾经问过：“惟念古昔园林之盛，载籍所书而外，当莫可纪数，而传名者究不多。人以园重乎？园以人重乎？”① 历史上园林无数，能够“流传”下来的，多与文人的风雅、气度，乃至文采有关。建筑是属人的，这些人，也自然地把生命寄寓在了这一座座园里。场域更类似于一种人与物的“圆融”，不只是一种片刻“共在”，也是一种贯穿在时间长河中的“互文”、“互生”。

《白虎通》中提到过苑囿，并且说，苑囿应该处于东方。“苑囿所以在东方

① 冯浩：《网师园序》，王稼句：《苏州园林历代文钞》，上海三联书店2008年1月版，第78页。

何？苑囿，养万物者也。东方，物所以生也。”①《说文》说苑有垣，囿无垣；高诱说大曰囿，小曰苑，有墙曰苑，无墙曰囿；陈立则以为苑囿对文异，散则通。各种解释不尽相同，但有一个共同的指向，即苑囿中将会蓄养生命——植物，尤其是动物，无论这些动植物是用来观赏，还是用来猎杀的。所以，东方就成了苑囿的“合理”方位。“园”字本身，就与植物、与种植有不解之缘。钱大昕《网师园记》曰：“古人为园以树果，为圃以种菜，《诗》三百篇言园者，曰‘有桃’、‘有棘’、‘有树檀’，非以侈游观之美也。”② 汉魏之后，“园”渐有冠盖之游，而罗致花石，尚以豪举，但“园”本身，却以“树果”，乃至“种菜”为“原型”。换句话说，“园”实则是一种中国古人关于农业生活的“积淀”和“记忆”。植物是园林的“质素”。《易》之贲卦“六五”有“贲于丘园”的讲法，孔颖达便曰：“丘谓丘墟，园谓园圃。惟草木所生，是质素之处，非华美之所。若能施饰，每事质素，与丘园相似，‘盛莫大焉’。”③ 丘园是可以被修饰、有装饰的，而草木所生，恰恰是其质素之处，所以园中的草木不可或缺。在中国古人看来，人的存在与物的存在一样，是有限存在，在一定范围内的存在。“囿”这个字，最能体现这一特点。王轼《晚圃记》曰：“予惟物之囿于气化，犹人囿于两间。囿于气化者，有春荣秋成之序，囿于两间者，有少壮老成之称。故有囿之物，苟培植之固、人力之齐，则秋成可望，而人得以收其利矣。人之生也，苟能修之于少壮，趋向之善，持守之坚，则老而有成，而得以享其乐矣。”④ 一方面，“囿”是萃聚，是养护，是护佑；但另一方面，“囿”又意味着限制、范围、规训和约束。物有物囿，人有人囿；人之囿，恰恰是建筑的“两间”。人在哪里修持、趋向、坚守？不能脱离建筑来考量。建筑更像是一个母体。“囿”的原始形态与建筑并无关联。《太平寰宇记·关西道一·雍州一》之“长安县”有周文王之苑囿——“灵囿”，源自《诗》之“王在灵囿”句，注云：“囿，所以域养禽

---

① 陈立、吴则虞：《白虎通疏证》（卷十二），中华书局1994年8月版，第593页。

② 钱大昕：《网师园记》，王稼句：《苏州园林历代文钞》，上海三联书店2008年1月版，第76页。

③ 王弼、韩康伯、陆德明、孔颖达：《周易注疏》（卷四），中央编译出版社2016年1月版，第146～147页。

④ 王轼：《晚圃记》，王稼句：《苏州园林历代文钞》，上海三联书店2008年1月版，第60～61页。

兽也，天子百里，诸侯四十里。灵囿，言灵道行于囿也。”① 简言之，“囿”不过是帝王、诸侯之猎场，即便淡化了猎场所弥漫的游牧、暴力、青春气息，“囿”也不过是“动物园”——天子当有百里之囿，诸侯当有四十里之囿，均不过是制度安排。囿的范围，面积规定而已。

早在魏晋南北朝时期，所谓苑囿便已脱离了杀伐之“战场”、“猎场”、“围场”的“初衷”与“记忆”，而成为帝王个人欲望极度膨胀、肆意张扬的“剧场”。② 据《方舆胜览·江东路·建康府》之“芳乐苑”记载：“齐东昏侯方在位时，与宫人于阅武堂元会，皇后正位，阉人行仪，帝戎服临视。又于阅武堂为芳乐苑，日与潘妃放恣。又于苑中立店肆，模大市，日游市中，杂取货物，与宫人、阉竖共为裨贩，以潘妃为市令，自为市吏录事，将斗者就妃罚之。帝小有得失，妃则杖。又开渠立埭，躬自引船埭上，设店坐而屠肉。于时百姓歌云：‘阅武堂，种杨柳，至尊屠肉，潘妃沽酒。’”③ 正所谓“游戏人生”，帝王的人生一样可以“游戏”。问题是在哪里“游戏”？“芳乐苑”——“芳乐苑”恰恰是齐

---

① 乐史、王文楚：《太平寰宇记》（卷之二十五），中华书局2007年11月版，第531页。

② 中国古代建筑向“野兽”开放，是自魏晋以来的一大特色。据《洛阳伽蓝记》记载，洛阳永桥南道东有二坊，一为白象坊，一为狮子坊。白象和狮子，真实存在——白象为乾陀罗国所献，狮子为波斯国所献。其中，“象常坏屋毁墙，走出于外。逢树即拔，遇墙亦倒。百姓惊怖，奔走交驰”。[杨衒之、周祖谟：《洛阳伽蓝记校释》（卷三），上海书店出版社2000年4月版，第133页。] 终于被胡太后迁徙出坊。狮子则“不可一世”。庄帝跟李彧说，听说老虎见狮子而必伏，想试一试，便从巩县、山阳找来二虎一豹，虎豹果然不敢仰视。华林园中有一盲熊，亦“惊怖跳踉”。问题来了，既然狮子最终证明了自己是万兽之王，是否理当受到万兽乃至人类膜拜，成为神灵乃至“教主”？毫无可能——帝诏之，送归本国，波斯道远，究竟被送狮人杀死于路上。“图腾”与“野兽”以至于“饵料”、“萌宠”，是全无关联的文化符码与表征，亦可见于《世说新语·雅量第六》“魏明帝于宣武场上断虎爪牙，纵百姓观之”[刘义庆、刘孝标、余嘉锡、周祖谟等：《世说新语笺疏》（上卷上），上海古籍出版社1993年12月版，第350页] 之验。在权力面前，猛兽之猛都不过是驯化的对象。唐人就比较清醒——“天以煦育为施，草木皆春；帝以惠训为施，猛戾皆仁”。[牛上士：《狮子赋》，董浩等：《全唐文》（卷三百九十八），中华书局1983年11月版，第4061页。] 在中国古代的民间，时常可见“山逢狮子”[乐史、王文楚：《太平寰宇记》（卷之七十一），中华书局2007年11月版，第1433页] 的传说，帝王苑囿也曾作为猎场，圈养珍禽奇兽；然而，将白象、狮子置于坊间，却并不多见。这一局面的出现，固与佛教的传播有联系密切，同时也是当时西域诸国与中原文化交通往来极为频繁于建筑活动上的证明。

③ 祝穆、祝洙、施和金：《方舆胜览》（卷之十四），中华书局2003年6月版，第243页。

东昏侯所设立的人生“剧场”，如果没有“芳乐苑”的围护与保障，他做不了屠夫。

经历过魏晋南北朝山水文化之熏染，真正意义上的文人城市、城中园林肇始于隋唐五代。1989 至 1993 年之间，于洛阳唐东都上阳宫就发掘了这样一座唐代园林。这座园林的遗址由水池、廊房、水榭、石子路以及假山组成。值得注意的是两处细节。其一，水池中水流的走向。这座水池东西长 53 米，南北宽处 5 米，窄处 3 米，池深 1.5 米。所以，它很是狭长。在此基础上，其“地势西高东低，入水口在水池西侧，用青石砌成，高距池底 1.5 米。池底经夯打，上铺河卵石。池岸用太湖石层层垒砌，高低错落，犬牙参互”①。池深 1.5 米，入水口高 1.5 米，这意味着，入水口与水面齐平，池中水流的速度极为缓慢，几乎平静；但因为地势在总体上西高东低，定是一池春水向“东”流，符合风水罗盘最为简易的要求。其二，水榭的“基础”。水榭位于水池的西部，地面部分固然无存，但看得到池底的基础——“睡木沉基”。“睡木沉基”即在修建木桥、水榭前，先在水底铺横木，再在上面立柱、筑物，或有水清木现之效。这座水榭基础经夯打后，“上铺方砖和方形石块，东西两侧平铺两根横木，间距 2.5 米。横木断面为半圆形，直径 0.3 米。每根横木两端各有一圆形柱孔，两孔中心间距为 3 米，柱孔直径均为 0.25 米”②。这是四个巨大的孔洞——横木断面直径 0.3 米，柱孔 0.25 米，仅余 0.05 米，几乎截断——其实际意义必然不在确保“上承”，而在防止“下陷”。它挪用了水中木作桥墩奠基的做工，又在远承干栏式建筑的手法。唐代建筑已然开始了对唐前各建筑形制从“形上”至于“形下”的总结。无独有偶，早在 1982 至 1986 年，中国社会科学院考古研究所洛阳唐城队对洛阳隋唐东都城做过一次发掘，当时的发掘重点是宫城、皇城内部，以及应天门内中轴线上的宫殿遗址。此番发掘中，收获之一，恰好就是对“九洲池”的清理。据说，“九洲池”取象东海之九洲，居地十顷，水深丈余，它与四周的亭台、楼阁、虹桥构成了美轮美奂的宫廷园林建筑。以发掘现场的实际状况来看，它位于

① 中国社会科学院考古研究所洛阳唐城队：《洛阳唐东都上阳宫园林遗址发掘简报》，《考古》1998 年第 2 期，第 39 页。

② 中国社会科学院考古研究所洛阳唐城队：《洛阳唐东都上阳宫园林遗址发掘简报》，《考古》1998 年第 2 期，第 40 页。

陶光园南250米处，东西长约205米，南北宽约130米，面积非常巨大。①“九洲池”的“水口”亦在东南，即文王八卦的巽位。巽者入也，符合风水学说的要求，且与上述水池的水口基本一致。此次发掘还探知了“九洲池”中有岛五座，或为圆形，或为椭圆形，拟仙者而坐，其中三岛之上，尚有亭台遗址，又属同一时期建筑。由此种种可知，当时的隋唐东都洛阳，此类华美池作必雅致圆熟，星罗棋布。唐人之于园林，自觉地取意于隔离、遮掩之趣，如陆龟蒙身在苏州城内潘儒巷之任晦园，“修篁嘉木，掩隐隈隩，处其一，不见其二也”②。其不可脱的性格仍旧是“好奇”、“乐异”——见于水族之老、羽族之穷，闻于鲸鲵之患、狐狸之忧，命啸俦侣，肆意于诗情。

“居山水间”是中国古代文人，尤其是明清文人人生的“第一选择”。文震亨《长物志·室庐》首句便曰：“居山水间者为上，村居次之，郊居又次之。吾侪纵不能栖岩止谷，追绮园之踪，而混迹廛市，要须门庭雅洁，室庐清靓，亭台具旷士之怀，斋阁有幽人之致。”③ 不做进一步分析，文震亨此处所言，可谓“语无伦次”。一方面，文震亨所罗列的三个层次，山居、村居、郊居，非但没有囊括居于庙堂之上的帝王家，其本身亦无严密的递减逻辑；另一方面，即便暂且接受文震亨所罗列的三个层次，这三个层次亦与下文没有逻辑上的对应，他在下文所描述的，其实是居于廛市的市居、市民生活。事实上，文震亨《长物志》一书始终“沉浸”在一种相互争执的话语矛盾里，即雅与俗之博弈——文震亨自己以“雅”文化的代表、标榜者、缔造者自居，他摒弃、鄙夷、否定毫无意趣、意味的世俗生活。他把庙堂、文人、民间这三重维度的社会“生态”凝定、熔铸在雅与俗，生活“范式”的选择与张力里——尚雅，是他的心胸，是他的格局。那么，什么是俗？“若徒侈土木，尚丹垩，真同桎梏樊槛而已。”④ 可是帝王“侈土木”，百姓何曾“尚丹垩”？文震亨并未做出社会学层面的细分，他只一味地要求“去俗”。无论如何，文震亨的最低要求是：“随方制象，各有所宜。

① 参见中国社会科学院考古研究所洛阳唐城队：《洛阳隋唐东都城1982—1986年考古工作纪要》，《考古》1989年第3期，第239页。

② 陆龟蒙：《白鸥诗序》，王稼句：《苏州园林历代文钞》，上海三联书店2008年1月版，第1页。

③ 文震亨、李瑞豪：《长物志》（卷一），中华书局2012年7月版，第5页。

④ 文震亨、李瑞豪：《长物志》（卷一），中华书局2012年7月版，第5页。

宁古无时，宁朴无巧，宁俭无俗。至于萧疏雅洁，又本性生，非强作解事者所得轻议矣。”① ——古雅俭朴，不要“时髦”，不要“工巧”，不要“庸俗”，这便是“雅”的基础。山水同为山水，建筑皆是建筑，但在不同的时代里，不同的人，眼中、心中的山水是不一样的；种种差异，多半来自他们生活的“语境”。

园林非一般意义上之民居，是有例证的。范来宗《寒碧庄记》提到：“东园改为民居，比屋鳞次，湖石一峰，岿然独存，余则土山瓦阜，不可复识矣。”② 园林为“一人”所有，绝非鳞次栉比的排屋，“磊落”而拥挤——自有其山高水长亭台楼阁的逻辑。一旦园林“分解”为“比屋鳞次”，即便独峰犹存，也无法恢复其建筑系统的场域效应，而化为乌有。这个意思不是范来宗的恭维之辞，刘恕在《含青楼记》里自己也讲过的，这是他对于“花步里”的基本“判断”。③ 园内与园外的对比，鲜明而显著。沈德潜《清华园记》：“今园距上津二里许，地皆阛阓，市声喧呶。而园之中，镜如澄如，藻荇风牵，云天倒映，鱼游行空，鸥闲欲梦。”④ 其中“阛阓”二字，出自左思《蜀都赋》，即市场，在文献中经常可以看到，如何焯《题潭上书屋》末句：“一窗受明，墨香团几，视友仁之在阛阓有过之。”⑤ 张问陶《邓尉山庄记》云：“妙景天成，非阛阓所恒有。”⑥ 朱彝尊《六浮阁记》曰：“处乎阛阓，有终身不知丘壑之趣者。”⑦ 张益《阳湖草堂记》道：“远阛阓而绝尘嚣，可谓静矣。”⑧ 王世贞《弇山园记·记一》：“自

① 文震亨、李瑞豪：《长物志》(卷一)，中华书局2012年7月版，第30页。

② 范来宗：《寒碧庄记》，王稼句：《苏州园林历代文钞》，上海三联书店2008年1月版，第52页。

③ 参见刘恕：《含青楼记》，王稼句：《苏州园林历代文钞》，上海三联书店2008年1月版，第53页。

④ 沈德潜：《清华园记》，王稼句：《苏州园林历代文钞》，上海三联书店2008年1月版，第98页。

⑤ 何焯：《题潭上书屋》，王稼句：《苏州园林历代文钞》，上海三联书店2008年1月版，第156页。

⑥ 张问陶：《邓尉山庄记》，王稼句：《苏州园林历代文钞》，上海三联书店2008年1月版，第178页。

⑦ 朱彝尊：《六浮阁记》，王稼句：《苏州园林历代文钞》，上海三联书店2008年1月版，第188页。

⑧ 张益：《阳湖草堂记》，王稼句：《苏州园林历代文钞》，上海三联书店2008年1月版，第191页。

大桥稍南皆阛阓，可半里而杀，其西忽得径，曰铁猫弄，颇猥鄙。”① 这种外在于我、外在于园的现实处境通常与文人自我的人格和内心格格不入。汪琬在《尧峰山庄记》中写道：“吾吴风俗衰恶，父兄师友无诗书礼义之教，其子弟类皆轻狷巧诈，不率于孝友，而中间尤无良者，又多移为服御饮食、博弈歌舞之好，于是士大夫之家，易兴亦易替，数传而后，丐贷不给，有不虚其先人之垅而翦伐其所树者，殆亦鲜矣。”② 这可以说是非常严厉的“鞭挞”。类似表述不止一处，汪琬在《南垞草堂记》中再次提到：“嗟乎！吴中风俗狷恶，往往锥刀之末、箕帚之微，而至于母子相谇、伯仲相阋者，所在皆是。”③ 可见此一印象，在汪琬心中蒂固根深。身在“红尘”中，却能安然织梦，静谧无痕，正是文人山水园林之妙。当然，文人总是自恋而自怜的。一如朱绶《移居第二图记》所云：“虽地不越城市，犹不能不与衣冠之士往来，而夷然清旷、鱼鸟亲人，其不偕贩脂卖浆之流相杂处焉可矣。”④ 一方面“自诩”为憔悴之人，来到了这天造地设的荒凉寂寞之地，另一方面又在暗自庆幸与贩夫走卒的隔离，这是何等的矫揉造作和虚伪！——鱼鸟比贩夫“高贵”得多，因为前者被列为自然本真世界“鸢飞鱼跃”的符号。园林的主人、访客、朋友、家人，在他们的眼里，苏州是什么样子的？金天羽《颐园记》：“苏之城，廛次而墉比，举薪之户十万家，尘埃嚣然。”⑤ 这就是差距，这就是对比，这就是优越感。那么，身在这样一座都市里，怎么才能保证既不招摇，又“安全”隔离？墙，粉墙，没有一点色彩的冷静，如底图一般，不炫耀，不表露，却又有文人官宦自以为经历了大浪淘沙之后退守归隐的低落、素雅与安宁。这会不会只是金天羽的恭维之辞？王彝《石涧书堂记》之首句亦曰：“吴多佳山水，然郡郭中无长林大麓，其地平衍，为万屋所鳞聚，而车

---

① 王世贞：《弇山园记》，王稼句：《苏州园林历代文钞》，上海三联书店 2008 年 1 月版，第 241 页。

② 汪琬：《尧峰山庄记》，王稼句：《苏州园林历代文钞》，上海三联书店 2008 年 1 月版，第 141 页。

③ 汪琬：《南垞草堂记》，王稼句：《苏州园林历代文钞》，上海三联书店 2008 年 1 月版，第 142 页。

④ 朱绶：《移居第二图记》，王稼句：《苏州园林历代文钞》，上海三联书店 2008 年 1 月版，第 107 页。

⑤ 金天羽：《颐园记》，王稼句：《苏州园林历代文钞》，上海三联书店 2008 年 1 月版，第 23 页。

驱马驰之声相闻。乃有即其一区之隙而居焉者，若采莲里之俞氏园而已。”① 无论如何，园林所在之都市，都是园林“存在”之“背景”，这背景是平庸的，拥挤的，嘈杂的，无趣的。园林宛如在“一区之隙”乍现的一块天地。文人的自适与柔情是有“凌驾”的，虽然这种“凌驾”他们自己也许并不愿意承认，且容易忘记。

园林的“开放”，指的并不是门的“开放”。园林可以是“自闭”的，如汤传楹之“荒荒斋”。《荒荒斋记并铭》曰：“门虽设，尝昼掩，苍苔间屐痕绝少，佳客高轩过，阍无人，莫与通者。予与知己约，须叩门，主人当出。既而至者皆叩门，仓卒闻剥啄声，计是故人至，遽启扉延入，自知己数人外，谨谢客，弗敢见，见亦就坐外室，不敢延入此斋，破我荒径。”② 汤传楹的身世甚是可怜，恰好在清顺治元年（1644）过世，年仅二十五岁。他显然是把自我封闭起来了——据他自己讲，因为家贫，也买不起童子为他“缚帚洒扫”，而就是兀坐、颓坐在那仅容膝地的尘渍中，荒凉着。这种自闭的性格恰好与其幽居的建筑形成对应。要知道，这种意境不是汤传楹独有的。徐波《落木庵记》末句亦曰：“松栝数株，撑风蔽日，元冬霜月，叶萧萧而下，双童缚帚，扫除不给，斋厨爨烟，皆从此出，事之前定如此。”③ 与荒荒斋有异曲同工之处。自古以来，门就不一定是开敞的，亦可常关，如陶渊明《归去来兮辞》中有句：“园日涉以成趣，门虽设而常关。”④ 常关之门，符合陶渊明“请息交以绝游”的“气息”。《世说新语·赏誉第八》甚至提到，“殷渊源在墓所几十年。于时朝野以拟管、葛，起不起，以卜江左兴亡”⑤。这就像文人之于油漆固有鄙夷之色，尤其是在他们自以为“恃”的书房里。“书房之壁，最宜潇洒；欲其潇洒，切忌油漆。油漆二物，俗

① 王彝：《石涧书堂记》，王稼句：《苏州园林历代文钞》，上海三联书店 2008 年 1 月版，第 26 页。

② 汤传楹：《荒荒斋记并铭》，王稼句：《苏州园林历代文钞》，上海三联书店 2008 年 1 月版，第 74 页。

③ 徐波：《落木庵记》，王稼句：《苏州园林历代文钞》，上海三联书店 2008 年 1 月版，第 158 页。

④ 陶渊明、谢灵运：《陶渊明全集（附谢灵运集）》（卷五），上海古籍出版社 1998 年 6 月版，第 32 页。

⑤ 刘义庆、刘孝标、余嘉锡、周祖谟等：《世说新语笺疏》（中卷下），上海古籍出版社 1993 年 12 月版，第 475 页。

物也，前人不得已而用之，非好为是沾沾者。门户窗棂之必须油漆，蔽风雨也；厅柱榱楹之必须油漆，防点污也。若夫书室之内，人迹罕至，阴雨弗浸，无此二患而亦蹈此辙，是无刻不在桐腥漆气之中，何不并漆其身而为厉乎？”① 不用油漆用什么？石灰垩壁，或者用纸糊。油漆有什么不好？油漆是后饰之物，为了防水，为了防污，附着在木器的表面之上。难道用纸糊不是附着在表面上吗？用纸糊的纸并不改变木器的性质，木是木，纸是纸，且更为重要的是，纸不会反光，不会反射刺眼的高光。李渔并不一律排斥装饰，否则，他所痴迷的冰裂纹就无法解释——他把布满冰裂纹的房间，称为“哥窑美器”；但他更强调素雅的古意，在他的笔下，油漆多有一种“铜臭”味道。相比之下，文震亨似乎对油漆的态度就宽容许多。文震亨《长物志·室庐》在提到“窗”时说：“漆用金漆或朱墨二色，雕花彩漆，俱不可用。”② 漆还是可以用的，只不过不能随便用，尤其是不能用“雕花彩漆”。文震亨没有做出进一步的解释，依据逻辑推衍，他大概是以为“雕花彩漆”有奢靡的气息，低俗。

一个人，在一个近乎封闭的园林中究竟会有怎样的体验？《方舆胜览·浙西路·平江府》之“西亭”有苏子美记曰：“澄川翠干，光影会合于轩户之间，尤与风月为相宜。予时榜小舟，幅巾以往，至则洒然忘归，觞而浩歌，踞而仰啸，野老不至，鱼鸟共乐。形骸既适，则神不烦；观听无邪，则道以明。”③ 轩户之间，苏舜钦的体验，重在“会合”二字，重在轩户所“会合”的风月与光影。换句话说，轩户虽为居所，但更像是一种场域，人身在这一场域中，感受到的是虚幻的影像，感受到的是自然万物瞬息更替的流动、出入、来去、往返。若问，“鱼鸟共乐”的那条鱼、那只鸟，它们会死么？连轩户都是会死的，连人都是会死的，鱼鸟又怎么可能不死。问题是苏舜钦会不会刻意区分这条鱼是不是那条鱼，这只鸟是不是那只鸟？鱼、鸟，和光影、风月一样，只是境遇，只是一场理所应当而又情未可知的相遇——它们是抽象的，它们更类似于一种符号——虽然相遇的双方观察到的是彼此经验的形式。最后两句话甚要。形骸得以安顿，心神才得以安顿；视听足以单纯，道理才足以明朗。园林所营造的，恰恰是一个让形

---

① 李渔、江巨荣、卢寿荣：《闲情偶寄》（居室部），上海古籍出版社 2000 年 5 月版，第 208 页。

② 文震亨、李瑞豪：《长物志》（卷一），中华书局 2012 年 7 月版，第 10 页。

③ 祝穆、祝洙、施和金：《方舆胜览》（卷之二），中华书局 2003 年 6 月版，第 36 页。

骸有所安顿、让视听得以单纯的世界。心有旁骛，则枉然矣。

二、“八卦图”与“唯心主义”

山水固然是一首“诗”，有诗情，但它更是一幅“画”，有画意。据《方舆胜览·浙西路·平江府》之“包山”条，苏子美《水月院记》曰：“每秋高霜余，丹苞朱实，与长松茂树相差间，于岩壑间望之，若图画。”[①] 所谓诗中有画，画中有诗。据《方舆胜览·江东路·饶州》之“山川”记载，乐平县南六十里凡十余里间皆怪石，故称“石城岩”，“李常名曰‘丛玉’，李伯时写为图，曾肇诸人皆有诗”[②]。针对山水地理风貌，诗画固然可以并置、共存，何况，更有题画诗的做法，可参见《方舆胜览·江西路·赣州》“八境台”条之苏子瞻《诗序》。[③] 然而，诗与画究竟有别——因与乐有天然“姻亲”，诗总是更多地呈现为庙堂“法器”，乃经国之大业、不朽之盛事也；画则不同，文人画尤其不同——它更接近于文人内心渴望把自己寄寓于自然的居所。与抽象的文字相比，图画的经验成分浓厚，有利于表达出一种“在其中”而有所“归属”的心理内容。因此，山水者，画也；人者，出入于画者也。一如《方舆胜览·潼川府路·合州》巴川县东南六十里之“中峰”：“山环二十里如盘，民错居如画。”[④] 苏子美在“水月禅院”记中也提到，此番美景，“若图绘金翠之可爱”[⑤]。另据《方舆胜览·浙西路·镇江府》之“望海楼”，可知蔡君谟曾于此题记：“望海楼，城中最高处，旁视甘露、金山，如屏障中画出，信江南之绝致也。”[⑥] 蔡君谟的表述，亦为“画出”。同样是这座望海楼，李白诗曰：“丹阳北固是吴关，画出楼台云水间。”[⑦] 如是图画时而可以是一幅扇面，《方舆胜览·湖北路·江陵府》之“画

① 祝穆、祝洙、施和金：《方舆胜览》（卷之二），中华书局2003年6月版，第33页。

② 祝穆、祝洙、施和金：《方舆胜览》（卷之十八），中华书局2003年6月版，第324页。

③ 祝穆、祝洙、施和金：《方舆胜览》（卷之二十），中华书局2003年6月版，第356页。

④ 祝穆、祝洙、施和金：《方舆胜览》（卷之六十四），中华书局2003年6月版，第1116页。

⑤ 祝穆、祝洙、施和金：《方舆胜览》（卷之二），中华书局2003年6月版，第40页。

⑥ 祝穆、祝洙、施和金：《方舆胜览》（卷之三），中华书局2003年6月版，第60页。

⑦ 祝穆、祝洙、施和金：《方舆胜览》（卷之三），中华书局2003年6月版，第60页。

扇峰”条，《荆州记》：“修竹亭西一峰，远而望之，如画扇然”①；时而可以“行走”，《方舆胜览·湖北路·鄂州》之“南楼”条，黄鲁直《登南楼》诗：“江东湖北行画图，鄂州南楼天下无”② ——无非是要以具体的形象来表现一个流动的宇宙。

图绘几乎是明清建筑的通设，这一点在当时古建筑的修缮、维护活动中亦有所体现。苏州虎丘塔，“正心缝只用单拱素枋，其上为向上斜出的遮椽版，表面隐起写生花，但据剥落处所示，知原来遮椽版之下，用砖隐起支条，涂以红色，写生花乃后代重修时所塑的”③。这个修缮、维护的时间点，应为崇祯十一年，也即 1638 年。人之于建筑的感念，可因画而有所触发。据《方舆胜览·福建路·泉州》之南安县西一里的“延福寺”条，唐处士刘乙有诗云：“曾看画图劳健羡，今来亲见画犹粗。”④“曾看”与“今来”之比，恰好证明了“画图”的存在及其意义。建筑是有“蓝图”的。据《方舆胜览·福建路·建宁府》之“武夷精舍”条，可知武夷精舍乃朱元晦筑造于五曲大隐屏之下，韩无咎记曰：“元晦躬画其处，中以为堂，旁以为斋，高以为亭，密以为室，讲书肄业，琴歌酒赋，莫不在是。予闻之，恍然如寐而醒，醒而析，隐隐犹记其地之美也。”⑤ 是什么令韩元吉如大梦初醒，恍然而悟？是朱熹的构画——朱熹为韩元吉展示了一幅他自己虚拟的山居图。朱熹此图，是由山水之势而集聚、凝定为建筑样式的。“中以为堂，旁以为斋，高以为亭，密以为室”，先有了中、旁、高、密的体验与判断之后，继而塑造为堂、斋、亭、室，非反其道而行之。这意味着，建筑不仅有“蓝图”，而且，这幅“蓝图”是心灵的、造化的、自然的。山水自有其势，又何劳人形？韩元吉的醒悟源自朱熹的判断，可朱熹又何必要做出这个判断？做出这个判断的合理性何在？不妨看看朱熹写的另一首诗，出于本节“胡宪”条。

---

① 祝穆、祝洙、施和金：《方舆胜览》（卷之二十七），中华书局 2003 年 6 月版，第 481 页。

② 祝穆、祝洙、施和金：《方舆胜览》（卷之二十八），中华书局 2003 年 6 月版，第 497 页。

③ 刘敦桢：《苏州云岩寺塔》，《文物参考资料》1954 年第 7 期，第 33 页。

④ 祝穆、祝洙、施和金：《方舆胜览》（卷之十二），中华书局 2003 年 6 月版，第 212 页。

⑤ 祝穆、祝洙、施和金：《方舆胜览》（卷之十一），中华书局 2003 年 6 月版，第 191 页。

朱熹曾以诗送之，并呈刘共甫云：“留取幽人卧空谷，一川风月要人看。”[①] 这又是一幅卧游图，幽人空谷图，重点是“一川风月要人看”。建筑是为“我”所有的，世界是为“人”所有的。园林中的画意，不只是工笔，更是写意。张岱《陶庵梦忆·湖心亭看雪》：“崇祯五年十二月，余住西湖。大雪三日，湖中人鸟声俱绝。是日更定矣，余拏一小舟，拥毳衣炉火，独往湖心亭看雪。雾凇沆砀，天与云与山与水，上下一白。湖上影子，惟长堤一痕，湖心亭一点，与余舟一芥，舟中人两三粒而已。”[②] “计白当黑”，天地上下一白，可见的只是一痕、一点、一芥，以及两三粒而已，这是多么素净而淡雅的画面。

在这幅画中，八卦意味尤为浓郁。园林中有明确使用“八卦”图形的，如张岱《陶庵梦忆·包涵所》：“北园作八卦房，园亭如规，分作八格，形如扇面。”[③] 此为明确记载。景祐二年（1035），苏州范仲淹奏请立学，得钱元璙所作之南园。钱侯好治园林，筑山浚池，植异花木充其中。学舍如何安顿呢？朱长文《苏学十题序》中便提到，“厥后割南园之巽隅以为学舍”[④]，乃文王八卦之巽隅也。巽者风也，风者入也，入而为学也。俞樾《曲园记》更言：“艮宧则最居东北隅，故以艮名，艮止也，园止此也。”[⑤] 这里的“宧”，不是“宦”，而是屋舍的东北角，与艮符合。在园林中，八卦的应用已如“血脉”，化于无形。宋代朱长文写过一篇《乐圃记》，详细记录过其园之布局。按照他的讲法，乐圃有“堂三楹”，堂之南，又为堂三楹，名“邃经”，用来讲论“六艺”。“邃经之东，又有米廪，所以容岁储也。有鹤室，所以蓄鹤也。有蒙斋，所以教童蒙也。邃经之西北隅有高冈，名之曰见山冈，冈上有琴台。琴台之西隅有咏斋，此余尝拊琴赋诗于此，所以名云。见山冈下有池，水入于坤维，跨流为门，水由门萦纡曲引至

① 祝穆、祝洙、施和金：《方舆胜览》（卷之十一），中华书局2003年6月版，第198页。

② 张岱：《陶庵梦忆》（卷三），江苏古籍出版社2000年8月版，第53页。

③ 张岱：《陶庵梦忆》（卷三），江苏古籍出版社2000年8月版，第50页。

④ 朱长文：《苏学十题序》，王稼句：《苏州园林历代文钞》，上海三联书店2008年1月版，第2页。

⑤ 俞樾：《曲园记》，王稼句：《苏州园林历代文钞》，上海三联书店2008年1月版，第128页。

于冈侧。东为溪，薄于巽隅。”① 先天八卦讲“对峙”，后天八卦讲“流行”，此处所用，固为“流行”之后天八卦。“邃经”之东为震位，为起始，故置蒙斋；西北为乾，其名见山，实则现山；见山冈下池水途径的路径，实则由乾至坤；东为溪，巽者入也。由此可见，朱长文之于后天八卦深有洞见，极为推崇。刘恕在得到独秀峰之后，“余为虚院之乾位位焉，故曰独秀峰，与晚翠若迎若拱，歧出以为胜。……峰不孤立，而石乃为林矣。”② 刘恕说是独秀，真的是决然独立，仅此一枚吗？这是石林，孤峰岂可成林。留园的石艺比狮子林不差——蓉峰更擅于构图的错落参差与组合对比，更富于整体感。重点是，刘恕是有明确的方位意识的，这个方位意识，恰恰是建立在后天八卦的基础上的。尤侗《水哉轩记》更为明确地说道：“有进吾尝学《易》而感焉，乾坤之后，屯蒙需讼，师比其配，皆水也。六十四卦系涉川者十有二三，至于终篇，一曰既济，再曰未济，厥旨何居？贤人出险，圣人入险，见险能止，盖取诸坎。”③ 水哉轩乃亦园一景，尤侗非虚指，而实有其迹。

园林中的园主，必然是一个“唯心主义”者，唯其心胸襟怀在，才有所谓园林之意境。刘恕作为留园主人，在《含青楼记》里说：“诚以登于高，则意自远，凡目力所可及，心思所能通，咫尺即有千里之势，乃知境之所穷，能限我以目，不能限我以心。”④ 登高意远，咫尺千里，不是“登高则情满于山，观海则意溢于海”的问题。情满于山的前提是山在，意溢于海的条件是有海，是“我”的神思投入于眼前的山海；但如今，“我”明知“境之所穷”，境之有“限”，“我”却“跳脱”出去，“升华”出去，用“我”的“心”超越“我”的“眼”，这便不只是情感，而且是想象的充盈和丰满，而在康德那里，情感与想象正是审美判断力的“羽翼”。“距离美”之原则在园林中一定有效。范来宗《寒碧庄记》曰：“今斯园也，山水毕具，树石嵚崎，有鸢鱼飞跃之趣，无望洋

① 朱长文：《乐圃记》，王稼句：《苏州园林历代文钞》，上海三联书店2008年1月版，第18页。

② 刘恕：《石林小院说》，王稼句：《苏州园林历代文钞》，上海三联书店2008年1月版，第55页。

③ 尤侗：《水哉轩记》，王稼句：《苏州园林历代文钞》，上海三联书店2008年1月版，第80页。

④ 刘恕：《含青楼记》，王稼句：《苏州园林历代文钞》，上海三联书店2008年1月版，第53页。

惊叹之险；佳辰胜夕，良朋咏歌，有倏然意远之致，无纷杂尘嚣之虑，较其所得，不已奢欤!"① 这句话里的"有"与"无"恰恰是一种对应，对应出的是"距离"。"距离产生美"，其内核是人内心的统摄力与存在感；园林给予人的正是一种带有距离感的场域。俞樾《留园记》叙述过留园的来历："泉石之胜，留以待君之登临也；花木之美，留以待君之攀玩也；亭台之幽深，留以待君之游息也。其所留多矣，岂止如唐人诗所云'但留风月伴烟萝'者乎？自此以往，穷胜事而乐清时，吾知留园之名，长留于天地间矣。"② 一个人在这世界上，到底能留下来什么？一张照片？一个名字？一段故事？那都不过是属于这个人的记忆和历史。留园，留下的是一座园子，"留以待之"！这些泉石、花木、亭台、天地是可以传递的。传递不是传播，它们不是宗教圣物，不具备单一的神性解释，它们不过是供人把玩了千百遍，继续把玩的东西和场所，但它们就这么留在这里，以待来人，直到来的人都死了，继有来人，这何尝不是一种永恒。时间是延宕的、连绵的，时断时续，凝聚在建筑的空间和场域里，若即若离。

在园林中，山水极为重要。文震亨《长物志·水石》曰："石令人古，水令人远。园林水石，最不可无。要须回环峭拔，安插得宜。一峰则太华千寻，一勺则江湖万里。又须修竹、老木、怪藤、丑树交覆角立，苍崖碧涧，奔泉汛流，如入深岩绝壑之中，乃为名区胜地。"③ 首先，园林中的山水是基于文人的想象完成的，"一峰则太华千寻，一勺则江湖万里"。既然文人可以想象，又何必要这一峰、一勺？然而，这一峰、一勺必须在，以其生命的形与势俱在——文人的想象需要媒介，需要触发，否则，就成了空想。其次，山水在园林中"最不可无"。什么叫作"最不可无"？这个"最"字怎么理解？园林可以没有建筑，只有山水吗？可以只有山水，没有草木吗？可以只有建筑，没有家具吗？当然不行。园林中的这一切，是共生的，是同时"涌现"的，没有先后。文震亨以山水为"最"，是把山水当作了建筑的背景；但背景与前景是不可分的。为什么园林一定要以山水为背景，不能以农田、以疆场为背景？那就不是园林了。园林是

① 范来宗：《寒碧庄记》，王稼句：《苏州园林历代文钞》，上海三联书店 2008 年 1 月版，第 52 页。

② 俞樾：《留园记》，王稼句：《苏州园林历代文钞》，上海三联书店 2008 年 1 月版，第 56 页。

③ 文震亨、李瑞豪：《长物志》（卷三），中华书局 2012 年 7 月版，第 81 页。

一种文人刻意造作的文化，不是农民的文化，不是武夫的文化。最终，园林中的山水，是在塑造一种文人的古雅的生活类型、文化范式。文震亨说“石令人古，水令人远”，这究竟是何意？古有“仁者乐山，智者乐水”之训，与此并不对等。如果说孔子有逝者如斯之叹，尚且可以牵强地把“智者乐水”之“水”与“水令人远”之“远”联系起来的话，“仁者乐山”与“石令人古”，则并没有如是哪怕牵强的联系。所以，文震亨所向往的并不是对仁、智系统的追溯与整合，他没有这种责任感、使命感——他内心所想的是另一番“景象”，另一种雅致的生活！他明确说过，自己要“宁古无时”——他拒绝现世喧嚣。所以，山水在文震亨心里，意味着它们能够给他自己带来心灵的澄澈与幽思——它们一定是一种中介、触媒。

由谁来叠山？李渔说：“从来叠山名手，俱非能诗善绘之人。见其随举一石，颠倒置之，无不苍古成文，纡回入画，此正造物之巧于示奇也。譬之扶乩召仙，所题之诗与所判之字，随手便成法帖，落笔尽是佳词，询之召仙术士，尚有不明其义者。若出自工书善咏之手，焉知不自人心捏造？妙在不善咏者使咏，不工书者命书，然后知运动机关，全由神力。其叠山磊石，不用文人韵士，而偏令此辈擅长者，其理亦若是也。”[①] 李渔所谓的叠山名手，何许人也？从后文的语境上来看，乃匠人。这给我们留下两方面的印象：一方面，“叠山名手”，不是能诗善绘的文人韵士。因为文人韵士会“自人心捏造”——会以一种无意识的操作、创作习惯，在无形之间于作品中贯注自我的色彩和成分。另一方面，“叠山名手”的身上，让人感受到的是浓浓的柏拉图的味道。他们的创作，依靠灵感，有神灵凭附，是不自觉的行为——“文章本天成，妙手偶得之”。李渔认为，这才是自然。说来说去，都不像是匠人。李渔之所以这么说，与其说是在神化匠人，不如说是在神化自然——后文提到，匠人之作，也还是需要主人来选择的，“造物鬼神之技，亦有工拙雅俗之分，以主人之去取为去取”[②]。无论如何，他都太痴迷于他所钟爱的一花一草、一木一石了。大小的相互置换在园林的视觉空间里

① 李渔、江巨荣、卢寿荣：《闲情偶寄》（居室部），上海古籍出版社2000年5月版，第220～221页。

② 李渔、江巨荣、卢寿荣：《闲情偶寄》（居室部），上海古籍出版社2000年5月版，第221页。

绝非难事。[①] 张岱《西湖梦寻·西湖外景·火德庙》:“火德祠在城隍庙右,内为道士精庐。北眺西泠,湖中胜概,尽作盆池小景。南北两峰如研山在案,明圣二湖如水盂在几。窗棂门槕凡见湖者,皆为一幅图画。小则斗方,长则单条,阔则横披,纵则手卷,移步换影。”[②] 自然是一首诗,但却首先是一幅画,此可为明证。火德祠之美,正在于它提供了一个总览全局的视角、“窗口”。以距离感为铺垫,西湖俨然成为一座精致的盆景。斗方、单条、横披、手卷,书法的格式如同李渔的“便面”,呈现出一种四时变幻的意境、场域。站在火德祠中,这个世界正在变得邈远,变成“微缩”图画——这一视觉效应,正与心中收摄记忆的版图和历史异曲同工。在园林中,什么是“大中见小”、“小中见大”、“虚中有实”、“实中有虚”?沈复做过明确说明:“大中见小者:散漫处植易长之竹,编易茂之梅以屏之。小中见大者:窄院之墙,宜凹凸其形,饰以绿色,引以藤蔓,嵌大石,凿字作碑记形。推窗如临石壁,便觉峻峭无穷。虚中有实者:或山穷水尽处,一折而豁然开朗;或轩阁设厨处,一开而可通别院。实中有虚者:开门于不通之院,映以竹石,如有实无也;设矮栏干墙头,如上有月台,而实虚也。”[③]“大中见小”的关键词是“散漫”。因为大,所以散漫,有散漫的空闲和余地,却又在散漫之地构造出前竹后梅的组合。“小中见大”的关键词是“狭窄”。因为小,所以狭窄,有狭窄的逼仄与局促,却又在狭窄之地引藤蔓、嵌大石,展现着遒劲生机。“虚中有实”讲述的是“一”与“而”的关系,在“一折”、“一开”之后,凸显另一个类同于彼岸的世界。“实中有虚”表明的是“有”与“无”的对应,本来没有了的尽头、院墙,却有通道“前进”,似乎又有着什么。这大与小,小与大,虚与实,实与虚,其中积蕴着的莫不是参差的逻辑、互置的逻辑,变幻的逻辑——这个世界上本没有“单纯”的“唯一”真理,真理如一条时来时去、忽左忽右、此时此地的河,蜿蜒而行。

园林究竟是自然的,还是人工的?这是一个太过现代的问题。沈德潜《扫叶

---

① 园林中的“藏”,多处可见。如张岱《陶庵梦忆·范长白》:“园门故作低小,进门则长廊复壁,直达山麓。其绘楼幔阁、秘室曲房,故故匿之,不使人见也。”[张岱:《陶庵梦忆》(卷五),江苏古籍出版社 2000 年 8 月版,第 73 页。]藏而匿之,匿不可见,方有深邃之理。

② 张岱:《西湖梦寻》(卷五),江苏古籍出版社 2000 年 8 月版,第 82 页。

③ 沈复:《浮生六记》(卷二),江苏古籍出版社 2000 年 8 月版,第 23 页。

庄记》末句曰："夫人工不与，一归自然，扫者从人，不扫者从天也。扫与不扫之间，一瓢试更参之。"① 郡城南园里的扫叶庄落叶封径，宛如空林，这落叶究竟要不要扫除？在沈德潜看来，扫是人为，不扫是天意；无论人为还是天意，都是自然——不存在人工与不人工，人工与否，都是自然。沈德潜所言，与其说是答案，不如说是道理，一个关于自然的道理——沈德潜让世界停顿在了得出答案之前，那个关于自然的道理里，使得眼前的落叶、扫叶的动作，都充满了禅意，如见芥子，如悟须弥。明清文人，尤其是江南文人，那温润而烟雨迷蒙、略带颓废的幽怨情绪与美感，使得他们尤其偏爱角落里的渍迹与苔藓。文震亨《长物志·室庐·山斋》中有一处细节，说"庭际沃以饭沈，雨渍苔生，绿褥可爱"② ——用米汁"培养"的绿意里，难免会有一种历史感、沧桑感和居士禅的味道。不只是"山斋"，他在"街径"、"庭除"里也提到，"或以碎瓦片斜砌者，雨久生苔，自然古色"③。他坚持认为，这种做法比"金钱作埒"要好太多。如果要问园林是短暂的还是永恒的，袁学澜《游南园沧浪亭记》中有一句话说得特别好。他说："园之兴废成毁，与时转移，循环无休息。"④ 园林最大的魅力，就在于它总是有重新来过的勇气和余地。什么叫作建筑的永恒？几百年静止不动如一块水泥，算是永恒吗？如果算，园林并不永恒。什么叫作建筑的短暂？几天、几个月便被战争的铁蹄夷为平地或被烈火烧得干干净净永不再生，算是短暂吗？如果算，园林并不短暂。园林本来就不是一次性的。有人来，有人去，有人生，有人死，你在这里盖个亭子，我在那里挖条沟渠，他又在这里那里张罗着做几幅匾额，之后，你、我、他，又都消失在时间的氤氲里，似乎谁都没有来过。有一天，这一切都毁灭了。又有一天，好事者因为一个名字，一个地址，一个传说，重新来过。袁学澜说，"与时转移，循环无休息"，甚好。"与时转移"不是"与时俱进"，谁能保证这园林会越来越好呢；能转能移，便是好，便是活。园林从来都是人的休息之地，自己却似乎从来没有"休息"过——它如同一个流

---

① 沈德潜：《扫叶庄记》，王稼句：《苏州园林历代文钞》，上海三联书店 2008 年 1 月版，第 28 页。

② 文震亨、李瑞豪：《长物志》（卷一），中华书局 2012 年 7 月版，第 16 页。

③ 文震亨、李瑞豪：《长物志》（卷一），中华书局 2012 年 7 月版，第 25 页。

④ 袁学澜：《游南园沧浪亭记》，王稼句：《苏州园林历代文钞》，上海三联书店 2008 年 1 月版，第 13 页。

动的场域，用自己的生死，默对、谛视、印证、留恋着这众生的生死。中国明清文人，活到“老”境，其得意之处，敢于以一种释然的乃至自嘲的语气交代给世人的得意之处，其中之一，乃造园。李渔便说，他自己生平有两大“绝技”，一则“辨审音乐”，一则“置造园亭”。其曰：“一则创造园亭，因地制宜，不拘成见，一榱一桷，必令出自己裁，使经其地、入其室者，如读湖上笠翁之书，虽乏高才，颇饶别致，岂非圣明之世，文物之邦，一点缀太平之具哉？”① 诚可谓入化境——“点缀太平”是否缺乏思想的深度和批判性？这要看如何定义思想。中国古代文人之“思想”，原本就化在诗情里；乱世需要批判，盛世各享太平，这是李渔的基本逻辑。无论如何，“造园”，都是他们内心自诩、自留、自适的“基底”。

文人之于建筑的操守、态度，总是要“站”在制度的“反面”。李渔《闲情偶寄》之首有“凡例七则”，讲“四期三戒”，其中“一期”即“崇尚俭朴”，曰：“《居室》、《器玩》、《饮馔》、《种植》、《颐养》诸部，皆寓节俭于制度之中，黜奢靡于绳墨之外。”② 然而，俭朴真的是制度的“反面”吗？制度隐含着建筑的权力化模式，并且，造作制度者就“站”在这权力的“顶端”，如宫殿。制度的“反面”，抑或“对面”，其实是权力的“末梢”，那些被权力所压迫、所规训的对象，如民居。宫殿与民居，如同一把 U 形锁的两个顶点。U 形锁不只是有两个顶点，它还有一个“弧度”、一个“谷底”，这个“弧度”、这个“谷底”，恰恰是文人建筑的“俭朴”之风。“俭朴”固然是一种心性沉潜，一种自我收摄，更值得注意的是，“俭朴”也是一种处世风范。李渔说的俭朴，除了居室外，尚有其余四部——《器玩》、《饮馔》、《种植》、《颐养》，它们是一种整体性存在，居室俭朴，是要融入于如是价值范式中——多么的强大，多么的矜持！内心是多么的自恃！——“崇尚俭朴”实乃李渔所标举的特殊的独有的道德理念之一，它和“点缀太平”、“规正风俗”、“警惕人心”一样，都使李渔在以身作“则”；一个普通百姓会有、何必有如是之“则”?! 所以，文人建筑的存在一定是一种自我意义的选取、自我价值的实现、自我生命的修行。这一类似于

① 李渔、江巨荣、卢寿荣：《闲情偶寄》（居室部），上海古籍出版社 2000 年 5 月版，第 181 页。

② 李渔、江巨荣、卢寿荣：《闲情偶寄》（凡例七则），上海古籍出版社 2000 年 5 月版，第 11 页。

“艺术作品”的筑造情结之于个人的素养来说，要求非常之高。一如李渔所说：“以构造园亭之胜事，上之不能自出手眼，如标新创异之文人；下之不能换尾移头，学套腐为新之庸笔，尚嚣嚣以鸣得意，何其自处之卑哉！”① 极不容易。更何况，何谓“俭朴”？到什么程度算是“俭朴”？李渔曾把房舍比作外衣——房舍、外衣，既是自己的事情，又是给别人看的。既然如此，那么，“及肩之墙，容膝之屋，俭则俭矣，然适于主而不适于宾。造寒士之庐，使人无忧而叹，虽气感之耳，亦境地有以迫之。”② 看来，“俭朴”到了寒酸，令人“无忧而叹”的地步，还是不尽如人意的。这起码证明了，所谓“俭朴”只是一种“风范”，而非绝对的否定哲学、解构主义。

如果说园林是有生命的，这种生命最特殊的性质，是它需要维护，需要看管，需要滋养——不能任由它自生自灭，它是人为的。园林的生命周期，总比活过一世的园主长。园主死了呢？园主有儿子。谁来保证园主一定有儿子？园主的儿子不会荣升不会迁徙不会暴毙？一定如园主所想守着园林而不把它当作赌资、毒资、嫖资？苍凉，颓废，栋折垣圮，澌然俱尽，湮没在荒烟、蔓草里，化为乌有，是大多数园林摆脱不了的宿命。那些“幸运儿”，等了几年、几十年、几百年，等来了重修人，然后呢？清朝初年，沧浪亭已废，康熙二十三年（1684），江宁巡抚王新命于其地建苏公祠，11 年后，也即康熙三十四年（1695），江苏巡抚宋荦重修沧浪亭，以文衡山隶书“沧浪亭”三字揭诸楣，恢复旧观模样。此后，他还写了一篇《重修沧浪亭记》，文末有句话说：“亭废且百年，一旦复之，主守有僧，饭僧有田，自是度可数十年不废。”③ 自元至明，沧浪亭原本就是“废为僧舍”的，所以才有了“妙隐庵”、“大云庵”的讲法，如今宋荦把重修后的沧浪亭“交还”给僧人，也算是“物归原主”。只不过，后世的沧浪亭又几经

① 李渔、江巨荣、卢寿荣：《闲情偶寄》（居室部），上海古籍出版社 2000 年 5 月版，第 181 页。

② 李渔、江巨荣、卢寿荣：《闲情偶寄》（居室部），上海古籍出版社 2000 年 5 月版，第 180 页。

③ 宋荦：《重修沧浪亭记》，王稼句：《苏州园林历代文钞》，上海三联书店 2008 年 1 月版，第 6 页。

战火，不断地被重修，又不断地被摧毁，终于面目全非。[1] 园林的生命，从来都是脆弱的，从来都缺乏敬畏，从来都无关乎“永恒”。园林为人所接受，本属私人空间，好恶各有不同。沈复《浮生六记·浪游记快》曰：“吾苏虎丘之胜，余取后山之千顷云一处，次则剑池而已。余皆半藉人工，且为脂粉所污，已失山林本相。即新起之白公祠、塔影桥，不过留名雅耳。其冶坊滨，余戏改为‘野芳滨’，更不过脂乡粉队，徒形其妖冶而已。其在城中最著名之狮子林，虽曰云林手笔，且石质玲珑，中多古木；然以大势观之，竟同乱堆煤渣，积以苔藓，穿以蚁穴，全无山林气势。以余管窥所及，不知其妙。灵岩山为吴王馆娃宫故址，上有西施洞、响屧廊、采香径诸胜，而其势散漫，旷无收束，不及天平支硎之别饶幽趣。”[2] 据笔者考察，沈复很喜欢用“脂粉气”这个词，在提到葛岭之玛瑙寺、湖心亭、六一泉时，他也说：“然皆不脱脂粉气，反不如小静室之幽僻，雅近天然。”[3] 可见，其一，脂粉气是不同于幽僻雅静的；其二，脂粉气多指人工“妖冶”之形。那么，既然园林如同盆景，不过是由人工所造作，何处不人工？为什么反而来责人工之过？关键在于“气势”而已。人工模拟，可以仿造自然的形体，所用的是笔法；但更要领悟自然的体势，涉及的是通篇之格调、气韵。集中于此来看，沈复之所以觉得狮子林像煤渣，灵岩山散漫、野旷而无收束，从逻辑上讲，都在于其失去了“主题”。“散漫”一词在《浮生六记》中经常出现。散漫有散漫的空闲、余地，但散漫必须有主题，以至于使人能够在“大中见小”，以全体为参照，通过一处“微雕”、“特写”，而“放大”、“点化”、“通灵”于一个本真的世界——一种变幻的、流动的真相——“散点透视”不代表“散漫”，况且“散点透视”这一术语本身尚有待进一步思考。如果你觉得散漫，我不觉得散漫，如何是好？无所谓好与不好，气势本就因人而异而决，无法一律、独享，没有一条绝对的标准来强求，来衡量。

① 建筑需要重修吗？当然。《宅经》曰：“其田虽良，薅锄乃芳，其宅虽善，修移乃昌。”［王玉德、王锐：《宅经》（卷上），中华书局2011年8月版，第150页。］建筑、宅邸从来都是需要重修的，没有丝毫的“版权”顾虑。

② 沈复：《浮生六记》（卷四），江苏古籍出版社2000年8月版，第68页。

③ 沈复：《浮生六记》（卷四），江苏古籍出版社2000年8月版，第47页。

第二节　建筑美学的“涟漪”效应

一、建筑的“场域”

建筑讲结构，结构是贯穿本书始终的建筑文化之“涟漪”的圈层之一。什么是“结构”？李渔在《闲情偶寄》的《词曲部》讲词曲的第一要义，即结构，故有“结构第一”说。为什么词曲要重视结构？李渔举过一个例子，这个例子，正是建筑。他说：“工师之建宅亦然，基址初平，间架未立，先筹何处建厅，何方开户，栋需何木，梁用何材，必俟成局了然，始可挥斤运斧。倘造成一架而后再筹一架，则便于前者不便于后，势必改而就之，未成先毁。”① 李渔所谓“结构”，绝不止是单体建筑的梁柱、斗拱、间架系统，而是统一地筹划、整体地布局，如“何处建厅”、“何方开户”，同时，也仍然包括栋梁的设计。因此，结构所涉及的事实上已经扩散到了“场域”之范围。

建筑必然以场域为其主体。童寯在提及最富有场域气息的园林时说道：“是房屋而非植物在那里起支配作用。中国园林建筑是如此悦人地洒脱有趣，以致即使没有花木，它仍成为园林。”② 仅就这句话而言，植物这一概念极为宽泛，包不包括农作物，是人工种植、培育还是野外生长，并未严格规定。花草树木，在中国园林中是一种自然而然的陪衬、烘托、背景。虽然童寯也提到，“虽师法自然，但中国园林绝不等同于植物园。显而易见的是没有人工修剪的草地，这种草地对母牛具有诱惑力，却几乎不能引起有智人类的兴趣”③。话锋中充满了风趣、揶揄与嘲讽的情态，竟然臆测起母牛来。而中国园林中的植物通常也需要打理，只不过不以平整的几何图案为底图而已。无论如何，建筑可谓中国园林的收摄全局的“核心”。

时值明清，在中国古代文人细腻的体验中，建筑的空间感不再是单纯的实体

---

① 李渔、江巨荣、卢寿荣：《闲情偶寄》（词曲部），上海古籍出版社 2000 年 5 月版，第 18 页。

② 童寯：《园论》，百花文艺出版社 2006 年 1 月版，第 1 页。

③ 童寯：《园论》，百花文艺出版社 2006 年 1 月版，第 3 页。

的形式感，而更多的是一种以形式为基础的艺术感。世人皆知李渔爱窗户，喜欢从窗户向外看，但窗户本身，对于室内空间事实上是有要求的。《闲情偶寄·居室部》曰："凡置此窗之屋，进步宜深，使坐客观山之地去窗稍远，则窗之外廓为画，画之内廓为山，山与画连，无分彼此，见者不问而知为天然之画矣。浅促之屋，坐在窗边，势必倚窗为栏，身之大半出于窗外，但见山而不见画，则作者深心有时埋没，非尽善之制也。"① 这是深度问题。如果以窗为画，如果希望每个人都把这扇窗户当作一幅画，房屋必须有进深，在人与窗之间建立距离感——艺术总是有距离的，距离产生美。如果没有距离呢？人就会倚靠在窗边，而不知自己已身在画中了。因此，画，一定是一种视觉形象，是一种成熟的、需要以建筑的空间为其前提为其条件的艺术作品。建筑的空间已不再只是服从于实用的实际的体验，而自然生出了艺术的审美的维度。

建筑的"灵活"表现在，它提供给人的是各种选择的余地。李渔谈"途径"，其曰："径莫便于捷，而又莫妙于迂。凡有故作迂途，以取别致者，必另开耳门一扇，以便家人之奔走。急则开之，缓则闭之，斯雅俗俱利，而理致兼收矣。"② 捷径与迂途，两便，视人具体需要而定。换句话说，途径并不限制、替代、决定人的行为；人在建筑中，既可以接受，也可以放弃。人是自己的，建筑也是自己的，各不耽误，又密合无隙，一同把自己"投放"在自然里，自然而然。亦如"高下"。园林中的建筑忌平，前卑后高，形如座椅。如果地势不允许，则因地制宜。"高者造屋，卑者建楼，一法也；卑处叠石为山，高处浚水为池，二法也。又有因其高而愈高之，竖阁磊峰于峻坡之上；因其卑而愈卑之，穿塘凿井于下湿之区。总无一定之法，神而明之，存乎其人，此非可以遥授方略者矣。"③ "高下"带来了什么？落差。落差本来就是有的，要么"加大"落差，要么"抹平"落差，并无一定之律、之方略可因循——怎么做，"存乎其人"其实此虽无方略，却实有"性"。李渔提到了六种建筑形式：屋、楼；山、池；

① 李渔、江巨荣、卢寿荣：《闲情偶寄》（居室部），上海古籍出版社2000年5月版，第202页。

② 李渔、江巨荣、卢寿荣：《闲情偶寄》（居室部），上海古籍出版社2000年5月版，第183页。

③ 李渔、江巨荣、卢寿荣：《闲情偶寄》（居室部），上海古籍出版社2000年5月版，第183页。

阁、塘——高者高之，卑者卑之，高者卑之，卑者高之，这样两条用逻辑学术语总结出来的枯燥无味的“原理”，化在这六种建筑形式中。“存乎其人”其实是有条件的，也即此“人”不仅对高下有深彻之洞见，亦对各种建筑之体性有全然之了解。自然而然，乃至放任逍遥，不是躺在地上什么也不做，睡大觉、晒太阳，而是将自然与建筑纳入于胸，胸有“成竹”，继而皴点继而渲染这个有所蕴含的世界。以小观大是一种境界。蔡羽《石湖草堂后记》：“以吴之胜，湖得其小矣，湖之胜，竹得其小矣，然而皆全焉。”[①] 重点不在于大小的“小”，而在于如何可能“得”之完“全”。

什么是“场域”？李渔《闲情偶寄·居室部》：“然有图所能绘，有不能绘者。不能绘者十之九，能绘者不过十之一。因其有而会其无，是在解人善悟耳。”[②] 什么能绘？什么不能绘？结构能绘，场域不能绘。无论是言辞，还是图案，绘制本身都是一种符号表达，要在能指与所指、表象与现实之间构拟某种对应关系。但“场域”却不适用于如是对应——它更类似于一种氤氲在人的胸中，幻化在园的草木里，生发性的而非挥发性的“原气”、“生气”，正是老子所谓“无中生有”之“无”，释迦所谓“缘起性空”之“空”。这种“无”，这种“空”，在庄禅合流的背景下熏染着建筑文化之审美意境的诉求，使得建筑超越了工匠的技术操弄，熔铸为文人内心寄托情思的“单元”。李渔说“不能绘者十之九”，并不是在鼓吹不可知论，而是在“称量”场域与结构的价值比重。“因有会无”，借助于有，接于有，根据有而际会于无，才恰切地体现出一个人思维之体量之深度。

计成《园冶》开篇就提到，所谓筑造，“三分匠，七分主人”，就园林而言，主当为十九。什么叫“主人”？能主之人。什么叫“能主之人”？“若匠惟雕镂是巧，排架是精，一梁一柱，定不可移，俗以‘无窍之人’呼之，甚确也。故凡造作，必先相地立基，然后定其间进，量其广狭，随曲合方，是在主者，能妙于

① 蔡羽：《石湖草堂后记》，王稼句：《苏州园林历代文钞》，上海三联书店2008年1月版，第138页。

② 李渔、江巨荣、卢寿荣：《闲情偶寄》（居室部），上海古籍出版社2000年5月版，第182页。

得体合宜，未可拘牵。”① 所谓“窍门”非指技能，尤其不是某种专项操作技术，而是一种“得体”的能力。何谓“体”？“体”是一个场域的概念，一个足以呈现场域之“式样”的概念，这个“式样”不是内在本质，不是逻辑理性，而是基于现实经验的具体的地基形式的理解。换句话说，这一场域不是单纯地由人之意念决定的想象空间，而是用心揣摩、体察、悟解，把自我“投放”于、“化解”于此岸，相“因”而“借”，从而营造出一个“虽由人作，宛自天开”的境界。园林之为幻境，童寯已有明言：“中国园林实际上正是一座诳人的花园，是一处真实的梦幻佳境，一个小的假想世界。如果一位东方哲人并不为不能进入画中的一亭一山而烦恼的话，那么无疑地他也得认为这一点是他的花园中所绝对必要的。”② 所谓“诳人”，要看“诳”的是什么人——“诳”的是那些泥实的人，市侩的人，只看得到眼前经验的人。“画”是一个世界，“入画”是一种境遇，“绘画”等同于“造园”——“梦幻”是人“假想”的，却有等第的差异，有真实与否的考量，其“尺度”即在于其是否贴切于艺术创造的意念。

朝向一直是中国古代建筑的主题，面南背北作为一种向阳而居的远古“模型”，逐渐沾溉了权力的意味和色彩。朝向在建筑之中，尤其是朝堂之上，固有其重要价值。《周礼·夏官司马下》：“正朝仪之位，辨其贵贱之等。王南乡；三公北面东上；孤东面北上；卿大夫西面北上；王族故士、虎士在路门之右，南面东上；大仆、大右、大仆从者在路门之左，南面西上。”③ 只有王面南背北，直接面对路门之外，处在中心位置。此处只有“上”，没有“下”，所谓的“上”并不是根据阴阳左右得来的，而是在位置上接近于王。也就是说，朝向位置之法，并非完全而绝对的“哲学”思辨——“阴阳”之法，实乃权力之法，具体的经验的权力分配的符号表达。这一逻辑在《周礼·秋官司寇第五》中有更为明确的显示：外朝时，“王南乡，三公及州长、百姓北面，群臣西面，群吏东

① 计成、陈植、杨伯超、陈从周：《园冶注释》（卷一），中国建筑工业出版社 1988 年 5 月版，第 47 页。

② 童寯：《园论》，百花文艺出版社 2006 年 1 月版，第 55 页。

③ 郑玄、贾公彦、彭林：《周礼注疏》（卷第三十六），上海古籍出版社 2010 年 10 月版，第 1187 页。

面”①。按照《郊特牲》的解释，“王南乡”是答“阳”之义。三公则显然不是答“阴”之义，而是答“君”之义。“一体两面”，并行不悖，皆寓于朝向。君王有面南背北之制，指的是建筑的向背，并不是说他本人时刻都面南背北。《白虎通》在“论爵人于朝封诸侯于庙”时提到《礼祭统》曰：“古者明君，爵有德必于太祖，君降立于阼阶南，南向，所命北面，史由君右执策命之。”② 人的朝向究竟是立于南，面朝北，还是立于北，面朝南，要根据具体情况和语境来确定。建筑的朝向，一经确立，便是“恒定”的；但不是“固定”的、“一律”的，事实上，中国民间还有“坐东朝西”的习俗。建筑的朝向，门开的方向并不是绝对地一律向阳。举一个铁定的反例，据《太平寰宇记·关西道十三·夏州》之“朔方县”下“统万城”条，其城之子城在罗城东，“本有三门，夷人多尚东，故东向开”③。这句话的关键，是“夷人”——一种按照特殊的族群分类所得出的结果。

李渔说：“屋以面南为正向。然不可必得，则面北者宜虚其后，以受南薰；面东者虚右，面西者虚左，亦犹是也。如东、西、北皆无余地，则开窗借天以补之。”④ 关键词是“余地”——建筑的关键不在于朝向哪里，“不可必得”，而因地制宜；但无论朝向哪里，都要有“余地”——要给“气”，给气息以周流、辗转、迂回、汇聚、安然生起的空间。中国古代建筑的高度，即便是门阙的高度亦有限制，它会与面前的自然景观以及其他建筑构成一个外在于自身却又由它所“养护”的场域，这个场域不由实体构造，却是与建筑体内之气息交流无碍、相互会通的重要依据。之于内部空间而言，椽瓦本身并不被认为是美的。李渔《闲情偶寄·居室部》：“精室不见椽瓦，或以板覆，或用纸糊，以掩屋上之丑态，名为‘顶格’，天下皆然。”⑤ 一方面，中国古代建筑的“屋顶”之美，多是指

① 郑玄、贾公彦、彭林：《周礼注疏》（卷第四十一），上海古籍出版社 2010 年 10 月版，第 1337 页。

② 陈立、吴则虞：《白虎通疏证》（卷一），中华书局 1994 年 8 月版，第 23 页。

③ 乐史、王文楚：《太平寰宇记》（卷之三十七），中华书局 2007 年 11 月版，第 785 页。

④ 李渔、江巨荣、卢寿荣：《闲情偶寄》（居室部），上海古籍出版社 2000 年 5 月版，第 182 ~ 183 页。

⑤ 李渔、江巨荣、卢寿荣：《闲情偶寄》（居室部），上海古籍出版社 2000 年 5 月版，第 184 页。

其结构性的外观，身在屋顶之内、之下，仰视檩椽瓦楞，有丑态；另一方面，中国古人以审美情绪所感受到的建筑的一般空间主体终究是方是圆，为此，其顶格可以顶板贴椽，一概齐檐。不过，李渔又觉得这个样子“呆板”。“精室不见椽瓦”，只是不见“椽瓦”而已。所以，李渔自创一体——“斗笠”形：“予为新制，以顶格为斗笠之形，可方可圆，四面皆下，而独高其中。且无多费，仍是平格之板料，但令工匠画定尺寸，旋而去之。如作圆形，则中间旋下一段是弃物矣，即用弃物作顶，升之于上，止增周围一段竖板，长仅尺许，少者一层，多则二层，随人所好。方者亦然。”① 这是“斗笠”，在形式上，更像是藻井。按照这种做法，居室的室内空间就不是方形或圆形，而附加有顶部一块类似的梯形或锥形。为什么要这么做？因为精致，看不见“椽瓦”；因为有趣，空间不是平实的。无论如何，中国古代的建筑空间不是既定的，而是灵活的，有很多变动的余地。为人类活动提供场所的建筑，不是所有的一切都一律被安置在山的南坡上。据《方舆胜览·江东路·建康府》之“亭台”条记载，梁昭明读书台即“在蒋山定林寺后山北高峰上”②。建筑室内的采光可以由壁纸来解决。沈复《浮生六记·闲情记趣》曰：“初至萧爽楼中，嫌其暗，以白纸糊壁，遂亮。”③ 即可为证。然而建筑中的阴阳，所秉持的是一种“抱”的观念。《宅经》曰：“凡之阳宅，即有阳气抱阴；阴宅，即有阴气抱阳。阴阳之宅者，即龙也。阳宅龙头在亥，尾在巳；阴宅龙头在巳，尾在亥。”④ 一方面，“抱”字本身不只是环绕、围绕，而有孵化、孕育的意思——抱与负，实乃交互、共生；另一方面，“抱”又不丧失“自我”的主体性，阴阳虽互抱，但阴龙青，阳龙赤，各有“命坐”，不可“犯”。所以阴阳以及阴阳之抱，是一种总体的意义表达，这种总体的意义表达又是非常具体的、经验的。

① 李渔、江巨荣、卢寿荣：《闲情偶寄》（居室部），上海古籍出版社2000年5月版，第184～185页。

② 祝穆、祝洙、施和金：《方舆胜览》（卷之十四），中华书局2003年6月版，第242页。

③ 沈复：《浮生六记》（卷二），江苏古籍出版社2000年8月版，第28页。

④ 王玉德、王锐：《宅经》（卷上），中华书局2011年8月版，第149页。

二、石之意蕴

土是生命的“母体”，乃至“本质”吗？不一定。李渔讲“界墙”，有句话说：“界墙者，人我公私之畛域，家之外廓是也。莫妙于乱石垒成，不限大小方圆之定格。垒之者人工，而石则造物生成之本质也。”① 在李渔生活的时代，砖砌之墙已为八方公器，泥墙土壁更是贫富皆宜，但李渔钟爱于用乱石垒成的墙壁，他始终念念不忘的是自己所见的一位老僧，收集零星碎石几及千担垒成的一块高广十仞的嶙峋峭壁。因为坚固、结实？不尽然。“结实”必有结才实。李渔说石是“造物生成之本质”，在逻辑上，在本体论上，是把石置于土之上了。可是为什么？这句话中有一个关键词，是“妙”。“妙”是一个很私人化的语词，属于审美范畴——一个人对于客体有没有“妙”的感受，乃其审美意识所决定。李渔说石是“造物生成之本质”，是就其“妙”的体验而言的，并不是一种普遍的知性判断。李渔为什么会有如此判断呢？因为“不定格”。相比于土木而言，石是不可规训的，其大小方圆不可定制，无法入于定格；李渔说他喜欢石，实则是喜欢石的乱，喜欢乱石。虽为乱石，却又由人工垒之，多么奇妙的组合——李渔看重的是人与自然在冲撞而互不相让的情势下所组合出的结果。这一结果本然是审美判断的结果。无论如何，在中国古代文人的内心，石是可以承担为生命本质的。不过，物极必反。李渔说石是“造物生成之本质”，只是对界墙的表述；在“山石第五”中，他还有另外一番说辞。李渔首先指出，小山易工，大山难为。李渔说，他遨游一生，遍览名园，凡见大山，基本上没有不穿凿附会的。因为小品易于把握，但要“掌控”盈亩累丈的格局，则难上加难。于是，“以土代石”，以土间之，混假山于真山中，浑然一体。“此法不论石多石少，亦不必定求土石相半，土多则是土山带石，石多则是石山带土。土石二物，原不相离，石山离土，则草木不生，是童山矣。”② 听上去似乎在讨巧，事实上恰恰说明了另一个道理，即“土石二物，原不相离”，尤其是石不能离于土——土是石的

① 李渔、江巨荣、卢寿荣：《闲情偶寄》（居室部），上海古籍出版社2000年5月版，第205页。

② 李渔、江巨荣、卢寿荣：《闲情偶寄》（居室部），上海古籍出版社2000年5月版，第222页。

“母体”。

中国古代思想是具体的思想，固有其自身的“弹性”。宋人之于石的热爱，有很多记载。周密《齐东野语·赵氏灵璧石》：“赵邦永，本姓李，李全将也。赵南仲爱其勇，纳之，改姓赵氏。入洛之师，实为统军。尝过灵璧县，道旁奇石林立，一峰巍然，嶒崒秀润。南仲立马旁睨，抚玩久之。后数年家居，偶有以片石为献者，南仲因诧诸客以昔年符离所见者。邦永时适在旁，闻语即退。才食顷，数百兵舁一石而来，植之庭间，俨然马上所见也。南仲骇以为神，扣所从来，则云：‘昔年相公注视之际，意谓爱此，随命部下五百卒辇归，而未敢献。适闻所言，始敢以进。’南仲为之一笑。”① 可见宋人对于石之爱，对于石之爱的了解，有多普遍！宋人之于石的旨趣之一，甚至会落实到几案上。庄绰《鸡肋编》曰：“上皇始爱灵璧石，既而嫌其止一面，遂远取太湖。然湖石粗而太大，后又撅于衢州之常山县南私村，其石皆峰岩青润，可置几案，号为巧石。”② 灵璧磬石好，但“止一面”，无环视之乐。太湖之石好，却粗大，不够精致。所以，最终的选择是可置几案的“巧石”。中国古人的叠石目的，或大，或小，大至园林，小至盆景，大者可居可游，小者可观可想，后者更需人之想象。

在世人眼中，水总是无形的，无形的水同样能够完成类似于生命形式的塑造，如“太湖石”。据《方舆胜览·浙西路·平江府》之“土产”太湖石可知，《郡志》云：“出洞庭西，以生水中者为贵。石在水中，岁久为波涛所冲击，皆成嵌空。石面鳞鳞作靥，名曰弹窝，亦水痕也。没人縋下凿取，极不易得。石性温润奇巧，扣之铿然如钟磬。”③ 太湖石之上品，必来自于水下；水上、陆地上、山上的太湖旱石“枯而不润”，即便做出“弹窝”，亦为赝品。气不可以造型吗？流动的风不可以造型吗？西出阳关大漠风沙里风化的嶙峋石块与洞庭湖底的水下之石有什么区别？区别在于“温润”二字。所谓“弹窝”，所谓“奇巧”，是他物可造的，但“温润”，却唯有水文经络所能滋养，所能培育，所能诞生。水与石之间，除了“塑造”之外，还有一种“包裹”的关系——水包裹着石，浸润着石——水不仅冲击、拍打、镌刻石的嵌缝、空洞，石的瘦皱透漏丑，而且，水

① 周密、张茂鹏：《齐东野语》（卷五），中华书局 1983 年 11 月版，第 84 页。

② 庄绰、李保民：《鸡肋编》（卷中），《鸡肋编 贵耳集》，上海古籍出版社 2012 年 8 月版，第 51 页。

③ 祝穆、祝洙、施和金：《方舆胜览》（卷之二），中华书局 2003 年 6 月版，第 32 页。

还维护了石，使它避免了烈日的暴晒和风霜雨打，极端的酷暑与寒冷。这算不算是一种爱？无法定义，也无需定义，但太湖石的身上，所谓岁月的痕迹，确乎借由与水的磨合而完成——它的存在，是水之“书写”、水之“生命”的证明。

说得再具体一点，中国园林里有石头，西方园林里没有石头吗？日本园林里没有石头吗？有，但是有区别。童寯指出：“在西方园林中，人们常可发现岩石和洞穴，在日本园林中，发现石山或‘散石’。但在所有这些地方，石头均未经受过水力浸蚀。京都龙安寺园中有象征虎兽的十五块石，一眼看去与野外天然石并无二致。中国假山则多由经过水浸蚀而形状奇异的石灰石组成。这就是‘湖石’，经数百年水浪冲击使成漏、瘦奇形，人们将其从湖底掘起。”① 一块石头从湖底掘起，而不是在地面、在土壤里被发现，它经受了水流的作用力，水流本身是有时间性的。湖底水中的石头经历过水流的冲刷，地面上的石头难道不经历风化？土壤里的石头难道不经历土壤的重压？难道空气、风、土，乃至烧焦石块的火没有时间性吗？更何况，就水浪冲击的作用力来说，影响最为显著的不是“湖石”，而是“海石”。所以，这种对于由“湖石”“凝聚”起的时间性的把玩和欣赏，终究是一种特殊的文化，一种对水的“崇拜”——上善若水。中国园林里的假山，不是荒漠的、裸露的、孤立的，而是和水联系在一起所构成的山水图画。这幅图画，是人内心休憩和体验山水自然宁静的“场域”，绝不至于惊涛骇浪，万马奔腾。所以，“湖石”之美，是一种禅修的美，一种格物之美。

文人爱石，每个人都有他自己的理由。李渔就说：“幽斋磊石，原非得已。不能致身岩下，与木石居，故以一卷代山，一勺代水，所谓无聊之极思也。”②“原非得已”，李渔的语调里充满了被迫，似乎叠山磊石，全是无聊之思、无奈之举。实际上并不一定，《闲情偶寄·居室部》单独列出“山石第五”之单元来讨论山石，可见李渔对山石的重视程度。作为“山石第五”篇的首句，这句话起码说明：其一，李渔所谓的“幽斋磊石”，是要圆一个“致身岩下”的梦，人与石，是人居于石的关系，而不是人膜拜石，抑或把石当作豺狼虎豹之类的比附——人居于石，不是人住在动物园里。其二，李渔所谓的“幽斋磊石”，石是与

① 童寯：《园论》，百花文艺出版社 2006 年 1 月版，第 6 页。

② 李渔、江巨荣、卢寿荣：《闲情偶寄》（居室部），上海古籍出版社 2000 年 5 月版，第 220 页。

木、与水合为一体的，石并不是独体的存在，而是自然的一部分，远离尘嚣、任性逍遥的自然的一部分——石是自然的代表。关于石的品级，固难一说。郑元祐《松石轩记》曰："降自唐宋，始以石为玩好，然后石之品益繁，宋宣和间，于物无不品定，顾以太湖石品最高，唐李赞皇、牛奇章二人相业虽不同，其于爱石则一也。"① 郑元祐也提到过灵璧石，但他认为灵璧石的声磬并非秀绝，"不能有声音之纯"，可见种种评价的意见并不一致。石在人现实的生活世界中，无处不在，杜甫有句诗，"饭抄云子白"，李商隐亦有句诗，"长沟复堑埋云子"。何谓"云子"？"白彦惇云：其姑婿高士新为吉州兵官，任满还都，暑月见其榻上数囊，更为枕抱。视之皆碎石，匀大如乌头，洁白若玉。云出吉州，土人呼'云子石'。"② 所谓"云子"，根据庄绰的考证，也即抱枕之石。石乃天地之精华，是有据可查的。《博物志·山》曰："石者，金之根甲。石流精以生水，水生木，木含火。"③ 按照五行的讲法，水生木，木生火，都好理解，难在金生水。依据《博物志》来看，不是金生水，而是石生水，石流精而生水。石是自然物中形体最明确、最恒定之物，水是自然物中形体最游离、最虚无之物，石却偏偏生出了水。解释只有一种，石乃金之根甲。可见，石在自然界中绝非死物，它是自然大化之中生命转捩的关口。所以，"名山大川，孔穴相内，和气所出，则生石脂、玉膏，食之不死"④。石已俨然成了灵丹妙药。类似"石能神"的表述，可见《稽神录》之"紫石"条。⑤ 这世界究竟是怎么生发的？中国古人用过一个词，叫作"交代"。《风俗通义·山泽·五岳》在讲"泰山"时说："岱者，长也，万物之始，阴阳交代，云触石而出，肤寸而合，不崇朝而遍雨天下。"⑥ "代"指的

① 郑元祐：《松石轩记》，王稼句：《苏州园林历代文钞》，上海三联书店2008年1月版，第29页。

② 庄绰、李保民：《鸡肋编》（卷上），《鸡肋编 贵耳集》，上海古籍出版社2012年8月版，第10页。

③ 张华、王根林：《博物志》（卷一），《博物志（外七种）》，上海古籍出版社2012年8月版，第9页。

④ 张华、王根林：《博物志》（卷一），《博物志（外七种）》，上海古籍出版社2012年8月版，第11页。

⑤ 参见徐铉、傅成：《稽神录》（卷之二），《稽神录 睽车志》，上海古籍出版社2012年8月版，第21页。

⑥ 应劭、王利器：《风俗通义校注》（卷十），中华书局2010年5月版，第447页。

是“代谢”——阴阳相交而代谢，万物更生，自然而然。“云触石而出”的“触石”，表明山石参与了生命吐故纳新的过程。

石本身也是可以有生命的。石是“活”的。《方舆胜览·淮东路·泰州》“圣果院”载有相传唐保大中造的“古井栏”，“旧有绠迹，深寸许，今复生合，而志文亦漫灭莫辨，盖活石云”①。“活石”拒绝人工，自然生长复合，它有它的生命。不过，石的生命感更多的是人的赋予和想象。《太平寰宇记·河北道十九·平州》之“渔阳县”下“无终山”辑录过一条来自《搜神记》的故事：“山上无水，雍伯汲水，作义浆，行者皆饮。三年，有一人就饮，以石子一升遗之，使于高平好地有石处种之。”② 这个故事里貌似有一条因果报应的逻辑在贯穿——因为雍伯汲水为浆三年，所以才会有其中的一个人给了他一升石种，因为他真的种下了这些石种，所以当徐氏以一双白璧招亲时，雍伯才能到他种石种的地方，收获了五双白璧，把徐氏的女儿娶回家。在这个故事中，石子是活的，石子可以种，石子可以是石种，石种具有生长性，它能够在土壤里孕育、萌芽，长成玉、璧，还是白色的，它有生命，即便这生命看上去不过是雍伯的道德比附。退一步说，石头也仍旧可能是人的生命转化而来的结果，如《太平寰宇记·江南西道·太平州》之“当涂县”有“望夫石”：“昔人往楚，累岁不还，其妻登此山望夫，乃化为石。”③ 此条亦可见于《方舆胜览·江东路·太平州》之“望夫山”。④ 妻子望夫化石，并不意味着“化石”这一变化过程特指女子的忠贞与执着，因为化石者不一定只是女性。《太平寰宇记·山南西道九·金州》之“平利县”东南八十五里有“药妇山”，《周地图记》云：“有夫妇携子入山猎，其父落崖，妻子将药救之，并变为三石人，名以此得。”⑤ 这个故事讲述得不是太清楚，既然“将药救之”，又何必变为石人？但不管怎样，男性、子嗣亦可化石。据《方舆

① 祝穆、祝洙、施和金：《方舆胜览》（卷之四十五），中华书局 2003 年 6 月版，第 815 页。

② 乐史、王文楚：《太平寰宇记》（卷之七十），中华书局 2007 年 11 月版，第 1416 页。

③ 乐史、王文楚：《太平寰宇记》（卷之一百五），中华书局 2007 年 11 月版，第 2081 页。

④ 参见祝穆、祝洙、施和金：《方舆胜览》（卷之十五），中华书局 2003 年 6 月版，第 266 页。

⑤ 乐史、王文楚：《太平寰宇记》（卷之一百四十一），中华书局 2007 年 11 月版，第 2730 页。

胜览·广西路·宾州》之“真仙岩”可知，化成石头的还有道士、老君。[1] 且不说人物，人们的日常所见也可以化作石头。《太平寰宇记·淮南道二·和州》之“历阳县”西北三十五里有“鸡笼山”，《淮南子》云：“麻湖初陷之时，有一老母提鸡笼以登此山，乃化为石。”[2] 此条亦可见于《方舆胜览·淮西路·和州》之“鸡笼山”。[3]《方舆胜览·福建路·建宁府》之“兜担石”，又名“赌妇岩”，《古记》云：“昔有娶妇者，与仙人赌而随其去，遗下兜担，化而为石。”[4] 可见，“化石”的“对象”是非常“开放”的。更有趣的是石的当下顿现、立化。《太平广记·神仙七·皇初平》记述了皇初平修道四十余年的故事，有一次，他的兄长初起去找他，初平说自己在牧羊，可是羊在哪里，初起却看不见，于是，“初平与初起俱往看之，初平乃叱曰：‘羊起！’于是白石皆变为羊数万头”[5]。就在《皇初平》的前一篇《白石先生》中，白石先生还曾经“常煮白石为粮”[6]。在许多民间传说里，僧侣也可化石。如《方舆胜览·江东路·南康军》之“落星寺”条，《舆地广记》：“昔有僧坠水化为石。夏秋之交，湖水方涨，则星石泛于波澜之上。至隆冬水涸，则可以步涉。”[7] 僧侣不是永生的，僧侣亦不可复活，但化石，可能成为僧侣的“道场”。石有头，石能听法，石能生人，这在人们的日常话语体系里属于常识，一如钱谦益《云阳草堂记》云：“石无口能言，石有头，独不能点欤？类万物之情而通其变，石可以生人，人亦可以化石，独何疑于听法欤？”[8] 毋论竺道生，早在愚公那里，人便与石结下了不解之缘。石之禅意

① 参见祝穆、祝洙、施和金：《方舆胜览》（卷之四十一），中华书局2003年6月版，第738页。

② 乐史、王文楚：《太平寰宇记》（卷之一百二十四），中华书局2007年11月版，第2455页。

③ 参见祝穆、祝洙、施和金：《方舆胜览》（卷之四十九），中华书局2003年6月版，第870页。

④ 祝穆、祝洙、施和金：《方舆胜览》（卷之十一），中华书局2003年6月版，第188页。

⑤ 李昉等：《太平广记》（卷第七），中华书局1961年9月版，第45页。

⑥ 李昉等：《太平广记》（卷第七），中华书局1961年9月版，第44页。

⑦ 祝穆、祝洙、施和金：《方舆胜览》（卷之十七），中华书局2003年6月版，第308页。

⑧ 钱谦益：《云阳草堂记》，王稼句：《苏州园林历代文钞》，上海三联书店2008年1月版，第113页。

在某种程度上，已不需要再由什么“度化”，或再去“度化”什么了，它可能就是一朵“花”——“花”的“本质”，不在于它的质地是什么，而在于它会开，会败，会“辗转”于开、败。据《方舆胜览·湖北路·澧州》载，慈利县武口寨便有“花石”，“石上自然有花，如堆心牡丹之状，枝叶缭绕，虽精于画者莫能及。或以物击其花，应手而碎。既拂拭之，其花复见，重叠非一，莫不异之”①。若没有刹那生灭，看破红尘，视生死如雷电幻影的彻悟，哪里来的这“应手而碎”，之后的“复见”，之后的“重叠”——关于“花石”的传说，正是石之禅意，那深长的意味。

一个人为什么会喜爱石头？在宫廷，在民间，人之恋石，已与恋丹、恋药一般痴迷、癫狂。《宣室志》即有“海岱之间出玄黄石，或云茹之可以长生。玄宗皇帝尝命临淄守每岁采而贡焉”② 的讲法。玄黄石是不是长生不老药不重要，重要的是有这种讲法。《方舆胜览·浙西路·安吉州》之“太湖石”条有白居易《太湖石记》曰：“古之达人，皆有所嗜。玄晏先生嗜书，嵇中散嗜琴，靖节先生嗜酒。今丞相奇章公嗜石。石无文无声，无臭无味，与三物不同，而公嗜之，何也？……适意而已。”③ 问题的关键在于“适意”。且看这些石头，罗列在“东第南墅”里，不可名状，“厥状非一”：它们有的“盘坳秀出”，有的“端俨挺立”，有的“缜润削成”，有的“廉棱锐刿”，又有的“如虬如凤”，“若跧若动”，“将翔将踊”，“如鬼如兽”，“若行若骤”，“将踈将斗”。石头的世界之所以美，固然在于它们是一种生命形态的象征、模拟，它们似乎有着生命，但更为重要的是，这个世界，为“我”所“有”——“百仞一拳，千里一瞬，坐而得之”④ ——重要的是“我”与这三山五岳、百洞千壑尽在其中的世界的关系。“我”拥有它们，就拥有了一个时空交织、错落毕致的宇宙。这是多么的“唯心主义”啊！但这并不只是唯心，如果只是唯心，拥有这些石头还有什么必要，只在心头即可。这是多么的“唯物主义”啊！这又并不只是唯物，如果只是唯物，石头就只是石头，又如何上得了心头。所以，这样一种关系不能用唯心或唯物来

---

① 祝穆、祝洙、施和金：《方舆胜览》（卷之三十），中华书局2003年6月版，第542页。

② 张读、萧逸：《宣室志》（卷二），《宣室志 裴铏传奇》，上海古籍出版社2012年8月版，第18页。

③ 祝穆、祝洙、施和金：《方舆胜览》（卷之四），中华书局2003年6月版，第77页。

④ 祝穆、祝洙、施和金：《方舆胜览》（卷之四），中华书局2003年6月版，第78页。

分析，它本身只是一种审美关系，不能以单一的主体或客体来界定。它是“我”以“我”的本真面目面对继而理解继而拥有外在于“我”的生命世界的过程与结果。“我”是不可能现实地“拥有”这个世界的，“我”会死，石头不会；与石头相比，“我”的生命极其短暂。玄晏嗜书，既可诵亦可著；中散嗜琴，既可制亦可操；靖节嗜酒，既可沽亦可饮。嗜石，除了堆叠它，罗列它，还能做什么呢？但“我”坦然，因为“我”能观、能悟。所谓“坐而得之”，并不是要占有对象的物质存在形式，而是要以心去还原、领会、赞美一个本真的宇宙。唐朝诗人笔下，经常会把石比作人。据《方舆胜览·浙西路·平江府》之“虎丘寺”可知白居易有诗句曰：“怪石千僧坐，灵池一剑沉。”① 这便把嶙峋的石头直接比作了僧人。为什么怪石在这里会被比作僧人？因为虎丘寺里还有“生公讲堂”。生公即竺道生也，曾“讲经于此，无人信者，乃聚石为徒，与讲至理，石皆点头”②。看来，石有佛性，其来有自，白居易的诗句正是在应和这一传说。

三、明清建筑艺术之众相

谈到明清建筑艺术，不能不谈到厅堂上的匾额。匾额是挂在墙上，从属于建筑的艺术作品，但其本身的历史并不久长。李渔《闲情偶寄·居室部》曰：“堂联斋匾，非有成规。不过前人赠人以言，多则书于卷轴，少则挥诸扇头；若止一二字、三四字，以及偶语一联，因其太少也，便面难书，方策不满，不得已而大书于木。彼受之者，因其坚巨难藏，不便纳入笥中，欲举以示人，又不便出诸怀袖，亦不得已而悬之中堂，使人共见。此当日作始者偶然为之，非有成格定制，画一而不可移也。”③ 这段关于匾额的叙述，关键词是“示人”——匾额是要拿给人看的。古人的书写材料经历过漫长的历史演变，从岩石到甲骨，从金属到竹简，从石刻到布帛，再到后世的纸张及其各种变体，可谓无所不历。仅就书法与建筑的“对应性”而言，书法远逊于壁画。那么，汉墓中的壁画与园林中的书条石有什么区别？完全两码事，但最根本的，是李渔说的一个字：“移”。墓室

① 祝穆、祝洙、施和金：《方舆胜览》（卷之二），中华书局2003年6月版，第38页。

② 祝穆、祝洙、施和金：《方舆胜览》（卷之二），中华书局2003年6月版，第39页。

③ 李渔、江巨荣、卢寿荣：《闲情偶寄》（居室部），上海古籍出版社2000年5月版，第211页。

中的壁画是一次性的，立时完成，并无展示的义务和必要，它只是把墓主人的记忆与向往符号化、图案化了。匾额，如同书条石上的碑帖一样，远非如此——它们不是一次性的——从书写到悬挂，经历了一个时间差，它们是“后来”，书写完成、经过处理之后，才得以装裱、得以呈现的。它们与建筑本身没有严格的对应性。留园“曲溪”，偏不用文徵明的题字又能怎样？曲溪楼还是曲溪楼；就算非把曲溪楼叫作明瑟楼，对曲溪楼这座建筑的实存本身，也没有丝毫改变，就叫明瑟楼好了，只是改了名字而已。整座园子都能重修，曲溪楼又何惧于改名。如果在给曲溪楼改名，和把它砸了、毁了甚至重建一座曲溪楼之间选择，“我”肯定会选择前者，要那么个名分做什么?！始终唤之为曲溪楼，坚持用文徵明的题字，只是出于对历史的尊重，而历史是任人“打扮”的。无论如何，匾额、书条石这一类书法作品虽然附属于、附着于建筑，但它们无法与建筑所塑造的空间逐一平行、对等——究其实质，它们，所谓文人雅识，是可以被“移动”、被“改写”的。

时值明清，堪舆之术愈加精密、繁难，却愈发丧失了专权独断的话语“统治”地位。《聊斋志异·堪舆》是一个典型案例。沂州宋侍郎君楚家，虽尚堪舆，但正因其所尚过度，致使宋公卒无可葬——两子各立门户，不相上下，率属以争，直至兄弟继逝，难题终由闺阁来解决。“堪舆”本身，或为天地总名，或谓神祇，或乃青乌子之著，何尝定解，应于人事，则更无可依循的尺度。两兄弟相争时，文中有句话说，“负气不为谋”[1]，这个“谋”，当为“合谋”之“谋”——所谋非道，而实乃应用之策略。换句话说，堪舆或有其道其理，但此道此理并不是先验的、抽象的、绝对的、永恒的，想要拿堪舆当真知，无异于以技术为科学。在某种程度上，堪舆不过是关于“命运”这一话语系统的“摹状词”。

“虚空”一定是建筑空间的诉求吗？减柱能够扩大室内空间。张岱《陶庵梦忆·包涵所》：“大厅以拱斗抬梁，偷其中间四柱，队舞狮子甚畅。”[2] 可为明证。此条亦可见其《西湖梦寻·西湖南路·包衙庄》。[3] 但是，房子越大越好吗？子

① 蒲松龄、张友鹤：《聊斋志异》（会校会注会评本）（卷五），上海古籍出版社 1986 年 8 月版，第 710 页。

② 张岱：《陶庵梦忆》（卷三），江苏古籍出版社 2000 年 8 月版，第 50 页。

③ 参见张岱：《西湖梦寻》（卷四），江苏古籍出版社 2000 年 8 月版，第 56 页。

虚乌有。《宅经》云："宅有五虚，令人贫耗；五实，令人富贵。宅大人少，一虚；宅门大内小，二虚；墙院不完，三虚；井灶不处，四虚；宅地多屋少庭院广，五虚。宅小人多，一实；宅大门小，二实；墙院完全，三实；宅小六畜多，四实；宅水沟东南流，五实。"① 这里的虚、实，与"虚实相生"的虚、实没有关系，指的是一种在民居生活中，充盈的、丰满的、填实的"人"、"物"、"物质"图景——贫富本身，是物质化的观念。无论怎样，建筑的虚空与否，大小与否，是一个具体问题，不是一个抽象问题，需要根据具体情况来对待，而非表明普世的抽象原则。《风俗通义·佚文·宫室》："城，盛也，从土盛声。郭，大也。"② 郭也作"郛"，"郛"也是"大"的意思。所以城郭城郭，本身就有收纳、承载、蓄养的"职责"。然而"隔离"几乎是造园之"定案"。计成便曰："凡结林园，无分村郭，地偏为胜。"③ 地偏则隔，则离于凡尘，相对独立。村郭如斯，城市更是如此——"市井不可园也；如园之，必向幽偏可筑，邻虽近俗，门掩无哗。"④ 所谓"别难成墅"的"别墅"、"别业"、"别院"、"别馆"，"别"字是确保距离的关键。

建筑立意，在特定情境下，可能会是出于听觉的需要。据《太平寰宇记·江南东道三·苏州》之"吴县"记载，灵岩山上有"响屧廊"，"吴王建廊，虚其下，令西施步屧绕之，则有声"⑤。这是一种多么精致、多么唯美、多么戏剧化的需要。虽然有这种需要，吴王也没有给西施的脚踝拴上铃铛；他用建筑的凌虚蹈空来满足他所追求的声响。

明清斗拱最终服从的是斗拱给予人的视觉效果。"经元代之过渡，明清斗拱结构机能更趋衰退。一方面柱头铺作已普遍采用元代已成气候的做法，大梁压在整朵铺作之上直接挑檐；一方面建筑墙身已普遍改泥为砖，屋檐已不似前代那般深远，所以明清斗拱的结构意义更加衰微，用材越来越小，基本上只是充当大梁

---

① 王玉德、王锐：《宅经》（卷上），中华书局 2011 年 8 月版，第 150 页。

② 应劭、王利器：《风俗通义校注》（佚文），中华书局 2010 年 5 月版，第 578 页。

③ 计成、陈植、杨伯超、陈从周：《园冶注释》（卷一），中国建筑工业出版社 1988 年 5 月版，第 51 页。

④ 计成、陈植、杨伯超、陈从周：《园冶注释》（卷一），中国建筑工业出版社 1988 年 5 月版，第 60 页。

⑤ 乐史、王文楚：《太平寰宇记》（卷之九十一），中华书局 2007 年 11 月版，第 1823 页。

下的一个支座，所以更多的是在追求自身形制的完整与精巧：此期斗拱已基本上都做重拱计心，明代尚有单拱造或偷心造，明代后期至清代，单拱偷心造所见极少，柱头与补间斗拱形制一致。”① 斗拱的结构性功能至于明清，几乎丧失殆尽。大梁都压在铺作上，挑檐自行完成，不需要斗拱。墙面为砖墙，砖墙本身就很坚固，同样不需要斗拱。在结构性上，明代开始滥用假昂，但尚且真假间用，至清代，则一律使用假昂。至于偷心造的减少、计心造的普及，满足的不过是人在视觉上关乎稳定的印象。再加诸补间的密集——明代明间可达 4 至 7 朵，清代则多达 9 朵，以及用材的必然缩小，明清斗拱所制造的实则是一种整齐而华丽的装饰效果。明清建筑对于建筑单体构件的思考和设计可谓臻于极致。峨眉飞来寺为明代木建筑，“在斗拱第二跳的后半部起一昂尾（即清式鎏金斗科的秤杆），直向上斜，到正脊檩底下。在对面的斗拱也是这种做法。所以相对的斗拱昂尾便在脊檩下皮相遇，竟负担起支持脊檩的任务。在赵城广胜寺也有过类似的做法，这正是昂的最原始作风”②。所谓秤杆，即昂尾。明代的庙宇多用斗拱，斗拱的柱头科斗口宽等同于平身科，山面斗拱又较正面斗拱减去一跳，这就使得斗拱所使用的昂显得十分重要。昂有真昂、半真昂，以及假昂；昂有昂嘴，有昂尾，昂尾的长度甚至可延伸出两步架，直达脊檩之下。昂的充分，使得翼角的出檐极具飞动之势；结合槫的斜出，正是明代的官式制度。关于柱枋上的彩画，明代多在箍上画出如意头，清代则要绘制旋子彩画。旋子纹饰出现的时间很早，典型的案例如河北宣化辽代壁画墓中，M6 后室之一斗三升斗拱，便“以墨线勾边，内敷多种色彩，纹饰有旋子和几何纹，压斗枋上绘卷云纹，以上内收成穹隆顶”③。可见历史悠久。

建筑工艺的复杂化，在明清而言，或许多半是为了满足人的视觉印象而设置的，例如“披麻”。俞同奎在谈及如何保护古建筑时便刻意强调了梁思成的这一观点，也即尽量避免“披麻”。油漆之于建筑的“本义”，在于保护木料——渗入木质，而在素木上涂抹红油。然而，“明清建筑（尤其是清代建筑），因为整木常感缺乏，往往用包镶方法，上加铁箍，因嫌梁柱等不光滑整齐，所以先加麻

① 冯继仁：《中国古代木构建筑的考古学断代》，《文物》1995 年第 10 期，第 66 页。

② 刘致平：《西川的明代庙宇》，《文物参考资料》1953 年第 3 期，第 93 页。

③ 张家口市宣化区文物保管所：《河北宣化辽代壁画墓》，《文物》1995 年第 2 期，第 20 页。

灰地仗，将木面修整后，再涂油漆。后来相习成风，就是完好木料也往往披麻，这是不科学的”①。不加铁箍，不用麻灰，不披麻，就如梁思成同样反对用钉补正而沿用榫卯结构一样，目的不过是为了保持木作本身的生命在建筑里。这意味着，明清木作的修饰做法本身，是有“艺术”考虑的，更注重视觉整体效果的表达——这一时期的工艺制作会为了营造一种“均质”、“平展”而“精巧”的构画空间，“改善”乃至“改写”木料的基质，使之满足观者的审美诉求。建筑构件的“意义”，从其“本能”上来说，在乎承重，在乎平衡——建筑挺立在大地之上，为人类争取和营构出人为空间，也就必然具有承担和平衡“重量”的属性。然而，明清建筑的构件却并不一定是为了满足这一单纯的目的而“存在”的，例如“雀替”。“雀替的作用，原是用以减少柱和梁相接处的垂直剪力，及梁枋等中间的拉扯构材。古来建筑物的雀替是穿过柱身，具有替木作用，所以能增加构架的强度。清代雀替有许多成为装饰品，它的本身系销在浅槽上面，很容易脱榫坠落，不能完成它的机能。”② 这一后果最危险的效果在于“脱落”。雀替必然直接应承重力本身，如果它只是“装饰品”，一味追求“装饰”的效应，那么，建筑构架的强度也就只能成为“视觉”印象了。梁思成曾提到，“工艺的精确端整是明的特征。明代墙垣都用临清砖，重要建筑都用楠木柱子，木工石刻都精确不苟，结构都交代得完整妥帖，外表造形朴实壮大而较清代的柔和”③。所谓的工艺精确产生的历史影响往往是一体两面：一方面，梁架用料固然更为宏大，但另一方面，自宋以来，角柱升高，瓦檐飞翘，柱头有显著的“卷杀”，至清以后，斗拱逐渐转向装饰功能，数量增多的同时，比例更为密集而缩小，着意于细节加工了。

陶土的雕刻技艺，如陶俑作为墓葬品的使用之于宋代而言，实可谓“断裂”的“折痕”。“宋代以后，雕刻艺术突然的衰落下去。现在所见的，有铁像、木像、石像等，规模都不大，制作得也不精工。陶俑则根本上已不大使用了。”④

---

① 俞同奎：《略谈我国古建筑的保存问题》，《文物参考资料》1952 年第 4 期，第 65 页。

② 俞同奎：《略谈我国古建筑的保存问题》，《文物参考资料》1952 年第 4 期，第 65 页。

③ 梁思成、林徽因：《古建序论——在考古工作人员训练班讲演记录》，《文物参考资料》1953 年第 3 期，第 26 页。

④ 特辑：《参加苏联“中国艺展”的古代艺术品说明》，《文物参考资料》1950 年第 7 期，第 5 页。

这一情形至于明代却有极大改观——木质、泥质的塑像结合漆艺，尤其是磁质的罗汉像在明代达到了前所未有的工艺高度，明代墓葬中，亦重新“启用”了陶制的各类器皿。明代雕刻至精，甚至一度遮蔽了清的光芒。由于受到宋元两朝的强迫“碾压”，明清以来，对于“土”的塑造工艺有所“反弹”，甚至连带引发出一个对于精致雕刻艺术——包括木器、瓠器、牙雕在内——有着狂热追捧风潮的时代。

园林立基，本就以厅堂为主，而厅堂立基，又有“半”之求。计成曰：“厅堂立基，古以五间三间为率；须量地广窄，四间亦可，四间半亦可，再不能展舒，三间半亦可。深奥曲折，通前达后，全在斯半间中，生出幻境也。凡立园林，必当如式。”① “如式”之“式”，是“格式”，是“式样”——非抽象的逻辑标准，却是经验的可供遵循的范例。最显著的关键词，是“半间”，“半间”之“半”的意义全然“超越”了间的数量：三、四、五，营造出奥秘与通达的“幻境”。此“半”或可称不足，或可称有余，究竟是一种对所谓既成的“整体”观念的解构。还有另一个关键词：“量”。厅堂的立基，必然是一种基于自然条件的“自然”结果，它在某种程度上，“高”于人工拟意。这一求“半”意识，在书房的立基原则中亦是如此。② 楼阁本身是“错置”的、“交织”的。计成说：“楼阁之基，依次序定在厅堂之后，何不立半山半水之间，有二层三层之说，下望上是楼，山半拟为平屋，更上一层，可穷千里目也。”③ 有仰望，有平视，有二有三。角度是关键。人在“攀缘”，在上下，在依据山体的形态而移动、而改变。建筑“体”的“完成”是一种结合，是人、山、建筑的融汇与照面，缺一不可。江南真实的水道究竟是什么样子？沈周《草庵纪游诗并引》曾经描写过苏州城内的水：“其水从葑溪而西，过长洲县治，由支港稍南折而东，复向南衍至庵左流入，环后如带，汇前为池，其势萦互深曲，如行螺壳中。”④ 苏州有很

---

① 计成、陈植、杨伯超、陈从周：《园冶注释》（卷一），中国建筑工业出版社 1988 年 5 月版，第 73 页。

② 参见计成、陈植、杨伯超、陈从周：《园冶注释》（卷一），中国建筑工业出版社 1988 年 5 月版，第 75 页。

③ 计成、陈植、杨伯超、陈从周：《园冶注释》（卷一），中国建筑工业出版社 1988 年 5 月版，第 74 页。

④ 沈周：《草庵纪游诗并引》，王稼句：《苏州园林历代文钞》，上海三联书店 2008 年 1 月版，第 16 页。

多以螺蛳来命名的地方，并不是，起码并不只是因为苏州人爱吃螺蛳，而是因为其建筑的“小中见大”，以及围绕着这些建筑太过曲折，乃至回转无尽的水道、河渠。

现实的建筑本身，包括城池，实非“孤立”的“独体”。据《方舆胜览·成都府路·成都府》之“少城”可知，“张仪既筑太城，后一年又筑少城，唯西南北三壁，东即左城之西墉”①。意思是，太城、少城是“粘连”在一起的，共用了太城的西壁。在《宅经》里有句话说：“翻宅平墙，可以销殃。”② “行年不利”，办法之一，是移置、改动墙壁。此处需注意，不是撤换“结构”，重建梁柱，而是变通“隔离”，改造墙壁，用变通“隔离”、改造墙壁的方法来疏通和改变建筑空间气的流动性——流向、流速、流量，从而重塑气运。也就是说，建筑空间之“气”，是经验性的、具体的、动态的、变化着的。在民间社会里，墙壁本身意味着界限，代表了空间的所属权与范围。陆游《老学庵笔记》：“叶相梦锡，尝守常州。民有比屋居者，忽作高屋，屋山覆盖邻家。邻家讼之，谓他日且占地。叶判曰：‘东家屋被西家盖，仔细思量无利害。他时折屋别陈词，如今且以壁为界。’”③ “以壁为界”，以一种直观方式来界定和区分空间，是墙壁这样一种建筑单元特殊的价值。墙壁也帮助我们做出以下判断，即建筑所筑造的空间具有一种最基本的特性——有限性。“夹壁”这一形式虽不普遍，但却真实存在。周密《齐东野语·宜兴梅塚》：“尝见小说中所载寺僧盗妇人尸置夹壁中私之，后其家知状，讼于官，每疑无此理。今此乃得之亲旧目击，始知其说不妄。”④ 可知“夹壁”属实。建筑之墙壁、墙体，在道教文化里，素来是展现“神迹”的“器具”、“道场”。一方面，墙是可以被穿透的；另一方面，墙本身有“神迹”。如《太平广记·神仙十一·栾巴》：“（巴）入壁中去，冉冉如云气之状。须臾，失巴所在，壁外人见化成一虎。人并惊，虎径还功曹舍，人往视

① 祝穆、祝洙、施和金：《方舆胜览》（卷之五十一），中华书局2003年6月版，第915页。

② 王玉德、王锐：《宅经》（卷上），中华书局2011年8月版，第150页。

③ 陆游、李剑雄、刘德权：《老学庵笔记》（卷二），中华书局1979年11月版，第17页。

④ 周密、张茂鹏：《齐东野语》（卷十八），中华书局1983年11月版，第327页。

虎，虎乃巴成也。”① 所谓“穿墙”的故事原型与佛教“吞吐”的故事原型内在联系紧密，“吞吐”的重点在于，吞下去的是食物，吐出来的是莲华；人在穿墙的前后，也必然经历了“升华”。穿透，使人的形态从既定走向无形；而墙壁，在这样一种转换过程中，正是被解锁的“身体”所冲破的“阻隔”，以及自我超越了“坎限”而有所修为的“良方”。另如《太平广记·神仙十·刘根》曰：“厅上南壁忽开数丈，见兵甲四五百人，传呼赤衣兵数十人，赍刀剑，将一车，直从坏壁中入来，又坏壁复如故。”② 建筑至大，墙乃“背屏”。在墙上，可以有壁画，可以有画像石、画像砖，可以有平面二维的画作、偏向于立体的浮雕，同样可以衬托神龛前的神灵。因此，墙体本身一定是有意义的，也一定可以成为意义的载体。建筑门类的界限并不严格。陶渊明《拟古九首》中曾言：“迢迢百尺楼，分明望四荒。暮作归云宅，朝为飞鸟堂。”③ 百尺之楼“存在”的目的是什么？或许是百尺之上，“我”足以凭栏远眺，“山河满目中，平原独茫茫”；但它同时一样可以是傍晚归云的宅邸，清晨飞鸟的明堂。“楼”作为建筑单元，其门类并没有被刻意限制，而是带有随时变幻的可能性。

明清文人之于温度，尤其是地下泉水的温度，有特殊情愫。文震亨把泉归纳为“天泉”和“地泉”。春夏秋冬，天上均有降水。夏水不宜，伤人，或为风雷蛟龙所致；春秋冬之雨雪可食，但亦有等第，统称“天泉”。重点是“地泉”。文震亨说“乳泉漫流”的无锡惠山泉最好，除此之外，就要取清寒的泉水。他说：“泉不难于清，而难于寒。”④ 这是非常深刻的见解。清水并不难觅、难得，即便水中有泥沙，沉淀、凝定片刻即可。泉贵在寒。笔者年少时曾在陕北延安生活过，品尝过极寒的山泉，其甘香醇冽，醍醐灌顶，一生难忘，绝非今日之冰箱所能制造出来——清寒的地泉，实则为地气所致；若无地气，何来清寒?！文震亨此言不虚，可见他之于生活有着极为细腻的心思；正是这天性的敏感，才是他所希冀的古雅风韵的真实源泉。古人用冰的需求量度、频繁程度，远远超出我们今天的想象。在典籍中，多处可见关于“冰井”的记载。冰泉、冰井出不出冰，

① 李昉等：《太平广记》（卷第十一），中华书局1961年9月版，第75页。

② 李昉等：《太平广记》（卷第十），中华书局1961年9月版，第67页。

③ 陶渊明、谢灵运：《陶渊明全集（附谢灵运集）》（卷四），上海古籍出版社1998年6月版，第22页。

④ 文震亨、李瑞豪：《长物志》（卷三），中华书局2012年7月版，第86页。

都是一种人们之于水的温度记忆。元结《冰泉铭》："苍梧郡城东二三里，有泉焉，出在郭中，清而甘，寒若冰，在盛暑之候，苍梧之人得救渴。"①《太平寰宇记·河南道二·东京下·开封府》之"酸枣县"记其西南二十里有作为韩襄王藏冰之所的"冰井"。②《太平寰宇记·河南道三·西京一·河南府》亦提到汉时称为小苑门，晋时改称宣阳门的门内有"冰井"，故《述征记》云："冰井在陵云台北，古藏冰处也。"③ 类似记载，亦可见于《太平寰宇记·河北道三·魏州》之"莘县"条④，《太平寰宇记·河北道十四·沧州》之"南皮县"条⑤。实际上，"冰"在中国古代文化里有着极为丰厚的意味，它甚至可以在"合理"的意义延伸的条件下，引发人们对道德、对教化、对仁政的向往。据《方舆胜览·江东路·信州》之"题咏"可知，唐戴叔伦《送人之广信》有诗云："家在故林吴楚间，冰为溪水玉为山。更将善政化邻邑，遥见逋人相逐还。"⑥ "冰清玉洁"，不仅可以指女子的外表单纯，同样可以用来比喻人格的操守、秉持、品性。冰还有另外一种用途，也可顺便提及，那便是御敌。陆游《老学庵笔记》："李允则，真庙时知沧州，虏围城，城中无炮石，乃凿冰为炮，虏解去。"⑦ 可见冰之用途甚广。不止是冰井，古人还擅用"火井"。早在《博物志·异产》那里便已提到："临邛火井一所，从广五尺，深二三丈。"⑧ 据《太平寰宇记·剑南西道四·邛州》之"临邛县"，亦有"火井"。《华阳国志》云："人欲其火出，先以家火投之，顷许，如雷声，火焰出，通耀于十里。"⑨ 此亦可见于《方舆胜览·成都

① 元结：《冰泉铭》，董浩等：《全唐文》（卷三百八十二），中华书局 1983 年 11 月版，第 3881 页。

② 参见乐史、王文楚：《太平寰宇记》（卷之二），中华书局 2007 年 11 月版，第 32 页。

③ 乐史、王文楚：《太平寰宇记》（卷之三），中华书局 2007 年 11 月版，第 56 页。

④ 乐史、王文楚：《太平寰宇记》（卷之五十四），中华书局 2007 年 11 月版，第 1111 页。

⑤ 乐史、王文楚：《太平寰宇记》（卷之六十五），中华书局 2007 年 11 月版，第 1330～1331 页。

⑥ 祝穆、祝洙、施和金：《方舆胜览》（卷之十八），中华书局 2003 年 6 月版，第 322 页。

⑦ 陆游、李剑雄、刘德权：《老学庵笔记》（卷五），中华书局 1979 年 11 月版，第 69 页。

⑧ 张华、王根林：《博物志》（卷二），《博物志（外七种）》，上海古籍出版社 2012 年 8 月版，第 15 页。

⑨ 乐史、王文楚：《太平寰宇记》（卷之七十五），中华书局 2007 年 11 月版，第 1524 页。

府路·邛州》之“井泉”条。[①] 另据《十道要记》的讲法，“火井”有水，“火井”中的水，可以用竹筒盛之，用来照夜路。《太平寰宇记·山南西道七·蓬州》之“蓬池县”西南三十里亦有“火井”：“水涸之时，以火投其中，焰从地中出，可以御寒，移时方灭。若掘深一二丈，颇有水出。”[②]“火井”之外，还有“盐井”——因傍通江海，可煎水为盐。据《太平寰宇记·剑南东道四·陵井监》记载，当时“见在”的“盐井”，仁寿县有营井、蒲井，井研县有研井、陵井、稜井、律井、田井，始建县有罗泉井，贵平县有上平井；这些盐井，可“日收盐四千三百二十三斤”。[③]《太平寰宇记·剑南东道七·富顺监》更据《华阳国志》述及其地名来历时说：“江阳有富义疆井，以其出盐最多，商旅辐辏，言百姓得其富饶，故名也。”[④] 可见出盐井在当地的重要价值，它几乎成就了一种产业。井的文化意义不只是围绕，如井田制一般，八家围绕一井；井同样意味着带有些许神秘意味的通达。《太平寰宇记·江南东道十二·南剑州》之“将乐县”下有“天阶山”，据其所辑《建安记》记载，该山下有宝华洞，乃赤松子的采药之所，洞中有各种石燕、石蝙蝠、石室、石柱、石臼等，同时也有一口石井，“俗云其井南通沙县溪”[⑤]。说明井是可以通达无碍至于异地的。这与其说是对地下水之无形的崇拜，不如说是对于井这样一种建筑样式被赋予了的某种精神性的理解。这种精神性的理解是现实的，却又充满了神秘色彩。《太平寰宇记·淮南道七·寿州》之“安丰县”有“九井”，《山海经》云：“寿春有九井相连，若汲一井，九井皆动。”[⑥]《太平寰宇记·岭南道一·广州》之“南海县”有“天井冈”，《南越志》云：“昔有人误坠酒杯于此井，遂流出石门。”[⑦]

---

① 参见祝穆、祝洙、施和金：《方舆胜览》（卷之五十六），中华书局2003年6月版，第996页。

② 乐史、王文楚：《太平寰宇记》（卷之一百三十九），中华书局2007年11月版，第2710页。

③ 参见乐史、王文楚：《太平寰宇记》（卷之八十五），中华书局2007年11月版，第1698页。

④ 乐史、王文楚：《太平寰宇记》（卷之八十八），中华书局2007年11月版，第1745页。

⑤ 乐史、王文楚：《太平寰宇记》（卷之一百），中华书局2007年11月版，第2001页。

⑥ 乐史、王文楚：《太平寰宇记》（卷之一百二十九），中华书局2007年11月版，第2548页。

⑦ 乐史、王文楚：《太平寰宇记》（卷之一百五十七），中华书局2007年11月版，第3016页。

在现实的经验上，石棺前后图案以建筑来围合屡见不鲜，绵延不绝。五代后蜀孟昶广政十八年（955）的四川彭山宋琳墓，其石棺的前后两端，便有仿木建筑的脊檐和门柱，其发掘简报的结论中甚至特意写道："石棺前后两端有仿木建筑的檐柱和假门，并有妇人启门欲进的浮雕，这一特点，过去虽在河南禹县白沙、贵州遵义、四川宜宾、南溪等宋墓中发现过，但都在墓道或墓壁上；可是此墓这一浮雕，不但比上述已发现的地区时代要早些，而且不同之点是在石棺上。"① 如果不限于石棺，这种形制在宋墓中极为常见——通常在墓门的一壁，如："北壁的正中间雕出一半掩门，一妇人启门欲进。门上有四排门钉，一对铺首，门楣上有两个四瓣花式门簪。此种形式，是一般宋墓所习见的。"② 建筑在墓葬的整体布局，及其内部环境，墓室、葬具、棺椁、棺床上所体现的正是一种同质同构的"波动"——或由外而内，或由内而外，皆可谓建筑乃至建筑的层层套叠，建筑的"伸缩"、"张力"如同涟漪一般，扩散的同时得以收敛，凝聚的同时得以投放。

"器物"一词，之于"器"，之于"物"，与建筑有潜在关联。《周礼·冬官考工记第六》曰："知者创物。巧者述之，守之世，谓之工。"③"物"不是先验的、先决的，不是先天具备的，经验之"物"是可创的、可造的，由"工"现实地开出。"器"又如何被造？"烁金以为刃，凝土以为器，作车以行陆，作舟以行水，此皆圣人之所作也。"④ 在圣人之作的名单里，舟车刃器，皆与地有关，或取材于地，或在地上行走挪移——无关乎天。这其中，"凝土以为器"，对"器"的质料以及筑造方法作出了明确说明。此处之"器"，更恰切于"陶器"、"瓦器"，《礼记·郊特牲》所云之"器用陶匏"，"是祭天地之器，则陶器为质

① 四川省博物馆文物工作队：《四川彭山后蜀宋琳墓清理简报》，《考古通讯》1958年第5期，第26页。

② 杨富斗：《山西新绛三林镇两座仿木构的宋代砖墓》，《考古通讯》1958年第6期，第38页。

③ 郑玄、贾公彦、彭林：《周礼注疏》（卷第四十六），上海古籍出版社2010年10月版，第1525页。

④ 郑玄、贾公彦、彭林：《周礼注疏》（卷第四十六），上海古籍出版社2010年10月版，第1525页。

也”①。不过，因“土”共为质料，究竟使得“器物”与“建筑”具有了某种同质同构的特性，这才为陶屋的出现做出了理论上的铺垫与解释。接下来，作为器物的建筑的实现过程又如何？“天有时，地有气，材有美，工有巧，合此四者，然后可以为良。”② 天有寒温，气有刚柔，材有美丑，工有巧拙，器物的创造，建筑的筑造，同样需要天时地利人和的凑泊而发为良善。换句话说，器物、建筑虽然都取材于地，以地为基础，但其在本质上是天地神人的契合与汇聚。

① 郑玄、贾公彦、彭林：《周礼注疏》（卷第四十六），上海古籍出版社 2010 年 10 月版，第 1531 页。

② 郑玄、贾公彦、彭林：《周礼注疏》（卷第四十六），上海古籍出版社 2010 年 10 月版，第 1526 页。

结语　中国建筑美学之“意境”

自然物本身与建筑并无严格界限。“始皇广其宫，规恢三百余里，阁道通骊山八十余里。表南山之颠以为阙，络樊川以为池。作阿房前殿，以木栏为梁，以磁石为门。”[①] 此事可见于《历代宅京记》，类似的表述亦可见于《三辅黄图·秦宫》。[②]“表南山之颠以为阙，络樊川以为池”这句话中，南山不是人造的，樊川亦非由人为，它们都是自然物，客观地说，是衬托阿房宫的地理环境，但却被包含在建筑体内，成了阙表和鱼池。这种“以为”究竟是不是自欺欺人的心理错觉不是理解当时的建筑文化的核心，我们更应当看到，建筑的体量事实上是一种可以放大的视野，它可以投射出去，也可以收摄回来，在这种出入来去之间，建筑已然构造出了因不断延展而完整的世界，无论这世界是出于自然还是人为。以建筑学术语来隐喻现实世界，于文化的“面相”而言，可谓无所不用其极。嵇康《与山巨源绝交书》篇末有句话说：“岂可见黄门而称贞哉?”[③] 其中的“黄门”，所指的就是宦官、阉人。这一称谓，由秦汉起始，便为均置，亦可见于周密《齐东野语·黄门》的解释。[④] 关于“黄门养息”，另可见于《洛阳伽蓝记》。[⑤]“府邸”之“府”，本就有汇聚之义。《三辅黄图·三辅沿革》记录过一段汉初谋士齐人娄敬高祖五年于洛阳回应刘邦的说辞：“因秦之故，资甚美膏腴之地，此所谓天府。”[⑥] 相应于此条，《汉书·娄敬传》颜师古注曰：“财物所聚

① 顾炎武：《历代宅京记》（卷之三），中华书局1984年2月版，第43页。

② 参见何清谷：《三辅黄图校释》（卷之一），中华书局2005年6月版，第49页。

③ 嵇康、戴明扬：《嵇康集校注》（卷第一），中华书局2015年1月版，第181页。

④ 参见周密、张茂鹏：《齐东野语》（卷十六），中华书局1983年11月版，第303页。

⑤ 参见杨衒之、周祖谟：《洛阳伽蓝记校释》（卷一），上海书店出版社2000年4月版，第59页。

⑥ 何清谷：《三辅黄图校释》（卷之一），中华书局2005年6月版，第5页。

谓之府。言关中之地物产饶多，可备赡给，故称天府也。”① “府” 即是 “府库” 的意思，“天府” 也即 “天然府库”。“府” 所蕴含的是一种四周向中心汇合、凝聚的话语系统，这种汇合与凝聚是现实的、经验的——不推求意义世界的价值，所汇所聚者不过财物，无关乎灵魂，未及天地，但其饱含的关于空间感的理解却足以呈现出一个由四周向中心聚拢的围合世界。

时间变相地 “漫漶” 与 “延宕”，使得生命的节奏舒缓下来，是中国园林的真实内涵。在这里，“游人是 ‘漫步’ 而非 ‘径穿’。中国园林的长廊、狭门和曲径并非从大众出发，台阶、小桥和假山亦非为逗引儿童而设。这里不是消遣场所，而是退隐静思之地”②。每念及此，笔者总会想起那个曾经在狮子林假山里钻爬游戏的孩子——贝聿铭。园林里的一切究竟是为谁 “准备” 的，本无定解，假山在此，把假山当作游乐园，来书写童年记忆，园主大概不至于反对，但从造园的立意上来看，所谓园，实带有反省的自觉、参禅的诉求和理性的意味。这份自觉，这种诉求和意味，指向的不是拔离、“升华”，而是沉浸、“还原”，是让时间 “散落”、“慢下来”、“弥漫” 开来——生命的 “时间” 可以塑造，可以导引——它一定是一种 “哲学”。除了舒缓，还有空白。童寯有言：“空白的粉墙寓宗教含义。对禅僧来说，这就是终结和极限。整座园林是一处隐居静思之地。”③ 这空白的粉墙，映衬的是树木、竹枝变幻的光影，若隐若现的鸟声，以及人世沧桑的步履，既是画布、舞台，亦是人格物致知，以会天道之场域。空间如何糅合时间？文震亨《长物志 · 水石 · 太湖石》曰：“石在水中者为贵，岁久为波涛冲击，皆成空石，面面玲珑。在山上者名旱石，枯而不润，赝作弹窝，若历年岁久，斧痕已尽，亦为雅观。”④ 太湖石为什么美？世人皆知瘦皱透漏丑，那不过是结果。结果来自于岁月。文震亨并不觉得太湖石是上上品，他在品石时说过，灵璧为上，英石次之，再其次，才提到太湖石——石之美，何止于瘦皱透漏丑，还在于其小巧，置于盆中，叩之清响。不说结果，说来由，太湖石分水中石和旱地石，后者实则 “赝品” ——水纹的自然冲刷成形远胜于人工斧凿的痕迹，不过文震亨也认可了，“历年岁久”，赝作的弹窝看不出来人为的迹象之后，

① 何清谷：《三辅黄图校释》（卷之一），中华书局 2005 年 6 月版，第 5 页。
② 童寯：《园论》，百花文艺出版社 2006 年 1 月版，第 3 页。
③ 童寯：《园论》，百花文艺出版社 2006 年 1 月版，第 5 页。
④ 文震亨、李瑞豪：《长物志》（卷三），中华书局 2012 年 7 月版，第 91 页。

也可以接受。所以，终究是“岁月”重要，岁月有鬼斧神工，亦可抹去伤痕。太湖石上，写满了时间流淌的记忆——它的“空”，它的“凹进”，恰恰是岁月的证明。时间对于中国古人来说，究竟意味着什么？《易》之丰卦《彖》曰：“日中则昃，月盈则食，天地盈虚，与时消息，而况于人乎？况于鬼神乎？”① 如果仅就现象而言，这日月天地与时消息，显然是为了凸显“时”的规律。这样一种“时”，没有起点，没有终点，寒来暑往，陵谷迁贸，“客观”、“冷静”地陈述着一种类似于理性的自然常态。这种时间观有两种始终不改的“面相”：一方面，它属于王者之言。此言隶属于“丰”卦，是王者以丰之大德照临天下，以王者的角度仰观俯察，最终得到的观察结果。“况于人”的“人”并不是王者自己；所谓自然“规律”是抽象的，而更类似于一种王者制定的“规矩”王国。另一方面，它始终是流动着的。流动不是转动，转动强调的是始终的循环，会设置始终，流动强调的是流动的过程，更注目于介质无形与有形的变幻，或与时消，或与时息，无所谓行，无所谓止。所以，这样一种时间观嵌入于建筑的空间概念里，会使得建筑的空间具有权力意味、抽象意味，以及对话、酬答的诗情，空灵、透彻的哲理。明清文人喜欢在园林的亭子里“画灰为字”，其渊源有自。周密《齐东野语·李泌钱若水事相类》：“钱若水为举子时，见陈希夷于华山。希夷曰：‘明日当再来。’若水如期往，见一老僧与希夷拥地炉坐。僧熟视若水久之，不语，以火箸画灰，作‘做不得’三字。徐曰：‘急流勇退人也。’若水辞去。”② 不是说好了不言不语吗？说则说矣，不语则不语，说则不语，不语则说，僧家语，非说非非说，语即不语。问题的关键在于，画灰为字，是为谶语，实蕴禅机——这种形式本身，在文化基因里，带有穿透时间之作用。

超验世界“践履”其价值体系的前提，在于此岸世界主体意念的操弄与构拟，在于此岸世界主体意念的认可与回应。《太平寰宇记·河南道二·东京下·开封府》之“襄邑县”下辑录过《搜神记》之“鼠怪”：“中山王周南，正始中为襄邑长，有鼠从穴出厅事上，语周南曰：‘尔以某月日死。’周南不应。鼠还穴。至期日，更冠帻绛衣语周南曰：‘日中死。’复不应。鼠入穴。斯须，复出语如

① 王弼、韩康伯、陆德明、孔颖达：《周易注疏》（卷九），中央编译出版社 2016 年 1 月版，第 294 页。

② 周密、张茂鹏：《齐东野语》（卷五），中华书局 1983 年 11 月版，第 85 页。

初。出入转数日，过中，鼠曰：‘汝不应，我复何道?’言讫，颠蹶而死，即失衣冠。视之，乃常鼠也。”① 在这个带有浓烈的童话色彩的诙谐故事里，周南的表现由始至终可用两个字来概括——“不应”；与之相反，载命之“鼠”显得高度紧张、不安——其前后出场，从只身而去到衣冠而来，极欲彰显自身的仪式感乃至使命感，却终究无法逃脱自己沦为“常鼠”的“悲剧”；这一悲剧性的现实，多半由周南的态度引起。值得注意的细节是，鼠从穴出，首次面对的中山王周南在任于襄邑之长，正在厅堂之上；鼠徘徊辗转，往复数转的却只能是它不知去向的穴道——作为建筑单元的厅堂，实乃周南做出不应之举的背景乃至象征，它挺立在那里，形同一个“广纳百川”的场域，收摄着此岸与彼岸“接触”、“交换”、“叠合”、“互文”的过程以及故事最终的“结局”。

天地之间，哪一种维度更难描述？答案是“地”。顾祖禹《读史方舆纪要·历代州域形势九》曾引述王氏曰：“地囿于天者也，而言地者难于言天。何为其难也？日月星辰之度终古而不易，郡国山川之名屡变而无穷也。”② 这说的不是“变”，而是“名”之“变”的逻辑。天文是既定的，地理是历史性的，因时代历制的变更而变化无穷。地理的历史性描述更能够展现文化流变的脉络，生成与消亡的经过。这也就为建筑的历史性描述提供了“合法性”基础。建筑的制度需要因地制宜。《周礼·夏官司马第四》在提到“国都之竟有沟树之固”时说过，“若有山川，则因之”③。何谓“因之”？“不须别造”。这多多少少有些许生态美学味道的表述，更适用于江南古代都会建筑，如苏州。风水在实质上是需要人发现的，而不是人臆造的；人居于自然环境，自然环境不是人居住的背景，而是人居住的主题。

陶渊明《杂诗十二首》中有句：“家为逆旅舍，我如当去客。去去欲何之，南山有旧宅。”④ 这句话缘起于陶渊明对日月四时之迫的感慨，生命本如“寒

① 乐史、王文楚：《太平寰宇记》（卷之二），中华书局2007年11月版，第25页。

② 顾祖禹、贺次君、施和金：《读史方舆纪要》（卷九），中华书局2005年3月版，第399页。

③ 郑玄、贾公彦、彭林：《周礼注疏》（卷第三十五），上海古籍出版社2010年10月版，第1162页。

④ 陶渊明、谢灵运：《陶渊明全集（附谢灵运集）》（卷四），上海古籍出版社1998年6月版，第24页。

风”、“落叶”，脆弱而颓败，只待玄鬓发白。在这样一种语境里，过去似乎已不重要了，徒留现在与未来。旅舍和旧宅，这两种建筑恰恰分别暗示着现在与未来人的寄宿。人生如客，当去则去，留不下来，便有了旅舍；人生的去处，一次次离开，又一次次回来，终究归于南山里的旧宅——即便这旅舍始终“在路上”，即便这旧宅如若“坟茔”，建筑也仍然在构筑陶渊明之于世间怅惘若失而唯有所托的想象空间。在陶渊明看来，“吾庐”就是他的所爱——这庐是他的，不是别人的。他在《读〈山海经〉十三首》里明确说过：“众鸟欣有托，吾亦爱吾庐。”① 鸟且有所托，吾亦有所爱，吾爱庐——于庐中，吾耕种、读书、饮酒，而其最终的乐处，却是“俯仰终宇宙”——站在庐中，便是站在了天地间，吾将通过“吾庐”，俯仰以建筑为依托的宇宙万物。这份胸襟与气度，不可须臾离于建筑。人在园林中，真实地体验到了什么？曹丕在给吴质的书信里，时常怀念他无法忘怀的“南皮之游”，《魏文帝与朝歌令吴质书》曰：“白日既匿，继以朗月，同乘并载，以游后园，舆轮徐动，参从无声，清风夜起，悲笳微吟，乐往哀来，怆然伤怀。”② 白日尽了，夜晚来临，却不是夜去晨来，一日之“始”，而更像是一种生命“终点”的徘徊——车轮移动缓慢，以至于“无声”，有风起，有悲笳在。曹丕在后园所感受到的一切，终究是他心境的反映。夜色隐匿了物象可见的形色，烘托出他自我的悲伤情怀。说到底，世界是属人的，建筑是属人的，人在园林中，不是唯一，但却有能走到“终点”的逻辑，究竟是万物“自来亲人”，写我之怀。

以屋为舟，或曰舟式屋，在园林中极为普遍。沈复《浮生六记·浪游记快》曰：“余居园南，屋如舟式，庭有土山，上有小亭，登之可览园中之概，绿阴四合，夏无暑气。琢堂为余额其斋曰‘不系之舟’。此余幕游以来，第一好居室也。”③ 连水都没有！“不系之舟”与水没有任何关联，却仍旧不妨碍其为舟，乃“第一好居室也”。把建筑、把房屋视为舟楫，有大量实例。严保庸《辟疆小筑

---

① 陶渊明、谢灵运：《陶渊明全集（附谢灵运集）》（卷四），上海古籍出版社 1998 年 6 月版，第 27 页。

② 高步瀛、陈新：《魏晋文举要》，中华书局 1989 年 10 月版，第 3 页。

③ 沈复：《浮生六记》（卷四），江苏古籍出版社 2000 年 8 月版，第 77 页。

记》："古磴而下不数武，有屋如舟，曰不系舟。"① 这便不仅是舟，且散而不系了。中国古代的楼像船，楼可以"船化"；中国古代的船也像楼，船也可以"楼化"。张岱《陶庵梦忆·包涵所》："西湖之船有楼，实包副使涵所创为之。大小三号：头号置歌筵，储歌童；次载书画；再次侍美人。"② 所谓楼船，楼和船本来就是不分的，如同建筑的形式亦可见于车辇。车辇、舟船，和建筑一样，都提供给人以区隔于自然的空间，这恰恰合乎建筑所确立自身的"前提条件"。张岱在另一篇《楼船》里更为明确地写道："家大人造楼，船之；造船，楼之。故里中人谓船楼，谓楼船，颠倒之不置。"③ 康熙五十八年（1719），吴存礼在重修沧浪亭的过程中也提到过类似细节："复建舫斋于其左，颜曰镜中游。"④ 楼船最美的部分，是所开之窗。李渔称之为"便面"。他认为，身在船中，必须有两侧的"便面"，而别无他物。其曰："坐于其中，则两岸之湖光山色、寺观浮屠、云烟竹树，以及往来之樵人牧竖、醉翁游女，连人带马尽入便面之中，作我天然图画。且又时时变幻，不为一定之形。非特舟行之际，摇一橹，变一像，撑一篙，换一景；即系缆时，风摇水动，亦刻刻异形。是一日之内，现出百千万幅佳山佳水，总以便面收之。"⑤ 似乎也不甚新奇，在操作层面上，不过是在船篷上钉了八根木条，开了两扇窗户。然而这样一种"便面"，却着实涉及于"场域"。李渔从便面中所看到的一切，不在于多，不在于全，而在于动，是一幅动图。这种"动"求的不是速度，他说的一日之内百千万幅山水，不是速度使然——即便是船停下来，拴系了缆绳，"风摇水动"，亦有幻影。所以，此所谓"动"，求的是变，变动变动，变而动生。便面就像是一个收摄世界的窗口，它把这个纷纭变动、幻化的世界收摄进李渔的心胸中。这种收摄不是单向性的，岸上的他者目睹便面，亦同于"扇面"，其内自是扇头人物——你在看我时，我也在看你，我与你，俱为彼此的画图。便面不仅可以用于移动的船只，更可用于静止的房舍。房

---

① 严保庸：《辟疆小筑记》，王稼句：《苏州园林历代文钞》，上海三联书店 2008 年 1 月版，第 127 页。

② 张岱：《陶庵梦忆》（卷三），江苏古籍出版社 2000 年 8 月版，第 50 页。

③ 张岱：《陶庵梦忆》（卷八），江苏古籍出版社 2000 年 8 月版，第 132 页。

④ 吴存礼：《重修沧浪亭记》，王稼句：《苏州园林历代文钞》，上海三联书店 2008 年 1 月版，第 6 页。

⑤ 李渔、江巨荣、卢寿荣：《闲情偶寄》（居室部），上海古籍出版社 2000 年 5 月版，第 194 页。

舍外的四季，依旧流淌不止，加诸李渔的“梅窗”做法——以枝柯盘曲有似古梅的榴橙老干围合窗的外廓，不稍戕斫，梗而留之——则又平添了一种颓废的、沧桑的、错落的禅趣之美。这幅场景一定是静的。自宋代以来，中国古代文人把美定格在了“静”的身上。张端义曾记录过一段有趣的公案，《贵耳集》：“孝宗幸天竺及灵隐，有辉僧相随，见飞来峰，问辉曰：‘既是飞来，如何不飞去？’对曰：‘一动不如一静。’”① 来来去去，去去来来，倏忽即逝，刹那生灭，如梦幻如泡影，为什么只有飞来没有飞去？因为动不如静。这不仅是一种源于性动情静之性情逻辑的反映，更是一种基于对静观本身作为动静之结果的推求。

建筑的整体与局部，如同“涟漪”，不仅可以扩散，亦可以收敛。《陶庵梦忆·岣嵝山房》曰：“岣嵝山房，逼山，逼溪，逼韬光路，故无径不梁，无屋不阁。”② 哪里是山？哪里是房？哪里是径？哪里是梁？哪里是屋？哪里是阁？分得清吗？分不清。不是因为模糊，而是因为有一种既扩散，亦收敛，波动的变幻的建筑与自然之间的“晕染”——如是“晕染”，使得整幅画面变得迷离、恍惚，而无形，却又是真实的、生动的，恰似“涟漪”。也许有人会问，什么不是“涟漪”？什么都能纳入“涟漪”？无定解！张岱的字里行间已然对这座山房予以定性，何性之有？“逼”！他说，“逼山，逼溪，逼韬光路”，“逼”者三现，而山、溪、韬光路，又都有“高”、“远”之特性。因此，“无径不梁”，而不是“无径不柱”、“无径不础”；“无屋不阁”，而不是“无屋不堂”、“无屋不房”——梁、阁，与其内在的气势衔接、相应。所以，“涟漪”不是泛化的表示，它本然地具有生命“肌理”。建筑与其所在场域的映衬关系所可能实现的贴合程度，张岱之“筠芝亭”可为一例。《陶庵梦忆》曰：“筠芝亭，浑朴一亭耳。然而亭之事尽，筠芝亭一山之事亦尽。吾家后此亭而亭者，不及筠芝亭；后此亭而楼者、阁者、斋者，亦不及。总之，多一楼，亭中多一楼之碍；多一墙，亭中多一墙之碍。太仆公造此亭成，亭之外更不增一椽一瓦，亭之内亦不设一槛一扉，此其意有在也。”③ 人常言多一分则多、少一分则少、多少均不得的恰切、中庸、均衡之美，张岱却是连少一分也不愿意设想的——在他眼里，筠芝亭似乎

① 张端义、李保民：《贵耳集》（卷上），《鸡肋编　贵耳集》，上海古籍出版社 2012 年 8 月版，第 90 页。

② 张岱：《陶庵梦忆》（卷二），江苏古籍出版社 2000 年 8 月版，第 34 页。

③ 张岱：《陶庵梦忆》（卷一），江苏古籍出版社 2000 年 8 月版，第 10 页。

是美的“底线”，却又是全然地再多一丝一毫都庸人自扰、画蛇添足的美。这其中最美的一句是——“亭之事尽，筠芝亭一山之事亦尽”——亭即山，山即亭，在在俱在，事事皆尽！山岂是亭之背景，亭岂是山之点睛，亭与山之间，乃一而二、二而一之“相请”、“姻亲”。人固然能够构造建筑，然而，建筑的存在是否对人的存在亦有所要求？答案是肯定的。沈复《浮生六记·养生记道》中就记录过一段王华子的话，其曰：“斋者，齐也。齐其心而洁其体也，岂仅茹素而已。所谓齐其心者，淡志寡营，轻得失，勤内省，远荤酒；洁其体者，不履邪径，不视恶色，不听淫声，不为物诱。入室闭户，烧香静坐，方可谓之斋也。”① 进入斋房，不烧香、不静坐，会怎样？利欲熏心、淫邪放荡，又能怎样？不会怎样也不能怎样，起码不会暴毙而亡；但这便不是一间斋房。建筑作为一种文化范式，固有其自身之感染、召唤、塑造的力量，这种力量或许是无形的、微弱的，但却持久、绵长。建筑固然注重高度，完全不考虑高度是不可能的，但园林中的建筑，其所“追求”的往往是蕴含了高度的“层次感”，如“重台”，如“叠馆”。“重台者，屋上作月台为庭院，叠石栽花于上，使游人不知脚下有屋；盖上叠石者则下实，上庭院者则下虚，故花木仍得地气而生也。叠馆者，楼上作轩，轩上再作平台，上下盘折重叠四层，且有小池，水不漏泄，竟莫测其何虚何实。”②“重台”、“叠馆”，“重”的是什么？“叠”的是什么？固然离不开屋顶，离不开平台，但其真正重叠的是虚实，是以变化为主题的空间转换。种种重叠的结果，必然不是封闭的，而是敞开的——它们可以依赖墙体，也可以依赖立柱，但其空间感，却来自于移步换形的视域衔接。所以，建筑的场域终究要落实为、还原为空间感，而这种落实、还原，离不开结构的支撑与分解。

宋人之于建筑的“职能”分类非常清晰。张岱《西湖梦寻·西湖中路·秦楼》：“宋时宦杭者，行春则集柳洲亭，竞渡则集玉莲亭，登高则集天然图画阁，看雪则集孤山寺，寻常宴客则集镜湖楼。”③ 行春、竞渡、登高、看雪、寻常宴客，各按其所。但据《方舆胜览·潼川府路·普州》之“陈抟”条，按《祥符旧经》可知其“既长，辞父母去学道，或居亳为亳人，或居洛中则为洛人，或

① 沈复：《浮生六记》（卷六），江苏古籍出版社2000年8月版，第107页。
② 沈复：《浮生六记》（卷四），江苏古籍出版社2000年8月版，第69页。
③ 张岱：《西湖梦寻》（卷三），江苏古籍出版社2000年8月版，第32页。

居华山为华山人"①。陈抟可以是任何地方的人，包括他的祖籍，普州崇龛。人生本如飘蓬，无非是，无非非是，人生自可无所不是。大小的相对性与互置、互换，在唐人那里全然没有认知性障碍。张鷟就说过："大钟千石，藉小木而方鸣，高屋万间，待微灯而破暗。心方一寸，经营宇宙之先，目阔数分，历览虚空之外，何必大者则圣，小者不神?!"② 这与庄子所言内在贯通。今天，每当人们想起"桥"，总会想起此岸与彼岸——桥作为奔赴的象征，跨接了现实与理想，人走在桥上，便有了过程哲学的隐喻，不合于古理。《太平寰宇记·河南道三·西京一·河南府》之"河南县"下有"天津桥"："隋炀帝大业元年初造此桥，以架洛水，用大缆维舟，皆以铁锁钩连之。南北夹路，对起四楼，为日月表胜之象。"③ "日月表胜之象"，桥不是对彼此的模拟，而是对天象的模拟；何况其名"天津"，正是箕斗之间，天汉津梁的人间照应。于斯，桥的文化品格，所显示的是人类内心的"气象"、"胸襟"，收纳天地的统摄性，而非个人命运求索跋涉的印迹。④

山居的另一副"面相"，是自律。陆游曾经结识过一位青城山上的上官道人，年九十，关于这位道人，陆游《老学庵笔记》的描述是："北人也，巢居，食松麨。"⑤ 有人去拜谒他，他不言不语，只粲然一笑。有一天，突然自言自语起来，谈论他的养生之道，最后一句话说："不乱不夭，皆不待异术，惟谨而

① 祝穆、祝洙、施和金：《方舆胜览》（卷之六十三），中华书局2003年6月版，第1111页。

② 张鷟：《大云寺僧昙畅奏率僧尼钱造大像高千尺助国为福诸州僧尼诉云像无大小惟在至诚聚敛贫僧人多嗟怨既违佛教请为处分》，董浩等：《全唐文》（卷一百七十二），中华书局1983年11月版，第1757页。

③ 乐史、王文楚：《太平寰宇记》（卷之三），中华书局2007年11月版，第47页。

④ 中国古代文人之于大海，素来多心怀畏惧，直至近世方有所改变。沈复《浮生六记·浪游记快》记曰："出南门，即大海。一日两潮，如万丈银堤破海而过。船有迎潮者，潮至，反棹相向。于船头设一木招，状如长柄大刀。招一捺，潮即分破，船即随招而入。俄顷，始浮起，拨转船头，随潮而去，顷刻百里。"[沈复：《浮生六记》（卷四），江苏古籍出版社2000年8月版，第53页。]沈复把豪情融会在书法的笔意里，开门所涌现之海，俨然是一幅波澜壮阔，却无惊涛骇浪的画面。蓬莱的"基座"、"池作"，正取意于如斯之海。

⑤ 陆游、李剑雄、刘德权：《老学庵笔记》（卷一），中华书局1979年11月版，第12页。

已。”① 今天，我们已无法获悉陆游所记录的上官道人的“巢居”究竟是何种情形，但可以通过一个关键词来加以窥探：“谨”。山居、巢居并不是什么“时尚”的标榜，不过是一种对待自己的严格、内敛甚至拘谨。何谓无形之美？无形不是没有形，而是不定形。庆历五年（1043）春，苏舜钦“以罪废无所归”，流寓苏州，自吴越国中吴军节度使孙承祐处，购得一块郡学旁“纵广合五六十寻，三向皆水”的弃地，“构亭北碕，号沧浪焉”，而终于获得了他的“自胜之道”。他如何看待由他自己塑造的庭园山水之美？其《沧浪亭记》曰：“前竹后水，水之阳又竹，无穷极，澄川翠干，光影会合于轩户之间，尤与风月为相宜。”② 苏舜钦的视角起始于一幅画面，“前竹后水”，此“前”、“后”之方位感，让人立刻想到“前庭后院”、“前厅后苑”之格局。然而，笔锋一转，“水之阳又竹，无穷极也”，这便把竹与水、水与竹连绵起伏的关系在“前竹后水”的基础上进一步呈现出来——沧浪亭本身即“三向皆水”。最终，沧浪亭之美，美在光影——光影在轩户之间的会合！光影有形，但光影之形因日月星辰、风霜雨雪而改变，它不定形，甚至是一种恍惚迷离的虚像，一种与竹与水交织错叠的幻觉，这种无形，才是沧浪亭在苏舜钦眼中本然的真实的美。人看待山水，看待的一定是一个气化流行的涌动着的宇宙。据《方舆胜览·福建路·漳州》之“形胜”，郭功父记曰：“为守令者，得婆娑乎山水之间。”③ “婆娑”不是“娑婆”，在郭功父的笔下，“为守令者”经验到的乃至拥抱着的，不是大千世界冰冷的罪孽渊薮，而是一个盘旋舞动的鲜活世界。

中国古代建筑的“最高境界”，乃“一无所有”。尤侗在《揖青亭记》里问，亦园不过隙地，有楼阁廊榭吗？没有。有层峦怪石吗？没有。既然没有，又怎么能称作是园呢？再说揖青亭，有窗棂栏槛吗？没有。有帘幕几席吗？没有。既然没有，又怎么能称作是亭呢？然而这时，尤侗说：“凡吾之园与亭，皆以无为贵者也。《月令》云：‘可以居高明，可以远眺望。’夫登高而望远，未有快于是

① 陆游、李剑雄、刘德权：《老学庵笔记》（卷一），中华书局1979年11月版，第12页。

② 苏舜钦：《沧浪亭记》，王稼句：《苏州园林历代文钞》，上海三联书店2008年1月版，第4页。

③ 祝穆、祝洙、施和金：《方舆胜览》（卷之十三），中华书局2003年6月版，第224页。

者，忽然而有丘陵之隔焉，忽然而有城市之蔽焉，忽然而有屋宇林莽之障焉，虽欲首搔青天、眥决沧海，而势所不能。今亭之内，既无楼阁廊榭之类以束吾身，亭之外，又无丘陵城市之类以塞吾目，廓乎百里，邈乎千里，皆可招其气象、揽其景物，以献纳于一亭之中。则夫白云青山为我藩垣，丹城绿野为我屏裀，竹篱茅舍为我柴栅，名花语鸟为我供奉，举大地所有，皆吾有也，又无乎哉。"[①] 什么是有，什么是无？有、无最深刻之处在于，一方面，有不代表所有，无不代表所无；另一方面，无中生有，而不是有中生无。理解有无的难点不在于有，而在于无。有是一种经验性的存在，楼阁廊榭、窗棂栏槛，无不具在而一目了然，是为有。无则不同，无分两种，一为经验性之无，与经验性之有相对的“没有”；另一种，则是本源性之无、生发性之无，乃经验性之有、无的本源和生发之基点，乃太极也。把经验性之有视为经验性之无，是逻辑的错乱；把经验性之有无视为原发性之无的表象，从而化解经验性之有无的界限，使生命重回于自然本真之大地万象之世界，却是一种中国特有的道家“逻辑”。尤侗恰恰是借助于建筑，实现了这一理解。

一个人，尤其是一个老人，他与建筑的关系到底是怎样的？叶燮提供过一种说法，叫作“苍茫”。其《独立苍茫室记》曰：“若予者，贫贱而老，遁于穷壑，此身非无所归矣，其归何处？归于一室，而亦曰独立苍茫，何也？夫身既归室，而室在苍茫，身与室俱归苍茫，此予反身谢世之终计。予自得于一室，一室自得于苍茫，人境两忘，虽不咏诗可也。”[②] 这句话在笔者看来有着非同寻常的意义——它直接地证明了，在存在的意义上，建筑是远远超越于诗歌等其他艺术体裁的。建筑具有更为深刻的存在意涵。当一个人已然老了、就要死了的时候，他的依托是什么？不是诗歌。这句话出自叶燮之口，更富于代表性。人最终的依托，是建筑，无论叶燮愿不愿意，他所描述的苍茫一室，看上去都更像是棺椁。建筑原本就是一种空间的存在与陪伴，它是一个母体，呵护着生命，无论是宅邸还是棺椁。叶燮把建筑理解为“独立苍茫”者，不仅渗透着他内心自我的反省与独白，也把生命之承载者的存在意义彰显出来了。叶燮用了两个字：“终计”——

① 尤侗：《揖青亭记》，王稼句：《苏州园林历代文钞》，上海三联书店2008年1月版，第81页。

② 叶燮：《独立苍茫室记》，王稼句：《苏州园林历代文钞》，上海三联书店2008年1月版，第147页。

建筑，是他最后的“营地”。钱重鼎在《依绿轩记》中也有类似“独立苍茫”的说法——“予尝独立苍茫，欲穷水脉之所自来”[①]。

中国古代文人最终的归宿，终究具有了一种可能性，那便是葬于花下。顾春福《隐梅庵记》首句便曰：“道人性爱梅，弱岁即喜寻春于水边篱落，流连忘返。窃愿囊有余资，买山遍树梅，结茅屋其中，恣意游赏，死即瘗于花下。”[②]瘗埋花下更为客观的结果，是这样一种瘗埋之地几乎是与死者生前居住的茅屋并置、叠合的。为什么会出现这样一种结果？“花”、“梅花”是关键，“梅花”俨然成为一种交织错落的“场所”，它既涵盖了建筑，也收摄了人生，既囊括了活着的爱恋，也想象了死后的期许。“生死相系”不止此一孤例。姚世钰《月湖丙舍图记》首句亦曰：“友人平望王君茧庭，既葬其亲于月湖之上，爰作丙舍于墓侧，以寓其无穷之思。”[③] 则是以“月湖”为“场所”的。顾云鸿《藤溪雪庵记》：“噫！昔之雪有待于亭，今之亭有待于雪，安知异日之亭之雪，不有待于我也。”[④] 有了建筑，人似乎变得不那么“绝待”了，而“有待”起来。亭、雪、我，三者彼此相待、相守，所形成的“场域”究竟是以“亭”为“核心”的，建筑、自然、我，构成的世界像是一个层叠的“环”，谁等谁，等不等得来，似乎都不那么重要了，重要的是，有这个“环”，这个“环”在，生命便安然于如是围拢与弥散。

每个人都居住在建筑的空间里，但并不是每个人都理解建筑空间的“真义”。《宅经》首句曰：“夫宅者，乃是阴阳之枢纽、人伦之轨模。非夫博物明贤，未能悟斯道也。”[⑤] “我”在其中，难道“我”还需要去悟解所谓“斯道”吗？需要，在其中不代表悟其道。“我”为什么一定要悟其道？悟其道难道是在其中的根据和条件，“我”不悟其道就不能在其中吗？如果悟其道是一种根据和

① 钱重鼎：《依绿轩记》，王稼句：《苏州园林历代文钞》，上海三联书店2008年1月版，第207页。

② 顾春福：《隐梅庵记》，王稼句：《苏州园林历代文钞》，上海三联书店2008年1月版，第168页。

③ 姚世钰：《月湖丙舍图记》，王稼句：《苏州园林历代文钞》，上海三联书店2008年1月版，第218页。

④ 顾云鸿：《藤溪雪庵记》，王稼句：《苏州园林历代文钞》，上海三联书店2008年1月版，第268页。

⑤ 王玉德、王锐：《宅经》（卷上），中华书局2011年8月版，第147页。

条件的话，这一根据和条件并不必要，但却标志着文化的引领与垂范。什么文化？此处所谓阴阳、人伦、博物、明贤，无不沾溉着汉代的色调。换句话说，建筑必然受到了当时文化语境之深刻影响，它是一种与时消息的文化符号——存在空间，不可避免地被对民间社会产生导向作用的“时尚”母题所塑造。

建筑是人之根本。《宅经》曰：“宅者，人之本。人以宅为家，居若安，即家代昌吉，若不安，即门族衰微。坟墓川冈，并同兹说。上之军国，次及州郡县邑，下之村坊署栅，乃至山居，但人所处，皆其例焉。”① 这里的“本”，指的是本体，还是本真？是本位，还是本源？不清楚，未区分，但却一定是“包孕”在“生命树”文化母体内部的“本根”、“根本”，是“根”，是生发出人的身体、存在、血脉乃至魂魄的“土壤”以及“土壤”中的“种子”，而这恰恰就是“宅”的价值。宅是建筑，但宅不仅仅是建筑，宅还包括了建筑中的各种“充实”，正因为如此，居的安与不安，才得以落实；建筑中的各种“充实”，以及人的存在，人的居住体验，究竟是在建筑的空间范围内具备和发生的。根据《宅经》的讲法，建筑理当通贯于生死，涵盖了“阶级”差异，统摄着各种居住地点以及形式的选择，是一个极为宏大而笼统，具体而多元的概念——人的个体存在与族类繁衍，正是寄托在这一文化母体内的。如果要一窥这一文化母体内究竟有什么，《宅经》：“宅以形势为身体，以泉水为血脉，以土地为皮肉，以草木为毛发，以舍屋为衣服，以门户为冠带，若得如斯，是事俨雅，乃为上吉。”② ——由形势、泉水、土地、草木、舍屋、门户所组成的大概念！

建筑是一种复杂的“集合体”，作为艺术的品类之一，无时无刻不展现其实用性；人现实地寄寓在建筑里，又把它当作内心向往之地；它反映出一个时代的缩影，又是一个人自我生命休养生息的场所。因此，以单一的线性“进化”思路来框定有关建筑的美学史，几乎是不可能的——建筑无所谓越来越“好”，越来越“高级”，本无所谓好与不好，本无所谓高级低级，它只是实现了它自身的命运“轨迹”。所以，笔者更愿意以一种“迂回”而“辗转”的笔触描摹这一话题，空间、结构、场域，仍旧是我们介入这一话题的理论路径。

首先，在空间上，中国建筑美学史呈现出逐步多元的姿态。一方面，人为建

① 王玉德、王锐：《宅经》（卷上），中华书局2011年8月版，第147页。

② 王玉德、王锐：《宅经》（卷上），中华书局2011年8月版，第152页。

筑的室内空间，建筑体内的空间，在其原始形态上通常是人的宇宙观的表达——建筑同一于天地。这一宇宙观的特殊性表现在，其空间又是包孕着时间的，空间不仅会随时间而改变，同样会随时间而生灭。另一方面，建筑的空间虽然是人为塑造的，时间或可解释为与人有关的“遭际”，但却更多的是一种自然而然的演变、造设，所以，它与自然有着先天的“姻缘”。结合这两方面的作用，可以发现，在中国建筑史上，建筑的空间越来越多元，而它所带来的空间感，所产生的美感，也越来越多元。最初的方、圆，方圆组合，直至最终的半间，建筑的空间既灵活又多变，既反映出人对建筑空间之诉求的具体细节，又映衬着人对建筑空间之外，自然世界流动之气“吞吐”于此一境界的理解。

其次，在结构上，中国建筑美学史表现出越来越复杂的塑造力。北方地穴式建筑的结扎、烧土、木骨泥墙，究竟比叠木为壁的技术含量高明多少，不见得；但河姆渡干阑式建筑所使用的榫卯却在结构上奠定了中国古代建筑以走技术路线为主导的基调。角度、交角、转角的组接最为关键，不论是早期的榫卯，还是之后的斗拱，皆是如此——就铺作而言，柱头、补间的意义有待于转角。在这一点上，中国建筑的技术手段完成得很早，早熟，给结构塑造留下了广阔天地，以至于中国建筑的结构之美能够凸现于中唐。各种仰望天空，与大地对话，飞檐翘举，而又承担荷重的梁柱系统以一种复杂的“语言”，木作，使人处于天地之间的美感得以架构、彰显、厘定。至此，中国建筑的结构话语谱系业已成熟。此后，明清建筑所追求的色彩感、雕饰欲望、组合能力，以及变更形质的快感，均可视为中国建筑结构之于视觉体验，形式上的延展。无论如何，这种结构的塑造力是越来越复杂的，它满足了中国古人对建筑空间的期许，其自身亦有一种别样的美感。

最终，在场域上，中国建筑美学史具有鲜明地走向内心的发展趋向。没有无场域的建筑，建筑始终是处于场域中的，早期建筑的屋顶、基台、柱间本然地就带有天、地、人的譬喻义，是一个整体，而院落式的空间组织亦然形成了建筑场域的流通与开合。问题在于怎么理解场域。建筑的场域感作为一种宇宙观、权力欲的表现，逐步走向个人内心、内在化的道路，这一趋势极为明显。在一座座苏州园林里，建筑空间的场域完全可以等同于由庙堂退隐自然的文人心中空灵而怅惘的意境，等同于智的直觉领悟生命真谛的结果。它们一定是一种艺术，一定是一种审美，因为它们就是为了艺术，为了审美而存在的。在某种程度上，我们会

从建筑身上发现，中国文化实则是一种审美的文化——审美是一种“结果”，尤其是一种文人所体验到的，愿意主动去接受和塑造的“结果”。建筑，以及建筑的场域，正是这样一种“结果”。

主要参考文献

《考古学报》(《中国考古学报》),1947 年至 2017 年

《考古》(《考古通讯》),1956 年至 2017 年

《文物》(《文物参考资料》),1950 年至 2017 年

《百子全书》,浙江古籍出版社 1998 年 8 月版。

徐中舒:《甲骨文字典》,四川辞书出版社 1998 年 10 月版。

赵诚:《甲骨文简明词典:卜辞分类读本》,中华书局 1988 年 1 月版。

董浩等:《全唐文》,中华书局 1983 年 11 月版。

李昉等:《太平广记》,中华书局 1961 年 9 月版。

《唐五代笔记小说大观》,上海古籍出版社 2000 年 3 月版。

高步瀛选注,陈新点校:《魏晋文举要》,中华书局 1989 年 10 月版。

王稼句:《苏州园林历代文钞》,上海三联书店 2008 年 1 月版。

乐史著,王文楚等点校:《太平寰宇记》,中华书局 2007 年 11 月版。

顾炎武:《历代宅京记》,中华书局 1984 年 2 月版。

祝穆撰,祝洙增订,施和金点校:《方舆胜览》,中华书局 2003 年 6 月版。

何清谷:《三辅黄图校释》,中华书局 2005 年 6 月版。

顾祖禹撰,贺次君、施和金点校:《读史方舆纪要》,中华书局 2005 年 3 月版。

郑玄注,贾公彦疏,彭林整理:《周礼注疏》,上海古籍出版社 2010 年 10 月版。

王弼、韩康伯注,陆德明音义,孔颖达疏:《周易注疏》,中央编译出版社 2016 年 1 月版。

胡奇光、方环海撰:《尔雅译注》,上海古籍出版社 2004 年 7 月版。

孙诒让撰，孙启治点校：《墨子间诂》，中华书局2001年4月版。

朱熹：《四书章句集注》，齐鲁书社1992年4月版。

张华等撰，王根林等校点：《博物志（外七种）》，上海古籍出版社2012年8月版。

陈立撰，吴则虞点校：《白虎通疏证》，中华书局1994年8月版。

杨衒之撰，周祖谟校释：《洛阳伽蓝记校释》，上海书店出版社2000年4月版。

刘义庆著，刘孝标注，余嘉锡笺疏，周祖谟、余淑宜、周士琦整理：《世说新语笺疏》，上海古籍出版社1993年12月版。

陶渊明、谢灵运著：《陶渊明全集（附谢灵运集）》，上海古籍出版社1998年6月版。

嵇康撰，戴明扬校注：《嵇康集校注》，中华书局2015年1月版。

郭象注，成玄英疏，曹础基、黄兰发点校：《南华真经注疏》，中华书局1998年7月版。

应劭撰，王利器校注：《风俗通义校注》，中华书局2010年5月版。

王玉德、王锐编著：《宅经》，中华书局2011年8月版。

段成式撰，许逸民校笺：《酉阳杂俎校笺》，中华书局2015年7月版。

徐铉、郭象撰，傅成、李梦生校点：《稽神录　睽车志》，上海古籍出版社2012年8月版。

杜光庭撰，董恩林点校：《广成集》，中华书局2011年5月版。

张读、裴铏撰，萧逸、田松青校点：《宣室志　裴铏传奇》，上海古籍出版社2012年8月版。

庄绰、张端义撰，李保民校点：《鸡肋编　贵耳集》，上海古籍出版社2012年8月版。

封演撰，赵贞信校注：《封氏闻见记校注》，中华书局2005年11月版。

陆游撰，李剑雄、刘德权点校：《老学庵笔记》，中华书局1979年11月版。

周密撰，张茂鹏点校：《齐东野语》，中华书局1983年11月版。

罗大经撰，孙雪霄校点：《鹤林玉露》，上海古籍出版社2012年11月版。

赵升编，王瑞来点校：《朝野类要》，中华书局2007年10月版。

张岱：《西湖梦寻》，江苏古籍出版社2000年8月版。

张君房编，李永晟点校：《云笈七签》，中华书局2003年12月版。

蒲松龄著，张友鹤辑校：《聊斋志异》（会校会注会评本），上海古籍出版社1986年8月版。

李渔著，江巨荣、卢寿荣校注：《闲情偶寄》，上海古籍出版社2000年5月版。

文震亨著，李瑞豪编著：《长物志》，中华书局2012年7月版。

计成原著，陈植注释，杨超伯校订，陈从周校阅：《园冶注释》，中国建筑工业出版社1988年5月版。

沈复：《浮生六记》，江苏古籍出版社2000年8月版。

童寯：《园论》，百花文艺出版社2006年1月版。

王振复：《周知万物的智慧——〈周易〉文化百问》，复旦大学出版社2011年3月版。

后 记

写这篇后记的时候，苏州正在下雨，淅淅沥沥的雨，雾一样。过了中秋，桂花的味道就淡了，弥漫在空气里，渺茫、杳远，让人想起留园的“闻木樨香”。写与建筑有关的书，这是第二本，都是“命题作文”。上一次是刘士林老师“命题”，这一次，是朱志荣老师“命题”。总怕自己写不好，“如履薄冰”，好在身处苏州这座城市，思路迟滞了，可以想想狮子林，想想沧浪亭，想想网师园，就在不远处，在同样弥漫着木樨味道的空气里。

这本书，大概写了半年，自己觉得，或许比上一本，会稍微好那么一点点，毕竟时隔十年，可能对建筑多了一些思考和理解。不过在整体上，还是“翻不过”自己之于写作的“惰性”与“执念”，使用文献过于密集，写起来累，读起来也累。这可能是自卑、自闭的心理导致的——没有魄力，亦没有胆量直接陈述自己的观点，习惯了“与世隔绝”，沉溺于“闭门造车”。门都闭了，还造什么车？兴尽而已。最近几天，常想起二十年前，我硕士阶段的导师，陕西师范大学的张国俊老师，她像母亲一样，总是担心我，“走不出来”，“不食人间烟火”，“让人难过”。现在想来，这些担心，都成了宿命。晦涩是一种味道，苦；一种颜色，黑——无益，亦无害，扭结而已。重点是，烟火于刹那间化成了灰烬。深入浅出的境界我做不到，事实上，深入深出我也做不到。今天的我，只是觉得，这是一个深浅不一的世界，一个纷繁驳杂的世界，世界的“真意”，是波折，是痕迹，无所谓浸没，也无所谓游离。

是为记。

王　耘

丁酉深秋于苏州大学